Zum Geleit

In der öffentlichen Diskussion über Umweltschutz, Naturschutz, Landeskultur und Landespflege, über Waldsterben und Gewässerschutz, die das Problembewußtsein vieler Menschen für alle Fragen der Natur und des Überlebens von Pflanzen und Tieren in der durch menschliche Eingriffe bedrohten Welt geweckt hat, ist auch die Jagd mehr ins allgemeine Bewußtsein gerückt worden. Nur die wenigsten Nichtjäger, die sich an dieser Diskussion beteiligen – häufig mit nicht zu Ende gedachten oder nicht fundierten Patentrezepten –, wissen, daß wir in der Bundesrepublik Deutschland in der organisierten Jägerschaft über ein flächendeckendes Netz von Menschen verfügen, die nicht nur über das unerläßliche fachliche Wissen und die notwendigen praktischen Erfahrungen verfügen, sondern sich auch hinsichtlich ihres Engagements für die Erhaltung unserer natürlichen Umwelt von niemandem übertreffen lassen. Sie tun dies alles nicht nur freiwillig und ohne Bezahlung, sondern wenden im Gegenteil sogar aus eigener Tasche erhebliche finanzielle Mittel dafür auf.

Um diese Aufgabe im Interesse der Allgemeinheit erfüllen zu können, muß jeder, der Jäger werden, also einen Jagdschein erwerben will, die Jägerprüfung ablegen. Sie verlangt von jedem Prüfling ein erhebliches Wissen auf vielen Gebieten. Dieser umfangreiche Wissensstoff wird ihm in dem neuen fünfbändigen „Lehrbuch Jägerprüfung" ausführlich, didaktisch modern und folgerichtig gegliedert dargeboten.

Seine Autoren sind natürlich praktische Jäger, aber sie sind vor allem auch maßgeblich in entscheidenden Arbeitsbereichen des Jagdwesens in den einzelnen Ländern tätig: Dr. Sepp Bauer in der ökologisch richtigen Reviergestaltung und Biotoppflege beim Landesjagdverband Baden-Württemberg, Wildmeister Günter Claußen als Berufsjäger im Lehr- und Versuchsrevier von „Wild und Hund", Friedrich Karl von Eggeling als Vorsitzender des Niederwildausschusses in Bayern, die Herren Kinsky, Krüper und Strube als Ingenieure bei der DEVA, der einzigen deutschen Versuchs- und Prüf-Anstalt für Jagd- und Sportwaffen, Heinrich Uhde als kynologischer Sachverständiger und langjähriger Präsident des Jagdgebrauchshundverbandes, Mark G. von Pückler als Vorsitzender Richter bei einem Verwaltungsgericht und Mitglied einer Prüfungs-Kommission und Dr. med. vet. Karl Schaich, Mitherausgeber der Raesfeldschen Rehwildmonographie, als Jägerlehrgangsleiter des BJV, München. Bei ihnen spiegelt sich das jagdliche Geschehen unserer Tage in all seiner Vielfalt, mit seinen Erfolgen und seinen Problemen wider. In Zusammenarbeit mit dem Jagdlektorat des Verlages Paul Parey sind sie auf diese Weise kompetent wie kaum ein anderes Gremium auf jagdlichem Gebiet.

Die kurze und präzise Darstellung der natürlichen Verhältnisse und Zusammenhänge ist durch eine großzügige, wo erforderlich auch farbige Bebilderung ergänzt. Spezielle Zeichnungen erläutern den Text und erleichtern das Lernen. Was dieses „Lehrbuch Jägerprüfung" aussagt und vorgibt, wird für lange Zeit Richtschnur für Niveau und Ausmaß des notwendigen Wissens und damit für die Jägerprüfungen in den deutschen Bundesländern sein. – Möge es zur Gesundung unserer Umwelt, zum Gedeihen des Wildes und zur Freude der Jäger eine weite Verbreitung finden.

Dr. Gerhard Frank, MdL
Präsident des Deutschen Jagdschutzverbandes

Der Jäger und seine Waffen

Waffen, Munition, Optik – Funktion und Handhabung

Von

Ing. (grad.) Helmut Kinsky
Leiter der Deutschen Versuchs- und Prüfanstalt
für Jagd- und Sportwaffen (DEVA)

Ing. (grad.)Wolfgang Krüper
Leitender Mitarbeiter der DEVA

Ing. Claus-Henning Strube
Leitender Mitarbeiter der DEVA

Mit 337 Einzeldarstellungen in 194 Abbildungen

Verlag Paul Parey · Hamburg und Berlin

CIP-Kurztitelaufnahme der Deutschen Bibliothek

Lehrbuch Jägerprüfung : e. Lehrbuch in 5 Bd. –
Hamburg ; Berlin : Parey
    ISBN 3-490-33912-6
4. Kinsky, Helmut: Der Jäger und seine Waffen. – 1986

Kinsky, Helmut:
Der Jäger und seine Waffen : Waffen, Munition, Optik –
Funktion u. Handhabung / von Helmut Kinsky ; Wolfgang
Krüper ; Claus-Henning Strube. – Hamburg ; Berlin : Pa-
rey, 1986.
    (Lehrbuch Jägerprüfung ; 4)
    ISBN 3-490-32712-8
NE: Krüper, Wolfgang:; Strube, Claus-Henning:

© 1986 Verlag Paul Parey, Hamburg und Berlin
Anschriften: Spitalerstraße 12, D-2000 Hamburg 1;
Lindenstraße 44–47, D-1000 Berlin 61.
Printed in Germany.

Satz: Hubert & Co., D-3400 Göttingen.

Lithographie: Druckformdienst Carl Kruse
GmbH, D-2000 Norderstedt

Druck: Rasch Druckerei und Verlag GmbH & Co.
KG, D-4550 Bramsche

Buchbinderei: Buchbinderei Klemme GmbH &
Co. KG D-4800 Bielefeld 1

Umschlaggestaltung: Jan Buchholz und Reni
Hinsch, D-2000 Hamburg 73

Gesamtwerk ISBN 3-490-33912-6
Band 4   ISBN 3-490-32712-8

Inhalt

Zur Einführung

In den anderen Bänden des „Lehrbuches Jägerprüfung" ist der gesamte übrige Stoff behandelt worden, den ein Kandidat für ein gutes Bestehen der Jägerprüfung und als Grundlage für sein zukünftiges jägerisches Wirken beherrschen muß. Dieses Buch behandelt die Themen, die im Zusammenhang mit Waffen, Munition, Optik und Handhabung stehen.

Die drei Autoren dieses Buches sind Prüfer in Jägerprüfungs-Kommissionen und bearbeiten im Rahmen ihrer Tätigkeit bei der DEVA (Deutsche Versuchs- und Prüf-Anstalt für Jagd- und Sportwaffen e.V. in 4791 Altenbeken) Widerspruchsverfahren zu Jägerprüfungen. Darüber hinaus bringen sie die gesamten Erfahrungen ein, die sie als Mitarbeiter von Deutschlands einzigem Prüfinstitut für Jagd- und Sportwaffen in vielen Jahren gesammelt haben.

Das Buch hat zwei Anliegen: Einmal vermittelt es dem Kandidaten das erforderliche Wissen, das er zum erfolgreichen Bestehen der Jägerprüfung beherrschen muß. Gleichzeitig wird es auch mit seinen praktischen Hinweisen nützlicher Ratgeber für später sein. Zum zweiten soll es mithelfen, das Niveau der Jägerausbildung und -prüfung bundesweit zu vereinheitlichen.

Es ist unsere Erfahrung, daß in vielen Fällen keine Koordination zwischen Ausbildern und Prüfern besteht und daß von Prüfungskommission zu Prüfungskommission nicht zu vertretende Unterschiede in den Wissensanforderungen bestehen.

Gerade der Umgang mit Waffen und Munition stellt besondere Anforderungen, die bei allen Beteiligten (Kandidaten, Ausbildern und Prüfern) unter gleichem Blickwinkel gesehen werden müssen. Wir haben im Kapitel „Handhabung von Lang- und Kurzwaffen" immer wieder Prüfungserfahrungen einfließen lassen, damit deutlich wird, wo Unwichtiges zu stark hervorgehoben worden ist oder aus Unkenntnis technischer Zusammenhänge auch einmal verkehrte Auffassungen über Sicherheit und Handhabung bestehen.

Wie in allen Kapiteln, so haben wir aber speziell bei der „Prüfung von Waffen und Munition" und „Schießtechnik" auf die Dinge hingewiesen, von denen wir aufgrund vieler Prüfungen und Anfragen wissen, daß darüber mangelnde Kenntnis oder falsche Vorstellungen herrschen.

Wir hoffen, daß die in manchen Kapiteln zu erläuternden technischen und physikalischen Vorgänge so von uns dargestellt worden sind, daß es keine Verständigungsschwierigkeiten gibt.

Im Sommer 1986   Helmut Kinsky
Altenbeken   Wolfgang Krüper
                   Klaus-Henning Strube

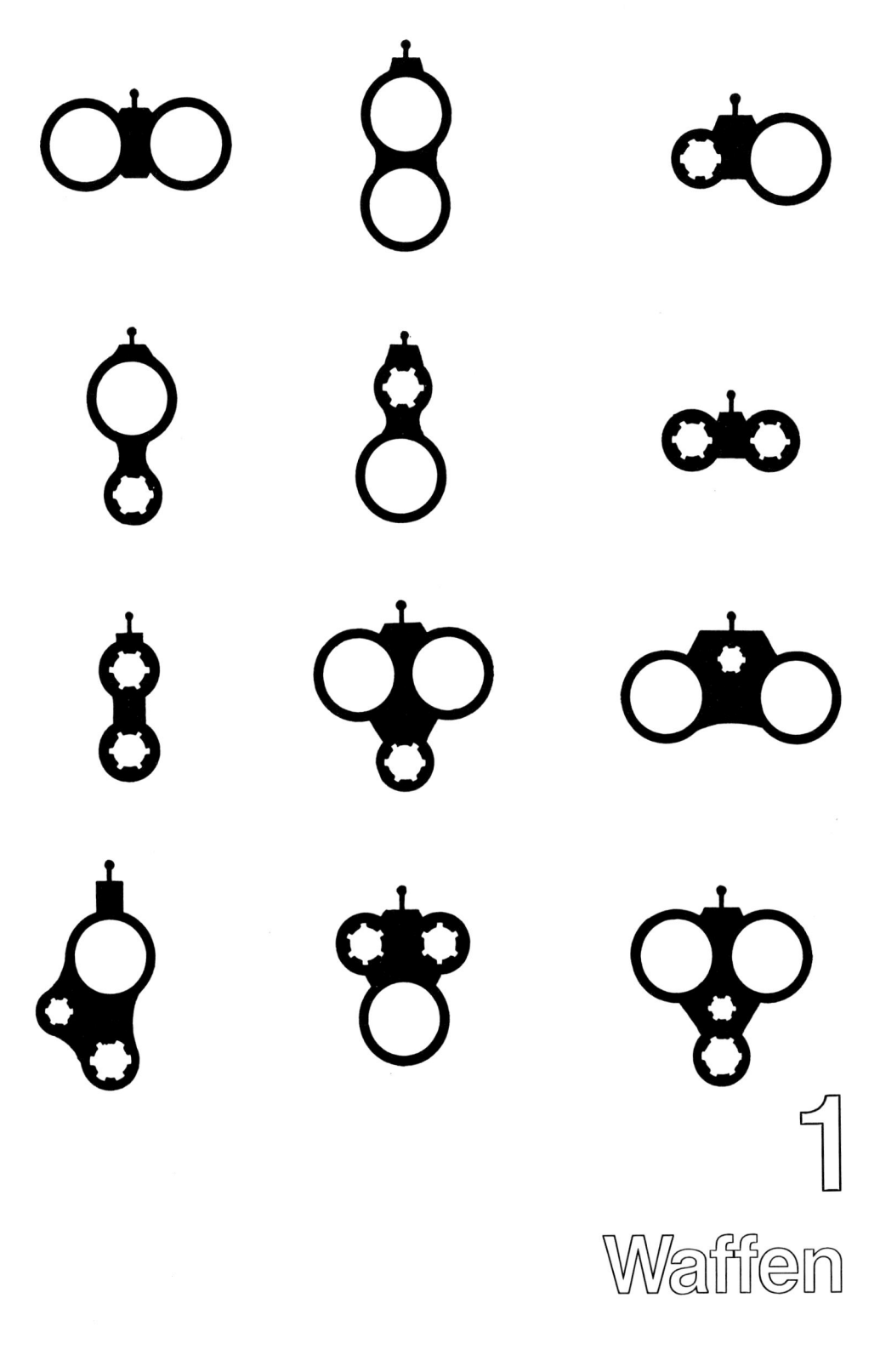

1

Waffen

Solange der Mensch auf dieser Erde existiert, jagt er. Um die wilden Tiere zu erbeuten, muß er sich irgendwelcher Hilfsmittel (Waffen) bedienen. Welch gewaltige Entwicklung haben die Waffen des Jägers durchgemacht: vom Faustkeil und der Holzkeule des Neandertalers bis zum ersten Feuerrohr, das mit Hilfe einer schwarzen Materie – Schießpulver genannt – Geschosse auf ein entferntes Ziel schleudern konnte!

Die in nur fünf Jahrhunderten erfolgende Weiterentwicklung der Feuerwaffen ist beachtlich. Man stelle sich einmal vor, welche beträchtlichen Schwierigkeiten und geringen jagdlichen Erfolge der Jäger von heute hätte, wollte er die Jagd mit der Radschloßmuskete seiner Vorfahren aus dem Jahr 1550 ausüben!

Unser heutiges Wild muß sich in einem ständig enger werdenden Lebensraum zurechtfinden und vordringlich gegen ganz andersgeartete Störungen und Bedrohungen behaupten als sie die Waffen des Jägers darstellen. Es zeigt sich tags immer seltener, wird oft zum Nachttier. Die Deckung wird bevorzugt, und die Fluchtdistanz wächst. Folglich ist der Jäger von heute auf Gewehre angewiesen, die weit tragen und präzise schießen. Seine Chancen zum jagdlichen Erfolg zu kommen, sind vergleichsweise gering, und nicht nur sein ethisches Empfinden, sondern auch eine ihn argwöhnisch beobachtende Öffentlichkeit bedingen das, was er selber als waidmännisches Jagen bezeichnet: Er muß das Wild auf eine saubere Art schnell und ohne Qualen töten.

Die Waffen, die ihm dafür zur Verfügung stehen, sind hochentwickelte technische Geräte, die leisten können, was für den gedachten Zweck von ihnen erwartet wird.

Ganz besonders der angehende Jäger hat die Verpflichtung, sich mit seinen Jagdwaffen so vertraut zu machen und sie in einem solchen Zustand zu erhalten, daß sie ihm ermöglichen, das Wild waidgerecht zur Strecke zu bringen und daß sie bei richtiger Handhabung kein Sicherheitsrisiko darstellen.

Bei der Prüfung, die jeder werdende Jäger zu bestehen hat, bevor er seinen ersten Jagdschein lösen kann, und die heute oft nicht ganz unberechtigt als „Jägerabitur" bezeichnet wird, werden an das Fach Jagdwaffenkunde strenge Maßstäbe angelegt, und nicht selten fällt in diesem Fach die Entscheidung über Bestehen oder Nichtbestehen der ganzen Prüfung. Diese Teilprüfung muß aber so anspruchsvoll sein, denn sie ist zugleich Waffensachkundeprüfung, wie sie das Waffengesetz für alle Waffenbesitzer vorschreibt.

Die folgende Beschreibung der Jagdwaffen enthält viele Einzelheiten, Schnittbilder und Zeichnungen. Damit ist nicht beabsichtigt, den Jungjäger gleich zum Büchsenmacher auszubilden. Er muß aber viel von Jagdwaffen und ihrer Funktion verstehen und sich zu eigen machen, auch wenn das für einen Nichttechniker nicht immer einfach ist.

Die Verfasser wissen aus Jägerprüfungen, daß viele richtig vorgeführte Handgriffe nur eingedrillt sind und nicht auf Verständnis des Zusammenwirkens der Teile beruhen, also nur ein höchst gefährliches Halbwissen darstellen, das in dem Augenblick versagen wird, indem etwas nicht planmäßig abläuft.

Derjenige, der den Führerschein gemacht hat, tritt vor Bewegen des Schalthebels das linke Fußpedal nicht jedesmal deswegen nieder, weil der Fahrlehrer ihm das so eingepaukt hat, sondern weil er weiß, daß damit eine Einrichtung betätigt wird, die den Motor vom Getriebe und den Antriebsrädern abkuppelt, damit der Schaltvorgang erfolgen kann.

Wir möchten mit den anschließenden Darstellungen erreichen, daß der Jäger weiß, wie er sein Gewehr richtig handhabt, aber auch warum bei *seiner* Waffe unter bestimmten Bedingungen ein Schuß losgehen kann, obwohl gesichert ist. Wie die Ursache einer Störung der Waffenfunktion zu erkennen ist und welcher Handgriff diese Störung sicher beseitigt.

Schließlich soll der Jungjäger durch dieses Lehrbuch auch in die Lage versetzt werden, soviel Übersicht über die einzelnen Typen und Bauarten der Jagdwaffen zu erwerben, daß er in der Lage ist, eine für seine besonderen Bedürfnisse geeignete Jagdwaffe auszuwählen.

1.1 Büchsen

Den ersten Nachweis einer Schußwaffe im europäischen Raum finden wir im 14. Jahrhundert.

Ein kurzes metallenes Rohr, geladen mit einer Mischung aus Salpeter, Holzkohle und Schwefel und einer Rundkugel, wurde mit einem glühenden Draht oder einer glimmenden Lunte an dem am hinteren Ende angebrachten Zündloch gezündet und so die Kugel abgefeuert. Diese primitive Schußwaffe wurde schon als *„Büchse"* bezeichnet.

Die Laufbohrung war glatt, und auch die in den folgenden Jahrhunderten aufkommenden weiterentwickelten Schußwaffen blieben zunächst bei dem glatten Rohr, wenn auch die Zündungssysteme und die der besseren Handhabung dienende äußere Formgebung der Waffen Verbesserungen erfuhren.

Die glattläufigen Musketen fanden in großem Umfang noch das ganze 18. Jahrhundert hindurch Verwendung. Hier treffen wir mitunter schon auf die Bezeichnung *„Flinte"* für das Gewehr mit glattem Rohr. Der für die vorherrschende Steinschloßzündung verwendete Flintstein gab dem Gewehr den Namen.

Einführung des gezogenen Laufes. Die Gewehre mit den gezogenen Läufen, die Büchsen, brauchten lange bis zu ihrer allgemeinen Einführung. Als die ersten gezogenen Läufe dieser Art schon zu Beginn des 15. Jahrhunderts auftauchten, brachte man ihnen anfänglich Mißtrauen entgegen. Aber die Hauptgründe für ihre verzögerte Einführung dürften die Herstellungskosten und die Probleme gewesen sein, die das Laden eines durch Schwarzpulverrückstände verunreinigten Laufes von vorn mit sich brachte.

Daß die gezogenen Rohre präziser schossen, hatte man schon bald gemerkt und begann, seinen Vorteil daraus zu ziehen. Man konte dazu übergehen, das Laufkaliber schrittweise zu verkleinern, und wenn der Ladevorgang auch umständlicher und mühsamer war als bei einem glattläufigen Gewehr, so hatte man dafür doch den Vorteil der besseren Präzision und der größeren Reichweite. Von der Rundkugel, die zur besseren Führung in den Zügen in Leder- oder Stoffstücken, sogenannte Pflaster, eingehüllt wurde, führte die Entwicklung zu den Langgeschossen.

Damit sind wir eigentlich schon bei dem angekommen, was uns heute zur Verfügung steht.

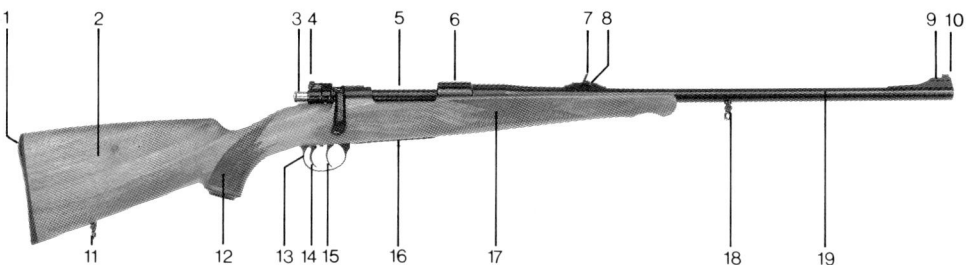

Abb. 2. Bauteile der einläufigen Büchse (Repetierbüchse Mauser 98).

1 = Schaftkappe	6 = Schloßhülse
2 = Schaft	7 = Visier
3 = Schlagbolzenmutter	8 = Visiersattel
4 = Flügelsicherung	9 = Kornsattel
5 = Kammer (Verschluß)	10 = Korn

11 = Riemenbügel	16 = Magazindeckel
12 = Pistolengriff	17 = Vorderschaft
13 = Abzugbügel	18 = Riemenbügel
14 = Stecher	19 = Lauf
15 = Abzug	

Unsere Büchsen sind Waffen mit gezogenen Läufen, aus denen Langgeschosse verschossen werden.

Einführung des Mantelgeschosses und rauchlosen Treibladungspulvers. Die ursprünglich verwendeten *Langgeschosse* aus Blei finden heute, außer beim Kleinkalibergewehr, für Jagdzwecke kaum noch eine Anwendung. Um höhere Geschoßgeschwindigkeiten erzielen zu können, war es notwendig, die Geschosse mit einem Mantel aus härterem Metall zu umgeben, der dem Drall besser folgen kann und das Abschmelzen von Blei im Lauf verhindert.

Etwa gleichzeitig mit der Umstellung vom Blei- zum *Mantelgeschoß* erfolgte vor etwa 100 Jahren auch die Umstellung vom leistungsschwachen, qualmenden Schwarzpulver, dessen schmutzige und übelriechende Rückstände die Gewehrläufe verengen und sie schnell zum Rosten bringen, auf das heute verwendete rauchschwache *Nitrozellulosepulver.*

Die Büchse als Jagdwaffe. Die Büchse dient vorzugsweise der Jagd auf *Schalenwild.* Das richtige Kaliber vorausgesetzt, erstreckt sich ihr Einsatzbereich bis auf eine Entfernung von etwa 200 m, in Ausnahmefällen (Hochgebirgsjagd), in der Hand eines guten Schützen, bis auf 300 m.

Abb. 3. Mündungssymbol der einläufigen Büchse (Repetierer und einläufige Kipplaufbüchse).

Die einläufige Büchse als Einzellader. Zu den *einläufigen Büchsen* zählen zunächst die Einzellader. Diese können nach dem Verschlußsystem entweder Kipplaufbüchsen, Blockverschlußbüchsen oder Büchsen mit Zylinderverschluß sein.

Büchsen mit *Zylinderverschluß als Einzellader* werden für das jagdliche Schießen und als reine *Sportwaffen* gebaut. Für den jagdlichen Einsatz spielen sie kaum eine Rolle.

Büchsen mit *Kipplauf* werden gern jagdlich geführt, weil sie leicht und elegant sind. Es sind Waffen für den erfahrenen *Pirsch-* oder *Ansitz*jäger, der sich seines Schusses sicher ist und auf einen Mehrlader verzichten kann. Oft findet man diese Büchsen in hochfeiner Ausführung, teilweise auch mit einem Wechsellauf für ein zweites Kaliber.

Büchsen mit *Blockverschluß* gibt es mit verschiedenen Systemen. Allen ist gemeinsam, daß dieser Verschluß besonders stabil ist und jede Patrone verarbeiten kann. In der jagdlichen Verwendung entsprechen sie den Kipplaufbüchsen.

Übrigens kann man mit diesen beiden Einzelladern fast so schnell wie mit einem Repetierer schießen, denn beide Systeme werden auch mit automatischen Auswerfern (Ejektoren) gebaut.

Die Mehrlader. Die zweite Gruppe der einläufigen Büchsen umfaßt die *Mehrlader.* Das können entweder Repetierer oder Selbstladebüchsen sein.

Der *Repetierer* ist die gebräuchlichste einläufige Büchse. Ursprünglich waren die Systeme baugleich mit denen der Militärgewehre. Unser altes, immer noch beliebtes Repetiergewehr „Mauser 98" ist ein typisches Beispiel dafür.

In neuerer Zeit entstanden dann eine Anzahl eigenständige, speziell für die Jagd entwickelte Konstruktionen.

Die Repetierer sind durchweg gut schießende, robuste Gebrauchswaffen für alle vorkommenden Jagdarten. Meistens findet man sie in der Ausführung als *Büchse mit Halbschaft.*

Aber auch die Stutzenausführung erfreut sich großer Beliebtheit. Der *Stutzen* ist eine Kurzausführung des Repetierers mit einem um 10 bis 15 cm kürzeren Lauf und einem bis zur Mündung reichenden Ganzschaft.

Ursprünglich war er für den Jagdge-

Abb. 4. a: Repetierbüchse Sauer 80; b: Stutzen Sauer 80

brauch im unwegsamen und schwierigen Gelände (Hochgebirge) gedacht, und der Ganzschaft sollte weniger der Zierde als dem Schutz des Laufes dienen. Der leichte, handliche und sehr führige Stutzen wurde aber schnell zum Liebling der Jäger in allen Revieren.

Der Stutzen hat wegen des kürzeren Laufes eine um einige Prozent verminderte Leistung, was nicht entscheidend ins Gewicht fällt. Je nach der verwendeten Ladung kann er jedoch sehr unangenehm knallen und ein störendes Mündungsfeuer erzeugen. Die Schußleistung ist grundsätzlich nicht schlechter als bei einer Büchse mit längerem Lauf. Allerdings gibt es einige Stutzen, bei denen sich durch wechselnden Einfluß des langen Vorderschaftes

immer wieder die Schußleistung verändert, so daß sie langsam zum Alptraum ihrer Besitzer werden. Ein geteilter Vorderschaft hilft hier in vielen, aber nicht in allen Fällen.

Die Selbstlader. Die *Selbstladebüchsen* nützen entweder den Gasdruck oder den Rückstoß aus, um den Repetiervorgang einzuleiten. Das Entriegeln des Verschlusses, Auswerfen der abgeschossenen Patronenhülse, Spannen des Schlosses, Zuführen einer neuen Patrone aus dem Magazin und das Schließen und Verriegeln des Verschlusses geschehen automatisch in Sekundenbruchteilen, so daß sich der Schütze ganz auf sein Ziel konzentrieren kann. Unmittelbar nach dem Schuß läßt sich der

Abzug erneut betätigen, und der nächste Schuß wird ausgelöst. Von den Selbstladebüchsen werden nur wenige Modelle angeboten, denn das Interesse an dieser Waffe ist nicht besonders groß.

Die Jagdgelegenheiten, in denen man eine Selbstladebüchse erfolgversprechend einsetzen kann, sind selten geworden. Hinzu kommt, daß bei vielen Jagdherren diese Büchse, obwohl ihre Kapazität vom Gesetz her auf drei Patronen beschränkt ist, nicht gern gesehen wird, weil sie das Führen einer solchen mit unangebrachtem Schießertum gleichsetzen.

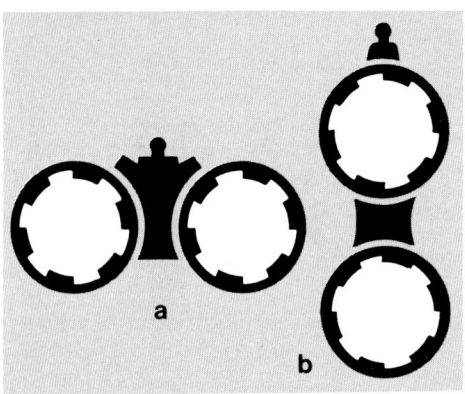

Abb. 5. Mündungssymbole der zweiläufigen Büchsen. a: Doppelbüchse; b: Bockbüchse

Die zweiläufige Büchse. Als mehrläufige Büchsen kommen die *Doppelbüchsen* mit neben- oder übereinanderliegenden Läufen in Frage.

Es hat früher Drillinge mit drei gleichen Büchsenläufen gegeben, und auch heute werden auf besonderen Auftrag noch Kugeldrillinge mit einem Doppelbüchslauf und einem zusätzlichen kleinkalibrigen Schonzeitlauf gebaut, jedoch sind beide Bauarten selten anzutreffen.

Die Doppelbüchsen dagegen sind, besonders wenn sie mit automatischen Auswerfern (Ejektoren) ausgestattet sind, beliebte und zweckmäßige *Drückjagdwaffen*. Weil die zwei Läufe selten die Schußleistung eines Einzellaufes erreichen, beschränkt sich ihr Einsatzbereich in der Regel auf Entfernungen bis 100 m.

Bei *normalen Doppelbüchsen* sind die *Läufe nebeneinander* angeordnet. Ihr Vorteil ist, daß sie zum Laden nicht so weit abkippen und sich daher etwas schneller nachladen lassen.

Für die Doppelbüchsen mit *übereinander* angeordneten Läufen ist die korrekte Bezeichnung *Bockbüchsen*. Diese wirken schnittiger und eleganter. Das Visieren über die schmale Laufschiene erscheint vielen Jägern einfacher.

Beiden Waffen ist gemeinsam, daß sich nach dem ersten Schuß der heiße rechte bzw. untere Lauf in der Länge ausdehnt und den noch kühlen Nachbarlauf nach links bzw. nach oben durchbiegt. Dieser Wärmeeinfluß verliert sich zwar nach einer gewissen Zeit wieder, aber in dieser Spanne wird normalerweise der zweite Schuß abgegeben.

Die zweiläufige Büchse ist für den Doppelschuß konstruiert und daher so zusammengelötet, daß die beiden Läufe zusammenschießen, wenn der zweite Schuß etwa 5 bis 8 Sekunden nach dem ersten fällt. Das bedeutet, daß bei anderen Zeitabständen die Läufe nicht unbedingt den gleichen Treffpunkt haben. Das bedeutet auch, daß der erste Schuß unbedingt aus dem rechten bzw. unteren Lauf kommen muß. Fängt man mit dem anderen Lauf an, so hat man einen deutlichen Rechts- bzw. Tiefschuß.

Ferner muß bei Doppelbüchsen und Bockbüchsen beachtet werden, daß die Läufe meistens nur mit der Laborierung optimal zusammenschießen, für die das Gewehr gebaut wurde. Bei einem Laborierungswechsel kann das völlig anders werden.

Inzwischen gibt es aber von mehreren Herstellern *Bockbüchsen mit freiliegenden Läufen*, von denen jeweils einer an der Mündung verstellbar ist. Bei diesen Konstruktionen, deren einziger Nachteil die nicht ganz so elegante äußere Erscheinung ist, läßt sich sowohl das Problem der Lauferwärmung wie auch das Problem des Laborierungswechsels in den Griff bekommen.

Eine besondere Art der Doppelbüchse, eine Waffe für den Pirsch- und Ansitzjäger,

Abb. 6. Mündungssymbol des Bergstutzens.

ist der *Bergstutzen*, eine Bockbüchse für das Verschießen einer großen und einer kleinen Kugel. Weil diese Waffe normalerweise nicht wie eine Doppelbüchse geschossen wird, sind beide Läufe unabhängig voneinander Fleck eingeschossen. Schießt man sie aber unmittelbar nacheinander oder wechselt man eine Laborierung, so erlebt man die gleichen Probleme, die bei der Doppelbüchse beschrieben sind.

Es gibt allerdings auch Bergstutzen, bei denen wegen eines freiliegenden und einstellbaren kleinen Büchsenlaufes diese Schwierigkeiten nicht auftreten.

1.2   Flinten

Als *Flinten* werden die *glattläufigen* Jagdgewehre bezeichnet, die in einer Garbe eine Vielzahl von Einzelgeschossen (*Schroten*) verschießen und für die Jagd auf *Niederwild* eingesetzt werden.

Die Flinte als Jagdwaffe. Die *Flinte* ist das am meisten gebrauchte Jagdgewehr. In der uns bekannten Form des Hinterladers ist sie jetzt schon über hundert Jahre alt. Zunächst war die Munition noch mit Schwarzpulver laboriert, und der Übergang bis zur fast ausschließlichen Verwendung des Nitropulvers nahm eine ganze Zeitspanne, etwa bis zum 1. Weltkrieg, in Anspruch. In der Schwarzpulverzeit waren z. T. extrem lange Läufe, bis 80 cm lang, im Gebrauch. Mit dem rauchlosen Pulver brachten diese unhandlichen Läufe keine Vorteile mehr, so daß die Flinten mit kürzeren Läufen ausgestattet wurden.

Lauflänge und Choke. Weil das Nitropulver schon bei recht kurzen *Lauflängen* völlig verbrennt, wurde natürlich das andere Extrem ausprobiert, und es tauchten Flinten mit bis zu 55 cm kurzen Läufen auf. Die Schußleistung daraus steht der längerer Läufe nicht nach, und der Energieverlust ist ziemlich unbedeutend. Der große Nachteil ist aber, neben einem unangenehmen lauten Mündungsknall, daß diese kurzen Flinten eine schlechte *Balance* und eine zu kurze Visierlinie haben. Allgemein schwingen längere Flinten besser und gestatten durch längere Visierlinie ein besseres Abkommen.

Daher haben sich die Lauflängen der Flinten inzwischen als bestem Kompromiß

Abb. 7. Die Bockflinte und ihre Bauteile.

1 = Schaftkappe	8 = Riemenbügel
2 = Hinterschaft	9 = Umstellung
3 = Sicherung	10 = Einabzug
4 = Oberhebel	11 = Abzugbügel
5 = Verschlußschieber	12 = Basküle
6 = ventilierte	(Verschlußgehäuse)
Laufschiene	13 = Vorderschaft
7 = Laufbündel	14 = Riemenbügel

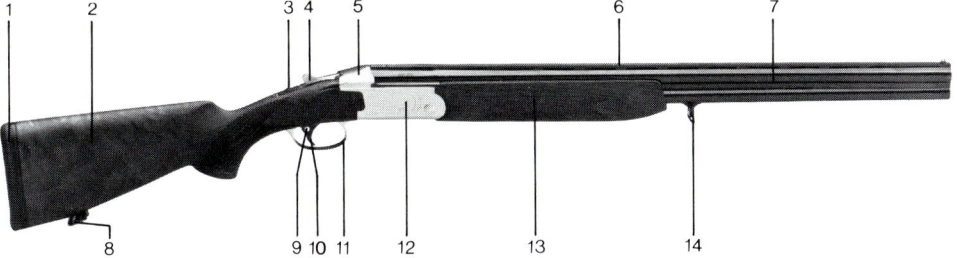

bei etwa 70 cm eingependelt. Die extremen Lauflängen sind selten geworden. Nur Spezial-Wurftaubenflinten werden noch mit 76 cm langen Läufen gefertigt, und die kurzen Schrotläufe sieht man nur noch bei Drillingen für die Waldjagd, die auf Sonderbestellung gebaut werden oder bei Repetierflinten mit Zylinderläufen.

Die *Schußleistung* des Flintenlaufes wird neben der Patrone durch die Laufbohrung, vor allem an der Mündung (Choke), bestimmt.

Abb. 8. Mündungssymbol der einläufigen Flinte.

Einsatzbereich der Flinte. Von Anfang an hat es immer wieder Bestrebungen gegeben, die *Reichweite* des Schrotschusses auszudehnen. Alle haben keinen nennenswerten Erfolg gehabt, egal was an der Patrone oder Laufbohrung versucht wurde.

Wegen der ballistischen Voraussetzungen hört die wirksame Schußentfernung für den Schrotschuß bei 40 bis 45 m auf. Selbst extreme Ladungen oder Mündungsverengungen bringen nur einen sehr geringen Gewinn. Sind so viele Schrote in der Garbe, daß auf größere Entfernung noch ausreichende *Deckung* gegeben ist, so haben diese verhältnismäßig dünnen Schrote nicht mehr genügend *Energie*. Bringen dicke Schrote genug Energie, dann reicht wegen der geringen Anzahl die Deckung nicht mehr.

Jeder Schrotschuß, der auf größere Entfernung Wirkung zeigt, ist ein Zufallstreffer. Wer glaubt, er könne mit seiner Flinte Hasen auf 60 oder 70 m Entfernung schießen, der soll mal mit 4 mm Schrot, denn das braucht er der Energie wegen, auf eine entsprechend große Papierscheibe einige Probeschüsse abgeben. Die mangelhafte Deckung, d. h. die Dichte der Treffer wird ihm sicher eine interessante Lehre sein!

Die einläufige Flinte. *Einläufige Flinten* sind entweder Einzellader, Repetierflinten oder Selbstladeflinten.

1. Einzellader. Die *Einzellader* sind meistens *Kipplaufgewehre* mit außenliegendem Hahn und werden jagdlich wenig geführt. Ab und zu wird einem Jungjäger von seinem Lehrprinz so eine einschüssige Flinte zudiktiert, damit er ler-

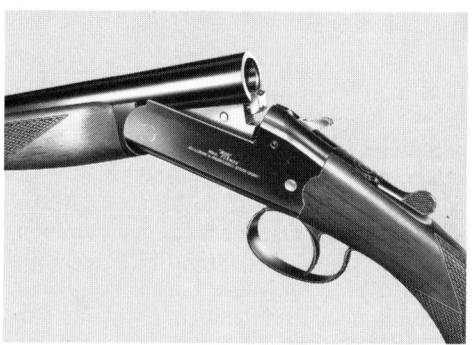

Abb. 9. Einläufige Kipplaufflinte Modell „Cosmos" von Aguirre & Aranzabal-Eibar (Spanien).

nen soll, den ersten Schuß überlegt abzugeben.

2. Die Repetierer können einen *Kammerverschluß* haben wie eine Repetierbüchse. Ein amerikanisches Modell ist auf dem Markt, das sich durch große Robustheit und gute Schußleistung auszeichnet. Zwei Patronen liegen in einem herausnehmbaren Mittelschaftmagazin.

Die anderen Repetierer haben ein meist vier Patronen fassendes Röhrenmagazin unter dem Lauf, und der Vorderschaft, der es umschließt, dient durch Zurückziehen und Vorschieben zum Repetieren. Diese, wegen der eigentümlichen Repetierbewegung auch *Pumpflinten* genannten Gewehre, sind typisch amerikanische Waffen, die inzwischen auch von europäischen Herstellern gefertigt werden. Sie zeichnen sich durch Preiswürdigkeit, Robustheit, zuverlässige Funktion und die Möglichkeit, durch einen Wechsellauf leicht für

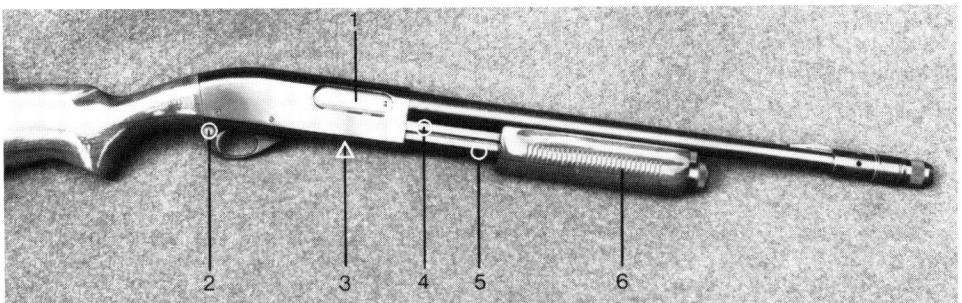

Abb. 10. Pumpflinte (Vorderschaft-Repetierer).
1 = Auswurföffnung   3 = Ladeöffnung   5 = Röhrenmagazin
2 = Sicherung   4 = Führungsschiene   6 = Vorderschaft

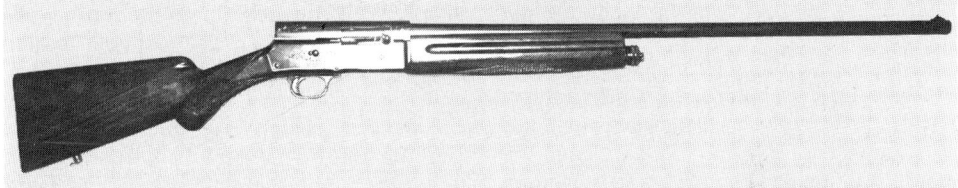

Abb. 11. Browning-Selbstladeflinte der Fabrique Nationale in Herstal. Obwohl in ihrer Konstruktion ca. 80 Jahre alt, ist dieser Rückstoßlader durch neuere, äußerlich formschönere Typen anderer Fabrikate in der Funktionssicherheit kaum übertroffen.

andere Jagdgelegenheiten umgerüstet werden zu können, aus. Es gibt dafür auch spezielle Läufe mit Visierung zum Verschießen von Flintenlaufgeschossen.

3. *Selbstlader*. Die *Selbstladeflinten*, deren erstes Modell, die bekannte Browningflinte, schon 1903 auf den Markt kam, werden durch den Rückstoß oder den Gasdruck betätigt. Auch diese Gewehre sind durch das Gesetz auf eine Magazinkapazität von zwei Patronen beschränkt.

Diese Flinten haben aus dem einen Lauf eine gleichmäßige Schußleistung und durchweg einen weichen Rückstoß. Auch hier gibt es eine Anzahl von Wechselläufen, und wie die anderen einläufigen Flinten, eignen sie sich besonders zur Anbringung eines verstellbaren Chokeaufsatzes.

Zweiläufige Flinten. Die *zweiläufige Flinte* ist das gebräuchlichste Gewehr für die Niederwildjagd. Als *Doppelflinte* wird die Flinte mit *nebeneinander* liegenden Läufen

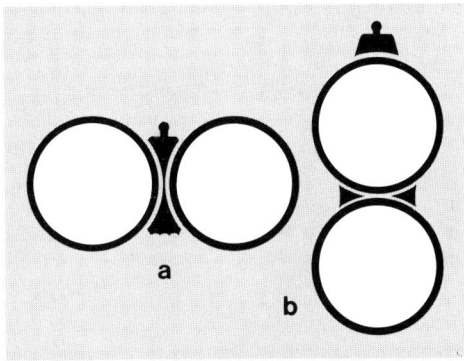

Abb. 12. Mündungssymbole der zweiläufigen Flinte. a: Doppel-(Quer-)Flinte; b: Bockflinte

bezeichnet, während die korrekte Bezeichnung für die Flinte mit *übereinander* liegenden Läufen *Bockflinte* heißt. Bockdoppelflinte ist ein zwar häufig zu hörender aber sprachlich falscher Ausdruck.

Der große *Vorteil* der zweiläufigen Flinte für die praktische Jagdausübung ist, daß die Flinte normalerweise *verschiedene*

Mündungsverengungen hat. Es besteht daher die Möglichkeit, sich durch das Laden verschiedener Patronen und die Auswahl, welcher Lauf für den ersten Schuß benutzt wird, auf anlaufendes oder fortflüchtendes Wild einzustellen.

Ob man eine Doppelflinte oder eine Bockflinte führt, hängt allein vom persönlichen Geschmack ab. Beide Typen haben ihre glühenden Anhänger.

Die *Bockflinte* wird unbestreitbar immer mehr bevorzugt. Beim *Wurftaubenschießen* wird sie heute fast ausschließlich verwendet.

Ihre Anhänger führen als Vorteile ins Feld, daß sie schnittiger aussieht als die Doppelflinte, das Zielen über die schmale Laufschiene einfacher ist, der einzelne sichtbare Lauf weniger vom Wild verdeckt und der Vorderschaft griffiger ist, auch daß sie stabiler ist und den Rückstoß auf die Schulter günstiger überträgt. Die beiden letzten Gründe sind nicht bewiesen, und die anderen sind Ansichtssache.

Die Anhänger der Doppelflinte meinen dagegen, daß ihr Modell sich günstiger und schneller laden läßt, besser ausbalanciert und durchweg auch leichter und damit führiger ist.

Jeder Jäger sollte sich durch eine praktische Erprobung Klarheit darüber verschaffen, welchen Argumenten er zuneigt und seine Wahl entsprechend treffen.

Abschließend muß noch erwähnt werden, daß es auch bei den Flinten Dreiläufer gegeben hat. Dieser Versuch zur Erhöhung der Feuerkraft hat sich aber neben den modernen Ejektorflinten nicht behaupten können.

1.3 Kombinierte Waffen

Bei den *kombinierten Waffen* sind Büchsen- und Flintenläufe miteinander vereinigt. Dafür werden durchweg Kipplaufsysteme verwendet.

Die Variationsmöglichkeiten, die sich anbieten, und die von den Waffenherstellern

verwirklicht werden, sind sehr vielgestalt. Bei der kombinierten Jagdwaffe kann sich echte Büchsenmacherkunst in ihrer höchsten Vollendung beweisen. Das betrifft nicht nur die vielen technischen Probleme beim Zusammenfügen der Läufe, sondern auch die teilweise diffizilen Systemkonstruktionen, sowie eine hochwertige Schaftverarbeitung, die zu einer wertvollen Kombination gehört. Für Leute, die bereit sind, namhafte Beträge für *Luxuswaffen* auszugeben, fertigen die Büchsenmacher der österreichischen Waffenstadt Ferlach und mehrere Meisterbetriebe in unserem Lande in Handarbeit wirkliche Schmuckstücke, die bezüglich der Kombination, wie der Ausführung auch die ausgefallensten Sonderwünsche des Kunden berücksichtigen.

Dagegen stehen die fabrikgefertigten *Gebrauchswaffen*, die teilweise rein maschinell hergestellt werden oder weitgehend maschinell vorgefertigt und in Handarbeit zusammengefügt werden.

Einsatzbereich der kombinierten Waffen.

Eine kombinierte Waffe ist weder eine vollwertige Büchse noch eine vollwertige Flinte. Sie ist ein *Kompromiß*, der dem jagdlichen Praktiker eine Waffe in die Hand gibt, mit der er im jagdlichen Alltag für alle möglichen Situation entsprechend ausgerüstet ist.

Wer zum Kesseltreiben auf Hasen geladen ist, nimmt nach Möglichkeit eine Flinte mit, und geht es zur Drückjagd auf Sauen, eine Repetierbüchse. In beiden Fällen könnte er aber z. B. auch mit einem Drilling zurechtkommen.

So kann die kombinierte Waffe in vielen Fällen das *Universalgewehr* für den Jäger sein, der sich nur eine Waffe leisten kann.

Die kombinierte Jagdwaffe ist vorwiegend eine europäische Angelegenheit. Hier ist sie entstanden und auch am meisten verbreitet. In außereuropäischen Gebieten wird sie vergleichsweise selten geführt. In einigen Staaten ist es sogar illegal, z. B. auf der Entenjagd einen Büchsenlauf mitzuführen. Entscheidend ist aber, daß die europäischen Jagdverhältnisse häufig so sind, daß Niederwild und Schalenwild gleichzeitig bejagt werden, so daß eine kombinierte Waffe den Jäger davor bewahrt, zwei Gewehre mitführen zu müssen.

Besonderheiten der kombinierten Waffen.

Kombinierte Gewehre haben, trotz aller Zweckmäßigkeit und universellen Verwendbarkeit, spezielle Schwachpunkte, die man kennen und berücksichtigen muß, um diese Waffen erfolgreich einsetzen zu können.

Sie sind von der Konstruktion und vom Aufbau her diffiziler und oft auch anfälliger und bedürfen daher besonderer Sorgfalt in der Behandlung und Pflege.

Die Büchsenläufe der kombinierten Waffen sind nicht dazu geeignet, häufig mit großen Schußserien belastet zu werden wie das z. B. als Übungsgewehr bei der Jungjägerausbildung der Fall ist.

Ebensowenig soll man etwa einen Drilling dazu verwenden, regelmäßig das Wurftaubenschießen damit zu betreiben. Dafür gibt es geeignetere Waffen. Ab und zu eine Serie Wurftauben und ein paar Schüsse auf dem Büchsenstand sind gut für die Übung und sehr zu empfehlen. Der Waffe soll aber nicht etwas zugemutet werden, für das sie nicht gebaut ist, wenn man lange Freude an ihr haben will.

Das spezielle Problem der kombinierten Waffe ist das gleiche, das bei den Doppelbüchsen schon besprochen wurde, nämlich die Veränderung der Treffpunktlage durch die Wechselwirkung zwischen einem durch einen Schuß aufgeheizten Lauf und seinem kälteren Nachbarlauf bzw. seinen kälteren Nachbarläufen. Die Erscheinung ist unter dem Namen „Klettern" bekannt. Sie beruht auf einer Durchbiegung des Laufbündels zum kälteren Lauf hin und ein damit verbundenes Wegwandern der Treffpunktlage in diese Richtung und ist im Kapitel über Schußleistungsprüfungen noch näher beschrieben. Übrigens ist es für die Praxis wichtig, zu wissen, daß diese Wirkung auch von einem zuerst beschossenen Schrotlauf auf den benachbarten Büchsen-

lauf übergehen kann. So wird z. B. ein Beschießen des linken Schrotlaufes beim Drilling einen unmittelbar danach folgenden Büchsenschuß nach rechts tief abweichen lassen.

Da die Größenordnung der Abweichungen durch „Klettern" keineswegs gleichmäßig oder abschätzbar ist, wird dringend empfohlen, das Verhalten der eigenen Waffe auf dem Schießstand auszuprobieren, damit Pannen bei der Jagdausübung vermieden werden. Beim Schießen mit dem Zielfernrohr wird eine größere Abweichung festgestellt als beim Schießen über Visier und Korn, weil die offene Visierung die Durchbiegung des Laufbündels mitmacht und die Abweichung dadurch zum Teil kompensiert.

Es ist jedenfalls erstaunlich, daß immer wieder bei Wettschießen der Hegeringe Jäger mit kombinierten Waffen auftreten, die von diesen Zusammenhängen noch nie etwas gehört zu haben scheinen.

Schließlich sei noch erwähnt, daß gerade die kombinierten Waffen oft sehr stark *von der Munitionssorte abhängen*, mit der sie ursprünglich eingeschossen wurden. Das trifft besonders auf die Waffen zu, die mehrere Büchsenläufe mit evtl. sogar unterschiedlichen Kalibern aufweisen. In diesen Fällen empfiehlt sich eine entsprechende Vorratshaltung der passenden Laborierung (siehe S. 123).

Zweiläufige kombinierte Waffen. Die einfachste Form einer kombinierten Waffe ist die Zusammenlegung von einem Flintenmit einem Büchsenlauf, die *Büchsflinte*.

Abb. 13. Mündungssymbole zweiläufiger kombinierter Waffen. links: Büchsflinte; rechts: Bockbüchsflinte

Diese Bezeichnung führt das Gewehr, bei dem die *Läufe nebeneinander* liegen. Sind sie übereinander angeordnet, wobei der Büchsenlauf in der Regel unten, bei einigen Modellen aber auch oben liegt, bezeichnet man sie als *Bockbüchsflinte*. Beide Arten sind schon sehr lange im Gebrauch. Vor allem die Bockbüchsflinte ist eine leichte und elegante Waffe für den Pirsch- und Ansitzjäger.

Büchsflinten werden heute nur noch als Tribut an die „Nostalgie" hergestellt, ebenso wie die sehr ansprechenden Bockbüchsflinten mit außenliegenden Hähnen.

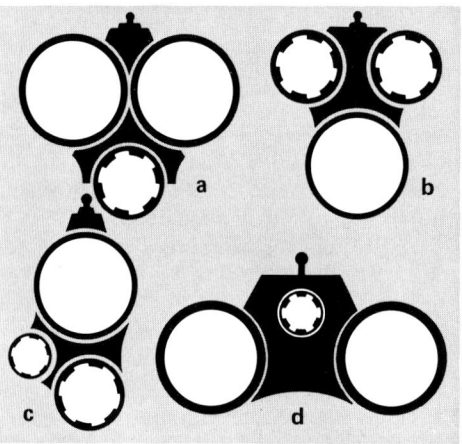

Abb. 14. Mündungssymbole dreiläufiger kombinierter Waffen. a: Drilling; b: Doppelbüchsdrilling; c: Bockdoppelbüchsdrilling (Triumphbock); d: Waldläuferdrilling.

Dreiläufige kombinierte Waffen. Die bekannteste dreiläufige Waffe ist der *Drilling* mit *zwei Flintenläufen* und untenliegendem *Büchsenlauf*, der in dieser Form schon im Jahre 1878 dem Münchner Büchsenmacher Oberhammer patentiert wurde. Vor allem, wenn er das Flintenlaufgeschoß gut schießt und noch mit einem zusätzlichen Einstecklauf ausgerüstet werden kann, ist der Drilling eine echte *Universalwaffe*.

Obwohl dieses Gewehr ziemlich vorderlastig ist, kommen viele Leute auf Niederwildjagden sehr gut damit zurecht. Sie haben die Erfahrung gemacht, daß das schwerere Laufbündel gut durchschwingt.

Ein Gewehr speziell für den *Hochwildjäger* ist der *Doppelbüchsdrilling*, der gegenüber der Doppelbüchse den Vorteil eines zusätzlichen Schrotlaufes für den gelegentlich vorkommenden Fuchs oder Hasen hat, bzw. ein zusätzliches Flintenlaufgeschoß als dritten Kugelschuß. Doppelbüchsdrillinge werden auf normalen Drillingssystemen aufgebaut. Eine ältere Bauart hat den Schrotlauf auf der rechten Seite und wirkt durch das unsymmetrische Aussehen unelegant. Die Bauart mit untenliegendem Schrotlauf wird daher bevorzugt, allerdings kann dabei, wegen der Platzverhältnisse in der Baskül e (Verschlußgehäuse), in den meisten Fällen nur das Schrotkaliber 20 eingesetzt werden.

Eine Bockbüchsflinte mit einem zusätzlichen, seitlich angebrachten, kleinkalibrigen Büchsenlauf wird als *Bockdrilling* bezeichnet. Der kleinkalibrige Lauf ist in der Schußleistung dem Einstecklauf in einem Drilling grundsätzlich überlegen. Da normalerweise die beiden Büchsenläufe für verschiedene Zwecke verwendet werden, sind sie auch jeder für sich eingeschossen. Das heißt, daß sie nicht wie eine Doppelbüchse zusammenschießen. Wer mit dem Bockdrilling Dubletten auf Rehwild schie-

Abb. 15. Krieghoff-Drilling, Modell „Trumpf" mit separater Kugelspannung.

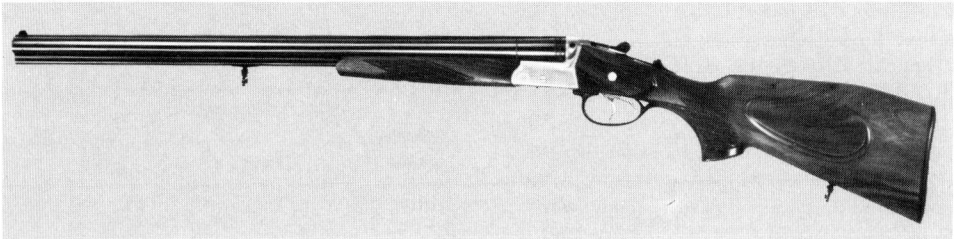

ßen will, sollte das wissen. Das Wechseln der Laborierung ist bei diesen Waffen oft besonders kritisch.

Wie alle kombinierten Waffen kennen sie auch das bereits beschriebene „*Klettern*" beim schnellen Nachschießen. Eine besondere Bauart des Bockdrillings, bei der alle drei Läufe übereinanderliegen, der kleine Büchsenlauf zwischen den beiden anderen, zeigt sich gegenüber dem „Klettern" ziemlich umempfindlich.

Eine kombinierte Waffe, die selten angetroffen wird, ist der *Waldläuferdrilling*, eine Doppelflinte mit einem Kleinkaliberlauf oben in der Laufschiene.

Vierläufige kombinierte Waffen. Der Wunsch nach einem zusätzlichen kleinkalibrigen Büchsenlauf für den Drilling führte zur Konstruktion des *Vierlings*. Hier liegt der kleine Lauf entweder oben in der

Laufschiene oder in der Mitte zwischen den drei anderen Läufen. Bezüglich der Schußleistung und der Abhängigkeit von bestimmten Laborierungen gilt das, was zum Bockdrilling gesagt wurde.

Der Vierling ist in seiner Schußpräzision und Schußbereitschaft als Universalwaffe dem Drilling mit Einstecklauf überlegen. Allerdings ist er in vielen Fällen nicht mehr so handlich.

Eine seltene Sonderform des Vierlings ist die Kombination einer Bockflinte mit einer Doppelbüchse. Zwei Schrotläufe liegen übereinander und jeweils rechts und links davon ein Büchsenlauf. Dieser Doppelbüchsvierling wird nur auf besonderen Wunsch für Liebhaber ausgefallener Konstruktionen gebaut, und spätestens hier beginnt man sich zu fragen, wie weit es einen Sinn hat, die Variationsmöglichkeiten bei der Herstellung von kombinierten Waffen zu strapazieren.

Abb. 16. Mündungssymbol der vierläufigen kombinierten Waffe.

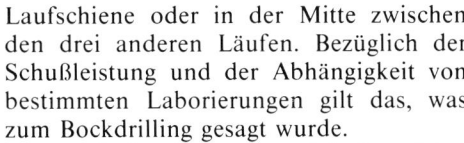

1.4   Bauteile der Langwaffen

1.4.1   Läufe

Der gezogene Lauf. Der *gezogene Lauf* wird als *Büchsenlauf* bezeichnet. Er ist grundsätzlich für das Verschießen eines Einzelgeschosses gedacht, welches heute

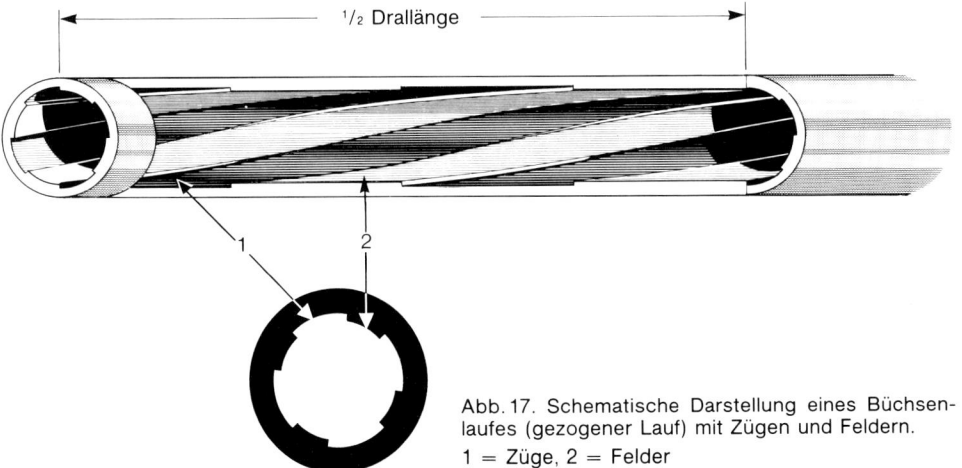

Abb. 17. Schematische Darstellung eines Büchsenlaufes (gezogener Lauf) mit Zügen und Feldern.
1 = Züge, 2 = Felder

fast ausschließlich ein hartummanteltes Langgeschoß ist.

1. Der Drall. Das Zugprofil besteht aus vier bis sechs *Zügen* und *Feldern*, die sich spiralförmig durch den Lauf winden. Die Felder schneiden sich in die Oberfläche des Geschosses ein und zwingen es so in *Rotation.* Diese erfolgt normalerweise rechtsdrehend, bei einigen ausländischen Waffen auch linksdrehend.

2. Das Kaliber. Durch die Zugtiefe ergeben sich zwei Kaliber des Laufes. Man spricht von dem *Feldkaliber*, das ist das Kaliber der ursprünglichen Bohrung, und dem *Zugkaliber.* Zwischen beiden besteht in der Regel eine Differenz von 0,2 bis 0,3 mm. Früher hatten die Läufe für Bleigeschosse in Bezug auf Züge und Felder andere Konstruktionen und Abmessungen. Die genauen *Laufmaße* sind für alle Kaliber *genormt*, und die Maße, nach denen der Hersteller arbeiten muß, sind durch die Waffengesetzgebung festgelegt.

3. Die Herstellung. Das *alte Verfahren* zur Herstellung der Züge im Lauf ist das *Ziehen von der Hand* oder mit der *Ziehmaschine* mit einem spanabhebenden Werkzeug. Bei *neueren Verfahren* wird entweder ein Hartmetallknopf durch den gebohrten Lauf gedrückt (*Knopf-Ziehverfahren*) oder einem gebohrten Rohling wird in einer Spezialmaschine durch rotierende Hämmer über einem entprechenden Dorn das Laufprofil eingehämmert (*Hämmerverfahren*). Der Knopf bzw. der Dorn tragen jeweils das negative Laufprofil.

Bevor die Züge in den Lauf eingearbeitet werden können, muß der *Laufrohling* gebohrt und außen abgedreht werden. Danach wird er gerichtet. Die Bohrung wird feinbearbeitet, denn von der Sauberkeit der hierbei erzielten Oberfläche hängt in starkem Maße die spätere Laufqualität ab.

Die *Patronenlager* werden mit speziellen Formfräsern nachträglich eingefräst bzw. beim Hämmerverfahren auch durch das Hämmern geformt.

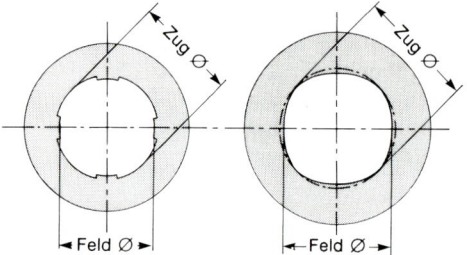

Abb. 18. Herkömmliches Zug- und Feldprofil (links) und Polygonprofil (rechts).

Eine besondere Bedeutung hat der *Übergangskonus* zwischen Patronenlager und dem gezogenen Laufteil. Wird eine Patrone in den Lauf geladen, so liegt der aus der Patronenhülse vorstehende Geschoßteil im Übergangskonus. Dieser muß also so geformt sein, daß er das längste vorkommende Geschoß aufnehmen kann. Für kurze Geschosse kann das, wegen ungenügender Führung in diesem Bereich, eine Verschlechterung der Präzision bedeuten.

4. Der Polygonlauf. Eine neue Laufkonstruktion ist der *Polygonlauf.* Die Felder sind hierbei nicht scharfkantig ausgeprägt, sondern bilden einen sanften Übergang zu den Zügen, so daß der Geschoßmantel beim Durchgang keine scharfen Markierungen bekommt. Der Vorteil dieser Läufe, die zunächst im militärischen Bereich Verwendung fanden, ist, neben einer vereinfachten Herstellung beim Hämmern, eine höhere *Lebensdauer* und bessere *Pflegemöglichkeit.*

5. Laufmaterial und Laufqualität. Die bei der Laufherstellung verwendeten *Materialien* sind vergütete unlegierte oder wenig bis hochlegierte Stähle, wobei die hochlegierten Sorten rostträge bis nichtrostend sein können.

Zur *Lebensdauer* der Büchsenläufe muß gesagt werden, daß sie bei richtiger Behandlung viele Tausend Schüsse aushalten.

Ein wirklich ausgeschossener Lauf ist sehr selten, die dafür erforderlichen hohen Schußzahlen werden aus einer Jagdbüchse kaum abgegeben. Die meisten Läufe werden durch schlechte Behandlung, fehlende oder falsche Pflege verdorben.

Zeigt ein Lauf echten *Verschleiß*, so äußert sich der in einer Abrundung der Felderkanten im hinteren Laufteil und durch *Erosionserscheinungen* (Auswaschungen, Ausbrennungen) im Übergangskonus. Läufe für Hochgeschwindigkeitspatronen werden besonders stark beansprucht und neigen eher zum Verschleißen.

Das Maß, bei dem die Züge und Felder eine volle Umdrehung vollenden, heißt *Dralllänge* und liegt für die meisten Geschosse und Kaliber *zwischen 200 und 400 mm*. Die Dralllänge ist von großer Bedeutung für die richtige *Stabilisierung des Geschosses* und damit für die *Präzision* des Laufes.

Läufe, die von Haus aus schlecht schießen, sind bei dem heutigen Stand der Fertigungstechnik nicht zu erwarten. Die schlechte Schußleistung eines Laufes hat in der Regel Gründe, die nicht in der eigentlichen Laufherstellung zu suchen sind.

Weil die *Schußleistung* wesentlich durch die im Laufstahl beim Schuß auftretenden *Schwingungen* beeinflußt wird, ist von einem dickwandigen Büchsenlauf grundsätzlich eine bessere Präzision zu erwarten. Nicht umsonst haben Matchbüchsen durchweg dickwandige Läufe.

Die Läufe der Repetierbüchsen sind dick im Vergleich zu den Büchsenläufen der kombinierten Waffen. Hierfür ist die notwendige Stabilität des Einzellaufes maßgebend. Ein Lauf, der in einem Laufbündel fest verlötet ist, kann dünner gehalten werden. Er kann deswegen aber auch

empfindlicher gegenüber allen äußeren Einflüssen sein, die sich auf die Schußleistung auswirken.

In den Bereich der Fabel gehört die Vorstellung von dem tötenden oder nicht tötenden Büchsenlauf. Manche Jäger glauben beobachtet zu haben, daß von zwei gleichen Büchsen, aus denen die gleiche Munition verschossen wird, bei einer das Wild grundsätzlich am Anschuß liegt, während es bei der anderen noch flüchtet. Es gibt keinen Beweis dafür, daß dies durch den Lauf verursacht sein kann. Bei derartigen Feststellungen werden oft zufällige Beobachtungen zu hoch bewertet.

Der glatte Lauf. Für das Verschießen einer Vielzahl von Einzelgeschossen, einer Geschoßgarbe, wie sie der Schrotschuß darstellt, ist der glatte Flintenlauf vorgesehen.

1. *Damastläufe.* Ab und zu sieht man noch die in der Schwarzpulverzeit gebräuchlichen *Damastläufe*, die durch ihre bräunliche oder gräuliche Färbung und das oft sehr schöne Oberflächenmuster auffallen. Diese Läufe entstanden aus Bündeln miteinander verflochtener dünner Eisen- und Stahldrähte, die um einen Dorn gewickelt, unter Hämmern miteinander verschweißt und so zu einem Rohr geformt wurden. Damastläufe sind nur ganz selten für den Gebrauch mit Nitropatronen beschossen.
2. *Moderne Laufherstellung.* Die Flintenläufe werden heute ebenfalls aus Gewehrlaufstählen hergestellt. Geschmiedete Rohlinge werden gebohrt und innen und außen feinbearbeitet.

Der Flintenlauf hat ein *Patronenlager*, welches in seiner *Länge einer abgeschos-*

Abb. 19. Herstellung eines Damastlaufes. Dabei werden Eisen- oder Stahlstreifen um einen Dorn gewickelt und durch Hämmern verschweißt. Aus solchen Läufen dürfen rauchschwache Patronen nur verschossen werden, wenn diese entsprechende Beschußzeichen tragen.

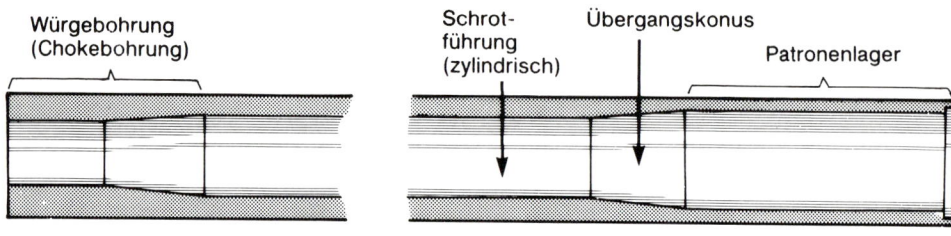

Abb. 20. Schematische Darstellung eines Flintenlaufes mit Patronenlager und Würgebohrung.

senen Hülse entspricht. Ein konischer Übergang stellt die Verbindung zu dem zylindrischen Laufteil her.

3. *Patronenlager und Hülsenlänge.*

Auf keinen Fall sollen Patronen verschossen werden, deren aufgefaltete (!) Hülsen länger sind als das *Patronenlager.*

Normale Patronenlager haben eine Länge von *70 mm*. Bei anderen Flinten findet man doch die früher üblichen *65 mm* langen Lager und bei einigen neueren Waffen *76 mm* lange Lager für die Magnumpatronen.

Das Verschießen von Patronen, deren Hülsen kürzer sind als das Patronenlager, ist völlig unbedenklich. Nur muß in diesem Falle mehr auf die Reinigung des Lagers geachtet werden, damit sich keine ringförmige Ablagerung aufbaut, die für ein späteres Verschießen der längeren Patrone eine Behinderung darstellt.

4. *Die Würgebohrung (Choke).* Der Schrotlauf hat zur *Verbesserung der Schußleistung* an seinem vorderen Ende eine Verengung, die *Würgebohrung*, auch Chokebohrung oder nur kurz Choke genannt. Der Hersteller hat es damit in der Hand, in einem gewissen Bereich die *Trefferdichte der Schrotgarbe* zu steuern und damit bestimmten jagdlichen Erfordernissen anzupassen.

Verschiedene Hersteller wenden unterschiedlich geformte Chokebohrungen an, um aus einem Lauf eine gewünschte Trefferdichte auf der Prüfscheibe zu erzielen. Im allgemeinen besteht der Choke jedoch aus einem mehr oder weniger langen Übergangskegel vom zylindrischen Laufteil zu einem wiederum zylindrischen kurzen Abschluß an der Mündung, der gegenüber dem Laufkaliber eine *Verengung bis zu ca. 1 mm im Durchmesser* darstellen kann.

Es hat sich inzwischen die Erkenntnis durchgesetzt, daß es wenig Sinn hat, im normalen Jagdbetrieb sehr eng schießende Läufe zu führen, wenn die vorherrschende Schußentfernung unter 30 m liegt.

Bei vielen Flintenmodellen wird die Mündungsverengung durch im Bereich der Patronenlager aufgestempelte Symbole angegeben.

Abb. 21. Verschiedene Würge-(Choke-)Bohrungen.

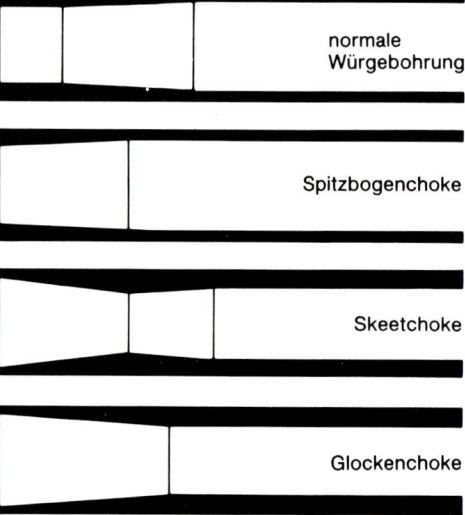

normale Würgebohrung

Spitzbogenchoke

Skeetchoke

Glockenchoke

Würgebohrung-Kennzeichnung verschiedener Hersteller

	Mündungs-verengung ca. (mm)	Trefferpro-zente auf Prüfscheibe ca.	FN	Beretta	andere ital. Fertigungen	Win-chester	Valmet	span. Fertigungen
voll 1/1	1,0 mm	70%	*	O	*	F	F	+
dreiviertel 3/4	0,75 mm	65%	* –	OO	**	IM	IM	+ +
halb 1/2	0,5 mm	60%	**	OOO	***	M	M	+ + +
viertel 1/4	0,25 mm	55%	** –	OOOO	****	IC	IC	+ + + +
zylinder	0	35–40%	** S	C OOOO	cyl		C	
skeet	- - -	40–45%	***	SK		SK		

Durch besondere Ausführung der Chokebohrung lassen sich *Flinten* auch *für spezielle Zwecke* einrichten, wie z. B. Skeetflinten, deren Läufe besonders große Streuung haben.

5. *Laufqualität, Spezialläufe.* Für eine *gute Schußleistung mit Flintenlaufgeschossen* ist es vorteilhaft, wenn das Kaliber des

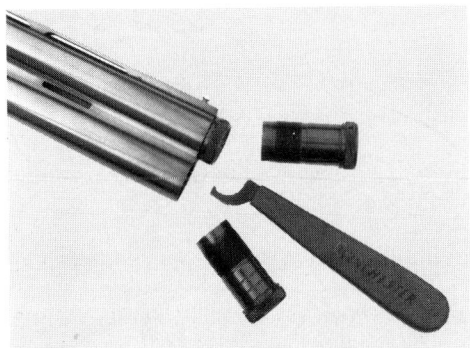

Abb. 22. Bockflinte mit auswechselbaren Choke-Einsätzen.

Abb. 23. Verstellbarer Choke auf einer Pump-flinte.

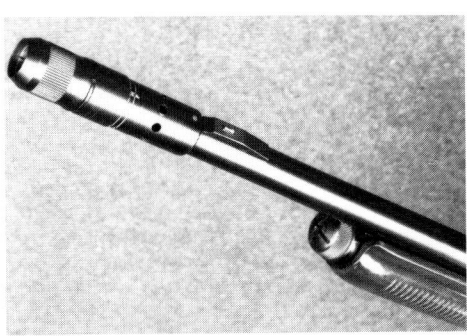

zylindrischen Laufteils dem Geschoß-durchmesser angepaßt ist, und wenn der konische und der zylindrische Teil des Chokes entsprechend gestaltet sind. Ist der Lauf speziell für das Verschießen von Flintenlaufgeschossen eingerichtet, müssen eventuell hinsichtlich der Schrotschußleistung Zugeständnisse gemacht werden.

Die *Sauberkeit der Innenbearbeitung* ist auch beim Flintenlauf von besonderer Bedeutung. Je feiner die Laufbearbeitung vor allen Dingen in den Übergängen ist, desto geringer die Neigung zur Bleiablagerung beim Schießen.

Einige Flintenmodelle werden mit *innen hartverchromten Läufen* geliefert. Diese Läufe sind wegen der sehr glatten und harten Innenflächen gut zu reinigen und zeigen weniger Neigung zum Verbleien. Allerdings läßt sich bei so einem Lauf schlecht eine nachträgliche Veränderung an der Laufbohrung bzw. dem Choke durchführen.

Ein Schrotschuß aus einem gezogenen Lauf liefert in den meisten Fällen unbrauchbare Ergebnisse. Bei der früher einmal gebräuchlichen „*Paradoxbohrung*" war der Flintenlauf vorn auf eine bestimmte Länge mit Zügen versehen, wodurch die Schußleistung mit dem Einzelgeschoß deutlich verbessert, die Schrotschußleistung dagegen verschlechtert wurde.

Vereinzelt werden bei Flinten, von denen man eine *extrem starke Streuung* wünscht, teilweise oder über die ganze Länge *gezogene Läufe* eingesetzt.

1.4.2 Verschlüsse

Der Vorderlader hatte am hinteren Laufende einen fest angebrachten Verschluß, die Schwanzschraube, die höchstens einmal zu Reparaturzwecken herausgeschraubt wurde.

Anforderungen an den Verschluß. Beim *Hinterlader* stand der Konstrukteur der Waffe immer vor dem Problem, einen *Verschluß* zu erfinden, der leicht zu bedienen und so stabil ist, daß er die Belastung von vielen Schüssen anstandslos aushält und den Lauf beim Schuß so effektiv *nach hinten abdichtet*, daß der

Schütze nicht gefährdet ist. Die Abdichtung funktioniert erst zufriedenstellend, seitdem die Patronenhülse in ihrer heutigen Form verwendet wird. Durch den Vorgang des *Liderns* stellt sie eine sehr gut funktionierende *Dichtung* dar. Es ist aber völlig ausgeschlossen, daß sie allein den vollen Gasdruck aufnehmen kann.

Es geht nur, wenn die Hülse überall durch die Bauteile der Waffe so gut abgestützt wird, daß an keiner Stelle der sehr hohe Innendruck bei der Schußentwicklung eine Gelegenheit bekommt, ihre Wan-

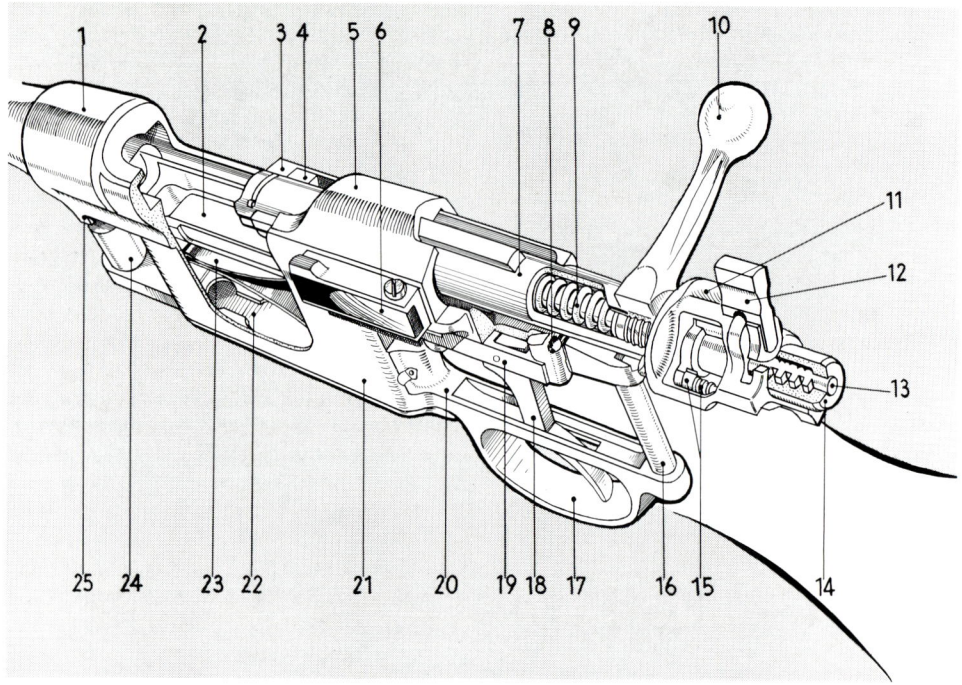

Abb. 24. Verschlußmechanismus einer Repetierbüchse mit Mauser-Verschlußsystem M 98.

1 = Verschlußhülsenkopf	10 = Kammerstengel	18 = Abzug
2 = Patronenzubringer	11 = Schlößchen	19 = Abzugstollen
3 = Auszieher	12 = Sicherungsflügel	20 = Unterbeschlag
4 = Verriegelungswarze	13 = Schlagbolzen	21 = Magazinkasten
5 = Verschlußhülsenbrücke	14 = Schlagbolzenmutter	22 = Magazinbodenblech
6 = Schloßhalter und Ausstoßer	15 = Sperre und Sperrfeder für das Schlößchen	23 = Zubringerfeder
7 = Kammer	16 = Kreuzschraube mit Distanzhülse	24 = vordere Verbindungsschraube
8 = Nase des Abzugsstollens	17 = Abzugbügel	25 = Rückstoßstollen
9 = Schlagfeder		

dung aufzureißen und nach hinten auszuströmen.

Der Verschluß hinter dem Hülsenboden muß also unbeweglich stehenbleiben, wenn der Gasdruck über die Hülse auf ihn einwirkt. Nicht einmal federn darf er in diesem Augenblick, sonst ist die Hülse verloren, und der Gasdruck treibt nicht das Geschoß nach vorn, sondern zerreißt Teile der Waffe und schleudert sie auseinander; auch dem Schützen ins Gesicht.

Es leuchtet jetzt ein, warum dem *Verschlußabstand* bei allen Verschlußarten so große Bedeutung zukommt. Dieses ist das Maß zwischen dem Boden der im Patronenlager befindlichen Patrone und dem Stoßboden des Verschlusses. Überschreitet es die vorgeschriebene Toleranz, kann das Schießen mit der Waffe zum Risiko werden; die Waffe entspricht in diesem Zustand auch nicht mehr den Beschußvorschriften.

Es hat im Laufe der Jahre eine große Zahl von Verschlußkonstruktionen gegeben, von denen nur ziemlich wenige technisch so gut waren, daß sie heute noch verwendet werden.

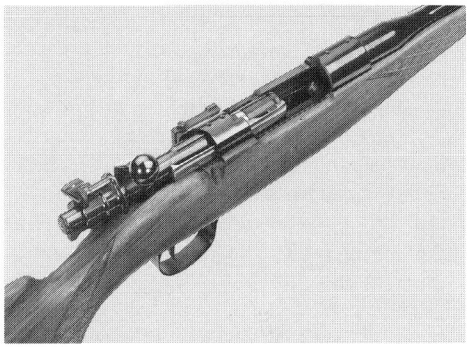

Abb. 25. Verschlußsystem Sauer 80 (oben), Mauser 98 (unten).

Verschlüsse für Waffen mit starrem Lauf.

1. Der Zylinderverschluß. Eine der ältesten und die in der Folge am meisten gebaute Verschlußart ist der *Zylinder- oder Kammerverschluß*. Er wird bei Einzelladern und Repetierern angewendet. Hier ist der Lauf in einer Verschlußhülse befestigt. In dieser Verschlußhülse ist der Verschluß, auch Kammer genannt, längsbeweglich angeordnet. Auf dem Umfang des Verschlusses sind bis zu neun Verriegelungsnocken bzw. -warzen angeordnet, die durch eine Drehbewegung des Kammerstengels in entsprechenden Ausfräsungen der Verschlußhülse verriegelt werden können.

Diese im Grunde sehr *stabile Verriegelung* kann entweder am Verschlußkopf unmittelbar hinter dem Lauf oder weiter zurückliegend im Bereich des Kammerstengels erfolgen.

Das letztere System ist nicht ganz frei von Tücken. Bei veröltem oder nassem

Patronenlager vergrößert sich durch die verminderte Reibung der Hülse im Lager der Druck auf den Verschluß. Die zurückliegende Verriegelung läßt ein leichtes Einknicken der Verschlußhülse und damit verbunden eine Beeinflussung des Laufes zu, als deren Folge in der Regel eine Treffpunktverschiebung des Schusses eintritt. Bei trockenem Patronenlager tritt diese Erscheinung nicht auf.

2. Der Blockverschluß. Auch der *Blockverschluß* ist fast so alt wie der Hinterlader selbst. Der Lauf ist in einem Verschlußgehäuse festgemacht, und ein Verschlußblock wird in seinen Führungen zur Verriegelung des Laufes hinter das Patronenlager geschoben oder um einen Drehpunkt dort eingeschwenkt. Diese Verschlüsse, von denen es einige unterschiedliche Konstruktionen gibt, zählen zu den stärksten, die wir kennen. Wir finden solche Verschlüsse selbst an Geschützen. Blockverschlüsse sind ideal für einschüssige Büchsen und gestatten eine kurze Baulänge.

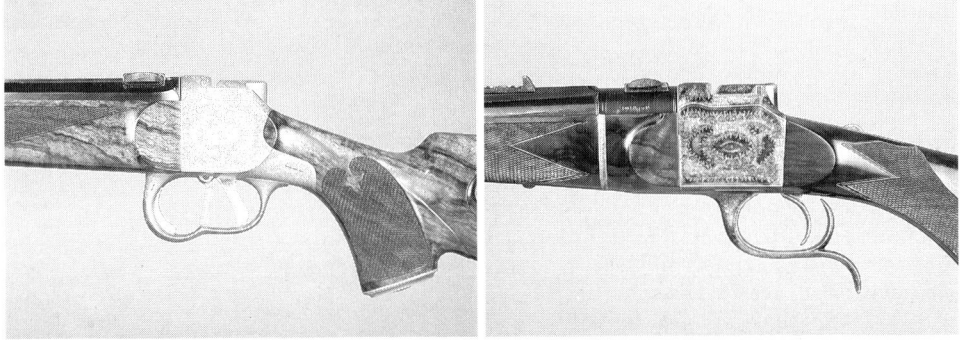

Abb. 26. Fallblocksysteme Heeren (links) und Hagn (rechts) in feiner Ausführung.

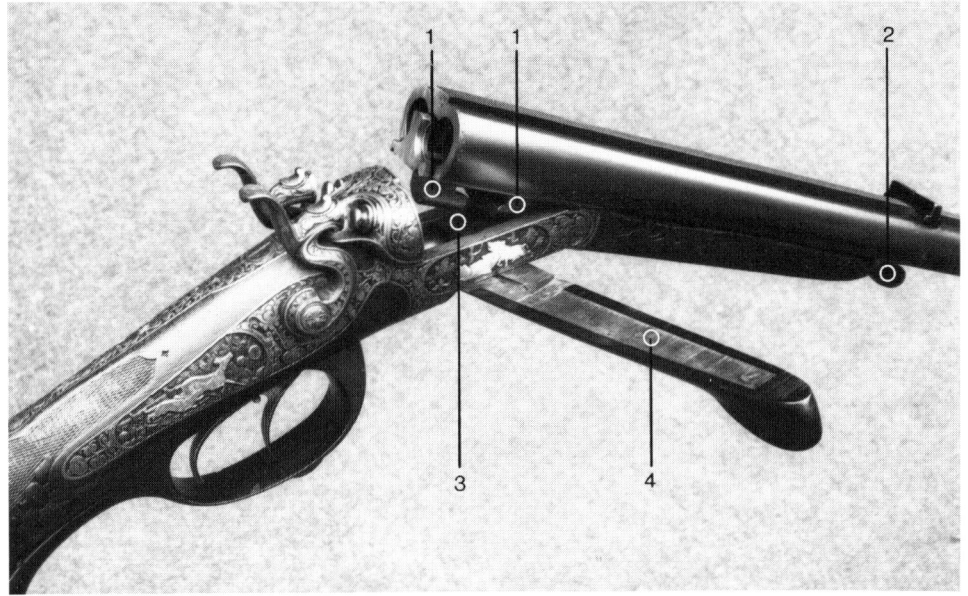

Abb. 27. Hahn-Doppelbüchse mit Lefaucheux-Verschluß.
1 = Laufhaken   3 = T-förmiger Verschlußzapfen
2 = Hebel zum Entriegeln des Vorderschaftes   4 = Unterhebel

Verschlüsse für Kipplaufwaffen. Bei den verschiedenen Arten von *Kipplaufwaffen* wird der Lauf bzw. das Laufbündel vorn ins Verschlußgehäuse an einem Drehpunkt, dem Scharnier, eingehängt und beim Schließen der Waffe mit seinem hinteren Ende gegen den feststehenden Stoßboden des Gehäuses geklappt. Beim Schuß drückt der Patronenboden gegen den Stoßboden. Die Aufgabe der Verriegelung ist es, die beiden Teile zusammenzuhalten und daran zu hindern, auseinanderzuklappen.

1. Der Lefaucheux-Verschluß. Einer der ältesten Verschlüsse dieser Art ist der abgebildete *Lefaucheux-Verschluß* (Abb. 27), dem man heute nicht mehr oft begegnet. Er hat aber schon die typischen *Laufhaken,* die nach dem Schließen der Waffe durch das Anlegen des langen Unterhebels unten im Verschlußgehäuse verriegelt werden.

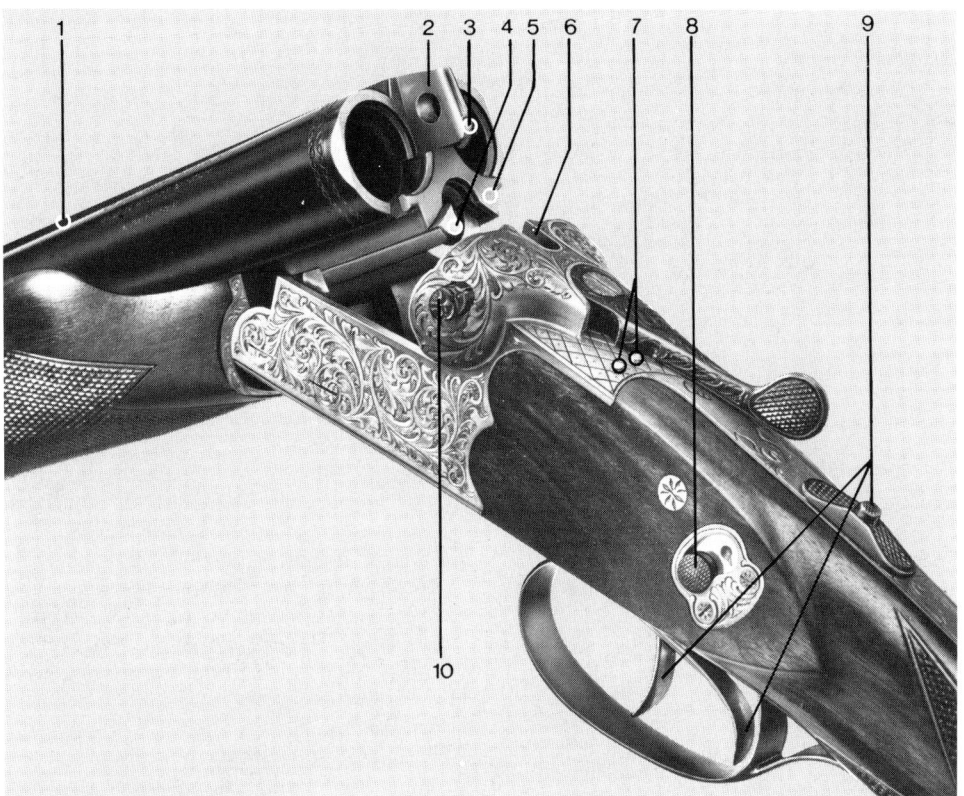

Abb. 28. Der Greener-Verschluß.

1 = Laufschiene
2 = Schienenverlängerung mit Bohrung für Greenerriegel
3 = Öffnung für Schubstange des automatischen Visiers (bei Schaltung des Umschaltschiebers auf Kugel hebt sich das Visier)
4 + 5 = Geteilter Auszieher; 4: für Kugel-, 5: für Schrotpatronen
6 = Einschnitt für Schienenverlängerung
7 = Signalstifte (zeigen an, ob das Schloß gespannt ist)
8 = Greener-Sicherung (Schieber unten = entsichert)
9 = Umschaltschieber und Abzüge stehen in Beziehung zueinander (Schieber vorn: Vorderer Abzug betätigt Kugellauf, hinterer Abzug linken Schrotlauf; Schieber hinten: Vorderer Abzug betätigt rechten Schrotlauf, hinterer Abzug linken Schrotlauf)
10 = Greenerriegel mit Gravur

2. Der Doppelriegel-Verschluß. Die unter den Patronenlagern angeordneten *Laufhaken*, die auch für die seitliche Führung der Läufe im Verschlußgehäuse verantwortlich sind, wurden auch bei späteren Konstruktionen immer wieder als *Verriegelungselement* benutzt.

In den meisten Fällen sind zwei Laufhaken vorhanden, von denen jeder am hinteren Ende eine Aussparung hat, in die ein im Verschlußgehäuse beweglicher und durch den Oberhebel betätigter Riegel gleichzeitig eingreift. Dieser als *Doppelriegelverschluß* bezeichnete Verschluß ist sehr gebräuchlich. Wir finden ihn bei Flinten, selbst bei sehr teueren Modellen, und bei der Sicherheitsbockbüchsflinte von Blaser (Abb. 37).

3. Der Greener-Verschluß. Der sehr bekannte und weit verbreitete *Greener-Verschluß* verriegelt ebenfalls die *beiden Laufhaken*, hat aber zusätzlich eine

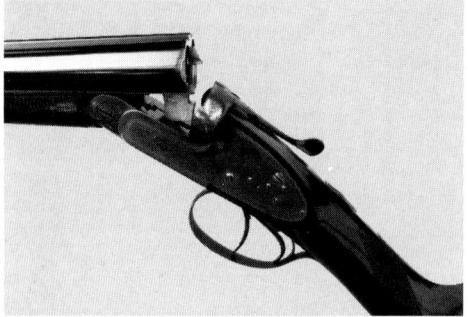

Abb. 29. Seitenschloßflinte mit Purdey-Verschluß.

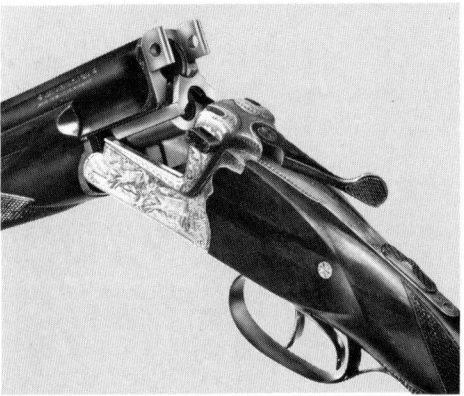

Abb. 30. Bockbüchsflinte mit Kersten-Verschluß.

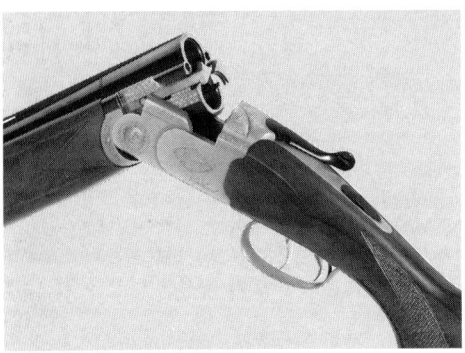

Abb. 31. Bockflinte „Vega Spezial" mit Flanken-verschluß.

nach hinten vorstehende Verlängerung der Laufschiene, die in eine Aussparung des Stoßbodens eintritt *und* dort durch einen *Querstift* verriegelt wird, dessen

Betätigung auch durch den Oberhebel erfolgt.

4. *Der Purdey-Verschluß.* Technisch gleichwertig, aber etwas eleganter, ist der *Purdey-Verschluß*, bei dem die Verlängerung der Laufschiene nur kurz ist und daher beim Schließen in den Stoßboden eintreten kann, ohne daß dafür eine nach oben durchgehende Nut geschaffen werden muß. Die Verriegelung dieser *Purdey-Nase* erfolgt durch einen übergreifenden Riegel.

Bei modernen Bockflinten finden wir häufig zwei Purdey-Nasen als Verriegelungselemente rechts und links der Patronenlager.

5. *Der Kersten-Verschluß.* Auch die *Greener-Verriegelung* existiert in ähnlicher Form *doppelt* angelegt bei Bockwaffen. Dieser oft nicht ganz korrekt als Doppelgreener bezeichnete Verschluß wird besser nach seinem Erfinder *Kersten-Verschluß* genannt. Auch die Benennung nach dem Ort der Erfindung, nämlich *Straßburger-Verschluß,* wird hierfür angewendet.

Dieser Verschluß, in Verbindung mit der doppelten Laufhakenverriegelung, ist insbesondere für Bockwaffen sehr beliebt und sehr stabil. Die bekannten Merkel-Bockgewehre sind vielfach auch ohne die Laufhakenverriegelung nur mit der Kersten-Verriegelung hergestellt worden und haben sich damit bewährt.

6. *Der Flanken-Verschluß.* Diese Verschlußart ist bei Bockflinten und Bockbüchsflinten zu finden. Die Verriegelung des Verschlusses erfolgt durch zwei Stifte oder Keile, die auf beiden Seiten der Patronenlager eintreten. In der Regel hat bei diesem Verschluß das Laufbündel keine Laufhaken; als Drehpunkt dienen zwei Drehzapfen, die beidseitig der Patronenlager in den Flanken des Verschlußgehäuses angebracht sind. Auf diese Art soll eine günstigere Verschlußbeanspruchung und eine niedrigere Bauhöhe erreicht werden.

Verschlüsse der Selbstladewaffen. Eine Sonderstellung hinsichtlich der Verschlußverriegelung nehmen die *Selbstladewaffen* ein. Entweder werden sie durch *drehbare Verschlußköpfe* verriegelt, die mit dem Zylinderverschluß zu vergleichen sind, oder durch *Verriegelungsblocks* (ähnlich dem Blockverschluß bei Büchsen). Die Steuerung der Verriegelungselemente erfolgt durch die Rückstoßkraft (*Rückstoßlader*) oder über einen Druckkolben, der beim Schuß durch aus dem Lauf abgeleitetes Treibgas angetrieben wird (*Gasdrucklader*).

Eine besondere Form des Rückstoßladers stellt ein Selbstladegewehr der Firma Heckler und Koch dar, bei dem ein *Rollenverschluß* verwendet wird wie bei dem Militärgewehr der gleichen Firma. Im Verschluß halten zwei Rollen die Verriegelung aufrecht, bis ein bewegliches Steuerstück diese freigibt. Zu dieser Zeit hat das Geschoß den Lauf schon verlassen.

Bei Selbstladewaffen für schwache Patronen, wie z. B. Kleinkaliberpatronen, werden die einfachen *Masseverschlüsse* angewendet. Eine Verriegelung findet dabei nicht statt, sondern die durch eine Verschlußfeder unterstützte Verschlußmasse ist so ausgewogen, daß die Rückstoßkraft erst wirksam wird, wenn das Geschoß schon unterwegs ist. Bei den Taschenpistolen finden wir den Masseverschluß wieder.

1.4.3   Schlosse

> Das *Schloß* ist für die Funktion der Waffe ein sehr wichtiges Teil. Es hat die Aufgabe, nach dem Willen des Schützen die Zündung der im Patronenlager befindlichen Patrone einzuleiten.

Funktion des Schlosses. Der Schütze beweist durch *Fingerdruck* auf den *Abzug*, daß er den Schuß auslösen will. Darauf wird im Schloß der Waffe, durch *Freigabe* der von der Schlagfeder gespeicherten Energie, der *Schlagbolzen* durch direkte oder indirekte Einwirkung gegen das *Zündhütchen* der Patrone geschleudert, und der *Schuß* löst sich.

Daß diese Folge von Ereignissen unter bestimmten Bedingungen auch ohne Ab-

sicht und ohne Berührung des Abzuges in Gang gesetzt werden kann, muß man wissen und im Interesse der Sicherheit ständig vor Augen haben.

Nur die Kenntnis von der Bedeutung und dem Zusammenwirken der einzelnen Schloßteile gibt die Sicherheit, Gefahrenpunkte zu erkennen und ihnen wirkungsvoll zu begegnen.

Die Entwicklung der Gewehrschlosse. Die Vorläufer unserer modernen Jagdgewehre, die Vorderlader, waren durchweg mit Schlossen ausgerüstet, die einen von Hand zu spannenden Hahn hatten. Bei Betätigung des Abzuges schlug dieser entweder einen in seinem Kopf eingespannten Feuerstein gegen eine Reibfläche und erzeugte so die für die Zündung notwendigen Funken (Steinschloß), oder er brachte durch direkten Schlag ein Zündhütchen zur Explosion (Perkussionsschloß).

Das Schloß selber bestand aus einer seitlich in den Schaft eingelassenen Platte, an der auf der Außenseite der Hahn und auf der Innenseite die übrigen Schloßteile befestigt waren.

Das Hahnschloß. Beim Hinterlader wurde für das Kipplaufgewehr dieses Schloß zunächst praktisch unverändert übernommen, wie z. B. bei der auf Seite 30 abgebildeten *Hahn-Doppelbüchse*. Der einzige Unterschied zum *Schloß des Vorderladers* besteht hierbei darin, daß der Hahn auf einen Schlagbolzen schlägt.

Aber selbst viele der heute gebauten Schlosse für Kipplaufwaffen haben sich konstruktiv gar nicht so weit von den alten Hahnschlossen der Vorderlader entfernt.

Das *Hahnschloß ist ein Seitenschloß*, wenn wir mit dieser Bezeichnung auch meist die Vorstellung von einem besonders hochwertigen (und modernen) Schloß verbinden.

Das Seitenschloß. Wir denken beim *Seitenschloß* automatisch an die *hahnlose Form* des Selbstspanners. Betrachten wir ein modernes Seitenschloß aber einmal näher, so stellen wir fest, daß es im Grunde nichts anderes ist als ein Hahnschloß, bei dem der Hahn in verkleinerter Form als

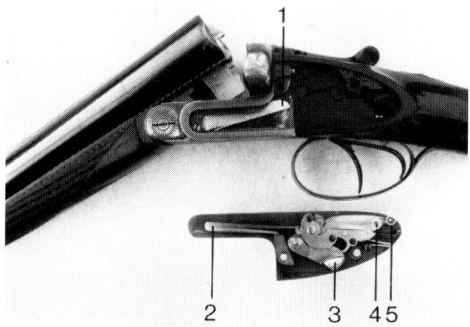

Abb. 32. Seitenschloß, Bauart Holland & Holland mit Bugfeder.

1 = Spannstange   4 = Sicherheitsfang-
2 = Bugfeder   stange
3 = Schlagstück   5 = Abzugstange

Abb. 33. Modernes Seitenschloß (Fa. Heym) mit Schraubenfeder.

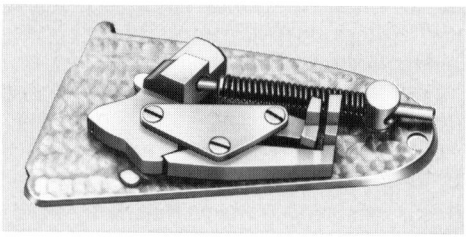

Schlagstück auf die Innenseite des Schloß-blechs verlegt wurde.

Zum Spannen dient jetzt die bei allen Selbstspannern in das Verschlußgehäuse längs eingelegte *Spannstange*, die *durch den Vorderschaft beim Abkippen des Laufes betätigt* wird.

Das Seitenschloß wird heute vorwiegend bei teuren Jagdwaffen verwendet und zeichnet sich dadurch aus, daß es für Reinigungs- und Reparaturzwecke leicht ausgebaut werden kann und daß sich die Abzugswiderstände im allgemeinen sehr weich und gleichmäßig einregulieren lassen.

Natürlich wurde das *Seitenschloß* im Laufe der Jahre verbessert. Zur *Abzugstange* kam zusätzlich noch eine Sicherheitsfangstange. Das Schlagstück kann dann nur noch ausgelöst werden, wenn der Abzug beide Stangen gleichmäßig anhebt. Springt die Abzugstange durch eine kräf-

tige Erschütterung, durch Rückstoß oder Hinfallen der Waffe, aus der Rast des Schlagstücks, wird dieses durch das Eintreten der Fangstange in eine Sicherheitsrast am Abschlagen gehindert.

Seitenschlosse wurden lange Zeit als kleine Kunstwerke von Spezialisten in Handarbeit gefertigt und waren daher entsprechend teuer. In neuerer Zeit werden bei Waffen der mittleren Preisklasse vielfach maschinell gefertigte Seitenschlosse eingesetzt, die weniger aufwendig sind, jedoch ebenso ihren Zweck erfüllen. Diese Schlosse verwenden sehr oft als Schlagfeder statt der konventionellen *Bugfeder* die *Schraubenfeder*.

Auch bei anderen Systemen begegnen wir der Schraubenfeder immer häufiger. Ihr Vorteil ist, daß sie viel preiswerter herzustellen ist und im Falle eines Bruches nicht restlos ausfällt, sondern, wenn sie gut geführt ist, sogar behelfsweise weiter funktioniert.

Das Anson-Schloß. Bei dem auch als *Kastenschloß* bezeichneten *Anson-System*, das vorwiegend für Flinten gebaut wird, sind Schlagstücke, Schlagfedern und Abzugstange im Verschlußgehäuse direkt eingebaut. Damit erreicht man ein unkompliziertes, stabiles System und eine kurze Bauart.

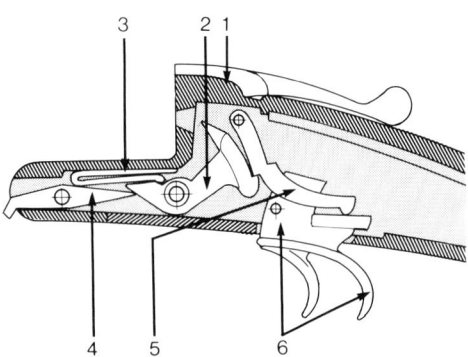

Abb. 34. Anson-Schloß im gespannten Zustand.

1 = Schloßkasten (Basküle)
2 = Schlagstück mit Raste und Schlagbolzen
3 = Schlagfeder
4 = Spannhebel
5 = Abzugstange
6 = Abzug mit Abzugblatt

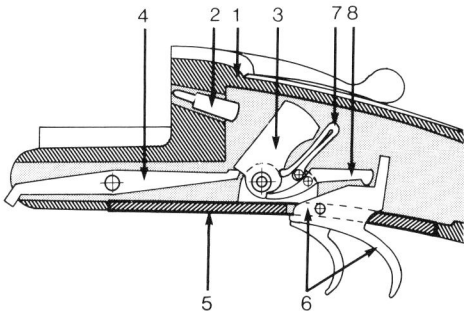

Abb. 35. Blitz-Schloß im gespannten Zustand.
1 = Verschluß-Gehäuse (Basküle)
2 = Schlagbolzen
3 = Schlagstück mit Raste
4 = Spannhebel
5 = Abzugblech (Schloßblech)
6 = Abzug mit Abzugblatt
7 = Schlagfeder
8 = Abzugstange

Das Blitzschloß. Alle Schloßteile, auch die Abzüge, sind beim *Blitzschloß* auf dem untenliegenden Abzugblech aufgebaut. Dadurch sind sie in einer leicht herausnehmbaren und leicht zu wartenden Einheit zusammengefaßt. Überwiegend wird das Blitzschloß bei kombinierten Waffen angewendet. Der *Standarddrilling hat ein Blitzsystem* mit drei nebeneinanderliegenden Schlossen, von denen das mittlere den Büchsenlauf bedient. Der vordere Abzug löst, je nach Stellung des Umschaltschiebers, entweder dieses oder das rechte Schloß für den rechten Schrotlauf aus.

Diese Bauart wird oft, nicht ganz unberechtigt, als Sicherheitsrisiko betrachtet. Es ist nicht ganz auszuschließen, daß aufgrund von Verschleiß an den Teilen ein *Doppeln* auftreten kann, d.h., beim Abschießen des Büchsenlaufes geht der linke Schrotlauf mit oder umgekehrt. Man hat daher spezielle Sicherungen vorgesehen, wie z. B. beim Sauer & Sohn-Drilling die *Stangenwechselsicherung*, die durch den Umschaltschieber jeweils die Abzugstange des nicht benutzten Schlosses sichert.

Damit ist bei richtiger Funktion aller Teile die Gewähr dafür gegeben, daß beim Schrotschuß auf einen Hasen nicht unbeabsichtigt die Kugel mit hinausfährt.

Separate Kugelspannung. Bei den Drillingen mit *separater Kugelspannung* ist der Sicherheitsfaktor noch konsequenter berücksichtigt. Sie werden daher auch immer mehr bevorzugt. Der *Büchsenlauf* ist am besten dadurch gesichert, daß sein Schloß ungespannt bleibt und *erst bei Bedarf gespannt* wird, was durch einen oben auf der sogenannten Scheibe angebrachten *Spannschieber* erfolgt. Normalerweise spannt sich das Schloß für den Büchsenlauf beim Öffnen der Waffe neu, solange der Spannschieber in seiner vorderer Stellung gelassen wird.

Die separate Kugelspannung läßt sich bei einem Drilling auch nachträglich anbringen.

Handspanner-Systeme. Bei Kipplaufwaffen, die *grundsätzlich beim Laden nicht gespannt* werden, *sondern erst bei Bedarf*, wird die Forderung nach separater Spannung auf die ganze Waffe angewendet.

Diese als *Handspanner* bezeichneten Gewehre sind meistens als einschüssige Kipplaufbüchsen oder als Bockbüchsflinten zu finden.

Weil sich durch einen obenliegenden Spannschieber zwei Schlagfedern gleichzeitig oft schwer spannen lassen, werden diese Bockbüchsflinten in der Regel nur mit einem Schloß und einem Abzug ausgestattet. Man muß dabei durch einen seitli-

Abb. 36. Bei der Blaser Bockbüchsflinte (oben) und der Repetierbüchse (unten) wird erst bei Bedarf durch im gleichen Sinne wirkende Spannelemente (1, 2) das Schloß gespannt.
1 = Spannschieber, 2 = Spannstück

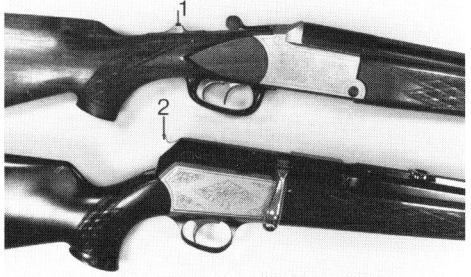

chen Schieber den Lauf vorwählen, mit dem man schießen will.

Die *Blaser-Bockbüchsflinte* hat bei einem Schloß zwei Abzüge und eine automatische innenliegende Umstellung. Für jeden Schuß muß der Spannschieber neu betätigt werden. Dafür wird beim Öffnen der Waffe, wie auch bei starken Erschütterungen (Stoß, Fall), *automatisch entspannt*. Handspanner, bei denen mehr als ein Schloß gespannt werden muß, verwenden oft einen seitlichen Spannhebel.

Bei der Konstruktion eines *Sicherheitsdrillings* verwendet die Firma Kuchenreuther einen hinter dem Abzugsbügel liegenden Spannhebel, der beim Umgreifen des Kolbenhalses die beiden Schlosse für die Flintenläufe spannt. Das Schloß für den Büchsenlauf hat die bekannte separate Kugelspannung.

Die Schlosse der Waffen mit starrem Lauf. Über die Schlosse bei den *Gewehren mit feststehenden Läufen* gibt es vergleichsweise wenig zu sagen. Bei den Büchsen mit Blockverschluß enthält in der Regel der Block den *Schlagbolzen*, der durch ein dahinterliegendes verdecktes *Schlagstück* angeschlagen wird.

Die Büchsen mit *Zylinderverschluß* sind mit reinen *Schlagbolzenschlossen* ausgestattet. Schlagbolzen und Schlagfedern werden von der Kammer aufgenommen. Bei fast allen Modellen wird durch das Anheben des Kammerstengels beim Öffnen des Verschlusses das Schloß vorgespannt, und wenn der Abzugsstollen die Nase des Schlagbolzens festhält, wird beim Schließen die volle Spannung der Schlagfeder erreicht.

Die Firma *Blaser* hat neuerdings sowohl bei der *Repetierbüchse* als auch bei der *Blockverschlußbüchse* das System der *Handspannung* eingeführt.

Beide Waffen lassen sich geladen, aber ungespannt führen. Der Repetierer wird durch einen hinten am Verschluß angebrachten Spannhebel, die Blockverschlußbüchse durch Eindrücken des Abzugsbügels aus einer Raststellung erst bei Bedarf gespannt.

Die *Selbstladegewehre* haben in den meisten Fällen Schlosse mit innenliegenden Schlagstücken, vereinzelt auch reine Schlagbolzenschlosse.

1.4.4 Mehrladeeinrichtungen

Das feste Mittelschaftmagazin. Das *feste Mittelschaftmagazin*, das von dem bekannten 98er-Mausersystem her geläufig ist, wird bei mehreren Repetiergewehrkonstruktionen angewendet. Dieses Magazin *wird von oben* durch den geöffneten Verschluß *geladen*.

Abb. 37. Handspanner-Repetierbüchse Blaser SR 830.

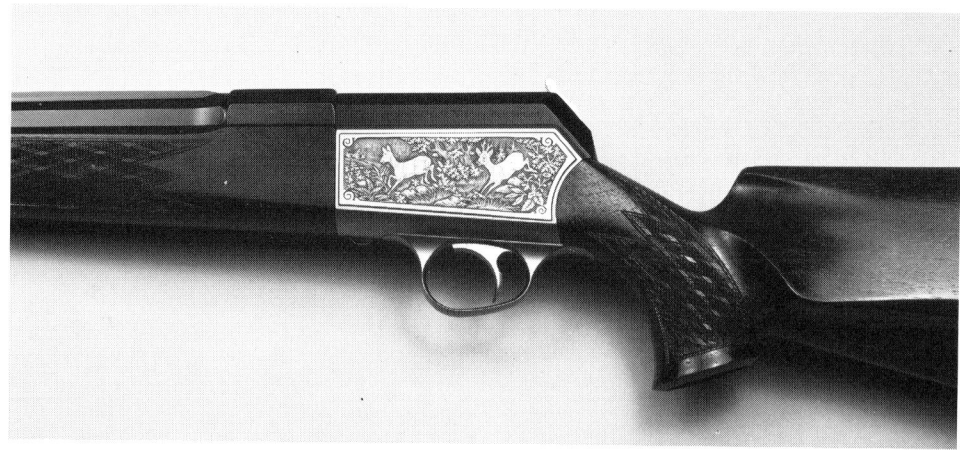

Bei einigen Jagdrepetierern wird das Entladen des Magazins durch einen aufklappbaren Magazinboden erleichtert.

Dieser Magazinkonstruktion liegt die Idee zugrunde, ein Magazin zu haben, das nicht über die äußere Kontur der Waffe vorsteht, nicht verlorengeht und gegen Verschmutzung von außen geschützt ist.

Bei dem *Mauser-Magazin* liegen die *Patronen gegeneinander versetzt* im Zickzack und werden durch den gefederten Zubringer nach oben gedrückt. Ein Nachteil dieses Magazins ist, daß je nach Hülsen- und Geschoßform der verwendeten Patrone leicht *Zuführungsprobleme* durch *Anstoßen der Geschoßspitzen* beim Einrepetieren vorkommen, und daß, falls nicht entsprechende Führungen für die Hülsenschulter eingebaut sind, empfindliche Geschoßspitzen beim Rückstoß durch Anstoßen gegen die vordere Wandung beschädigt werden.

Ein anderes festes Mittelschaftmagazin ist das *Trommelmagazin* der *Mannlicher-Schoenauer* Repetierbüchse, das ursprünglich ebenfalls für ein Militärgewehr konstruiert wurde, bald aber auch große Beliebtheit für Jagdbüchsen erlangte. Hier liegen die Patronen kreisförmig um eine Mittelachse, um die sich auch der gefederte Zubringer dreht und können durch einen Knopfdruck auf einmal nach oben entnommen werden.

Durch die immer gleich verlaufende Zuführung werden die Probleme des Mausermagazins umgangen.

Das herausnehmbare Mittelschaftmagazin. Mancher findet es bequemer, ein *loses Magazin* zu haben. Es bietet Vorteile beim schnellen Entladen. Ein leergeschossenes läßt sich schnell gegen ein volles Reservemagazin austauschen. Außerdem können eventuell auch Magazine mit vergrößerter Kapazität verwendet werden. Der bekannteste Typ ist *das einreihige Stangenmagazin*, bei dem die Patronen übereinander liegen. Die Zuführung beim Repetieren ist präzise, und durch seitliche Einprägungen lassen sich die Patronen so festlegen, daß die Geschoßspitzen nicht beschädigt werden können.

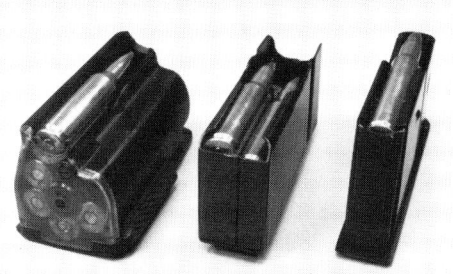

Abb. 38. Herausnehmbare Mittelschaftmagazine. Von links nach rechts: Trommelmagazin (Steyr-Mannlicher), Zick-Zack-Magazin (Voere Titan I), Stangenmagazin (Steyr-Mannlicher Luxus).

Bei modernen Büchsenkonstruktionen verwendet man mit Vorliebe diesen Magazintyp.

Die *Steyr-Mannlicher* Büchse ist bei dem bewährten alten *Trommelmagazin* geblieben und setzt es in der gleichen Form, jedoch *herausnehmbar* und aus einem schlagfesten Plastikmaterial hergestellt ein.

Das Röhrenmagazin. Eine andere, sehr alte Mehrladeeinrichtung, das *Röhrenmagazin*, ist auch heute noch durchaus gebräuchlich.

Hierbei liegen die *Patronen hintereinander* in einem Magazinrohr, das in der Regel unter dem Lauf angebracht ist. Am häufigsten begegnet uns das Röhrenmagazin bei *Selbstlade- und Repetierflinten* (s. Abb. 10 und 11).

Amerikanische Büchsen mit dem *Unterhebel*-Repetiersystem (Winchester, Marlin), bei denen ebenfalls dieser Magazintyp verwendet wird, spielen bei uns als Jagdwaffe keine große Rolle. Man sollte aber wissen, daß in so ein Magazin auf *keinen Fall Patronen mit Spitzgeschossen* geladen werden dürfen! Eine Geschoßspitze kann beim Rückstoß das Zündhütchen der vor ihr liegenden Patrone anstoßen und zur Entzündung bringen.

Röhrenmagazine sind wegen der geradlinigen Zuführung durchweg sehr zuverlässig, allerdings umständlich beim Füllen und Entleeren.

1.4.5 Patronenauszieher, Ausstoßer, Auswerfer

An jeder Schußwaffe ist eine Vorrichtung erforderlich, die es gestattet, *abgeschossene Patronenhülsen* sowie auch *nicht abgeschossene Patronen* aus dem Patronenlager und der Waffe zu *entfernen*. Bei den verschiedenen Waffentypen können diese Vorrichtungen sehr unterschiedlich aussehen und auf verschiedene Art funktionieren.

Bei *Waffen mit Zylinderverschluß* ist an der Kammer im Bereich des Stoßbodens eine *Auszieherkralle* angebracht, die die Hülse bzw. Patrone an dem dafür vorgesehenen Rand erfaßt und aus dem Lager zieht. U. U. haftet die Hülse dort sehr fest, und eine beträchtliche *Ausziehkraft* muß aufgewandt werden. Das spielt eine Rolle für die Gestaltung des Ausziehers.

Eine besondere *Ausziehkonstruktion* hat das *Modell 98 von Mauser*. Der breite und solide Auszieher ist seitlich an die Kammer angebaut und bleibt in dieser Position, d. h., er macht deren Drehbewegungen nicht mit. Durch gradlinig nach hinten wirkenden Zug und breiten Eingriff kann er große Ausziehkräfte übertragen.

Eine Besonderheit aber, die diesen Auszieher von anderen unterscheidet, ist die Eigenart, daß er eine beim Repetiervorgang aus dem Magazin aufsteigende Patrone schon ergreift, wenn sie noch nicht zugeführt ist. Damit soll vermieden werden, daß durch zweimaliges Vorschieben der Kammer eine Patrone ins Patronenlager geschoben und durch das Auftreffen der nachgeschobenen zweiten Patrone gezündet werden kann, was zu folgenschweren Unfällen führt.

Andere Repetierbüchsensysteme haben durchweg kurze, gefederte Ausziehkrallen, die vorn in die Kammer eingebaut sind und deren Drehbewegung mitmachen. Diese Auszieher greifen den Rand der Patrone erst, wenn der Verschluß ganz geschlossen wird.

> Die Art des Ausziehers ist beim Laden einer einzelnen Patrone in die Waffe von einiger Bedeutung.

Bei fast allen Büchsen läßt sich die Patrone direkt in das Patronenlager einführen. Bei Waffen mit dem langen Mauser-Auszieher muß diese unbedingt erst in das Magazin geladen werden, sonst geht der Verschluß nicht zu.

Beim Repetierer genügt es nicht, die Hülse bzw. Patrone aus dem Lager zu ziehen. Sie muß auch aus der Waffe ausgeworfen werden. Dafür ist der *Ausstoßer* zuständig, der dem Auszieher jeweils gegenüber liegt.

Beim Mauser 98 ist er links unter der Brücke der Schloßhülse angeordnet und mit dem seitlichen Schloßhalter verbunden. Wird der Verschluß bis zum Anschlag zurückgezogen, tritt der Ausstoßer durch die geschlitzte linke Verschlußwarze aus und stößt die Hülse bzw. Patrone nach rechts aus.

Bei den anderen Systemen findet man in Verbindung mit dem kurzen Auszieher meistens einen im Stoßboden der Kammer angeordneten *federnden Ausstoßerstift*, der die Hülse bzw. Patrone ausstößt, sobald der Kopf der Schloßhülse sie freigegeben hat.

Bei den *Selbstladern* finden wir durchweg die kurzen, gefederten Auszieher in Verbindung mit fest eingebauten, starren Ausstoßern oder gefederten Ausstoßerstiften, wie bei den Repetierern.

Die Patronenauszieher der *Kipplaufwaffen* sehen anders aus. Sie sind am Lauf befestigt und nicht am Verschluß und in ihrer Form dem Patronenlager angepaßt. Beim Abkippen des Laufes oder Laufbündels schiebt der *Patronenauszieher* die im Lager befindliche Hülse bzw. Patrone so weit heraus, daß sie mit den Fingern entnommen werden kann.

Die Auszieher werden auch, bei mehrläufigen Waffen, in geteilter Form hergestellt, so daß durch unterschiedlich weites Herausschieben ein besserer Zugriff besteht. Der *geteilte Patronenauszieher* ist besondes beim Drilling vorteilhaft, damit die Hülse der Büchsenpatrone leichter zu fassen ist.

Kipplaufwaffen, bei denen eine schnelle Schußbereitschaft gewünscht wird, werden mit *Auswerfern* statt der einfachen Patro- nenauszieher ausgestattet. Diese kommen vor allem *bei Doppelflinten und Doppelbüch- sen, Bockflinten und Bockbüchsen* in Frage. Das beim Abkippen der Läufe automati- sche Auswerfen der leeren Hülsen be- schleunigt das Nachladen sehr.

Die Auswerfer, vielfach *auch als Ejekto- ren bezeichnet*, sind spezielle Auszieher- konstruktionen, bei denen durch das Ab- knicken des Laufes oder Laufbündels eine kräftige *Feder* freigegeben wird *oder* ein im Vorderschaft befindliches *Schlagstück* ab- schlägt. In beiden Fällen wird der Auswer- fer so beschleunigt, daß die Patronenhülse aus dem Lager gestoßen und fortgeschleu- dert wird.

Die Kontruktion ist aber so, daß nur der Auswerfer eines abgeschossenen Laufes in Tätigkeit tritt. Gegenüber scharfen Patro- nen verhält sich der Auswerfer wie ein Pa- tronenauszieher. Er schiebt sie nur um ei- nige Millimeter aus dem Lager, es sei denn, das entsprechende Schloß wäre abgeschla- gen. Versagerpatronen werden also ausge- worfen.

Auch einläufige Kipplaufbüchsen, Bock- büchsflinten, selbst Drillinge werden mit Auswerfern ausgestattet. Beim Ansitz kann sich der *Auswerfer* auch nachteilig aus- wirken, weil das Nachladen *nicht ohne* ein deutlich vernehmbares *Geräusch* zu bewerk- stelligen ist. Wer das nicht möchte, oder wer in bestimmten Situationen vermei- den will, daß seine Patronenhülsen in die Gegend fliegen, kann sich in den meisten Fällen vom Büchsenmacher in seine Waffe eine Vorrichtung einbauen lassen, durch die sich der Auswerfer nach Bedarf aus- schalten läßt.

Die *Auswerfer oder Ejektoren* sind im Vergleich zu den einfachen Patronenaus- ziehern recht *komplizierte und empfindliche Einrichtungen.* Sie bedürfen entsprechen- der Pflege und können bei unsachgemäßer Behandlung schließlich versagen.

Nach dem Zerlegen muß beim Zusam- mensetzen einer solchen Waffe mit beson- derer Sorgfalt und ohne Gewalt vorgegan- gen werden.

Wichtig ist, daß die *Waffen mit Auswer- fern nach der Bauart von Holland & Hol- land*, die durch Schlagstücke im Vorder- schaft betätigt werden, *auf keinen Fall über die Abzüge entspannt* werden dürfen, weil die empfindlichen Teile sonst Schaden nehmen.

Blockverschlußbüchsen sind mit ähnli- chen Patronenausziehern ausgestattet wie die Kipplaufgewehre. Einige Systeme las- sen sich auch mit Auswerfern ausrüsten.

1.4.6   Abzugseinrichtungen

Die Abzugseinrichtungen sind die Bedie- nungselemente an den Waffen, die die Funktion haben, den gespannten Schlag- bolzen bzw. das Schlagstück auszulösen und so die Schußentwicklung einzuleiten.

Ist das Schloß der Waffe gespannt, so steht der Abzug entweder direkt im Ein- griff mit einer Raste des Schlagbolzens bzw. des Schlagstückes, oder in die Rast tritt ein Zwischenstück, die Abzugsstange ein, die dann zum Schuß durch den Abzug aus dem Eingriff gehoben wird.

Die im Abschnitt 1.4.7: Sicherungsein- richtungen, abgebildete schematische Dar- stellung eines Blitzschlosses (Abb. 40) ver- deutlicht die Funktionen von Abzug, Abzugsstange und Schlagstück.

Abzugwiderstand. Der Abzugwiderstand ist die Kraft, die aufgebracht werden muß, um den Abzug auszulösen. Er wird von Form und Zustand der Rast und der Feder- kraft bestimmt, die den Abzug bzw. die Abzugstange in der Normallage hält.

Die Einregulierung des Abzugwiderstan- des sollte einem erfahrenen Büchsenma- cher vorbehalten bleiben. Wenn die Rasten unsachgemäß bearbeitet werden und die Federkraft zu sehr herabgesetzt wird, kann der Abzug zum Sicherheitsrisiko werden. Er löst dann schon bei einer Erschütterung der Waffe aus.

Im allgemeinen glaubt der Jäger und Schütze mit einem möglichst leicht stehen- den Abzug am besten schießen zu könen. Ein geringer Abzugwiderstand soll gewähr- leisten, daß die Waffe während der Abzug- bewegung ruhig auf das Ziel gerichtet bleibt. Diese Vorstellung ist nicht unbedingt richtig. Es muß bedacht werden, daß es für bestimmte Waffentypen und verschiedene Jagdsituationen eine untere Grenze für den Abzugwiderstand gibt, die im Interesse der Sicherheit noch vertretbar ist. Bei Selbstladern und mehrläufigen Waffen z. B. darf der Abzug nicht durch die in der Waffe auftretenden Erschütterungen beim Durchladen bzw. beim Abfeuern des ersten Schusses auslösen.

Auch eine Büchse, die auf winterlichen Drückjagden geführt wird, sollte keinen zu leicht stehenden Abzug haben, sonst wird mit klammen, kalten und unter Umständen behandschuhten Fingern zu leicht ungewollt ein Schuß ausgelöst.

Abzugsysteme. Der *Druckpunktabzug* war früher bei Militärgewehren und Sportgewehren sehr gebräuchlich. Viele, die ihre Schießausbildung beim Militär erfahren haben, verwenden diesen Abzug immer noch gern. Beim Druckpunktabzug wird ein Teil des Abzugwiderstandes durch den Vorweg gewissermaßen weggenommen. Nimmt der Schütze mit Gefühl Druckpunkt, so wie es vorschriftsmäßig gemacht werden soll, so braucht er für die Auslösung des Schusses nur noch einen Bruchteil der gesamten Abzugkraft. Der Abzugwiderstand erscheint so bedeutend geringer, als er wirklich ist. Trotzdem hat sich dieses Abzugsystem für den jagdlichen Gebrauch nicht durchsetzen können.

Flinten und kombinierte Waffen sowie ein großer Teil der Selbstladewaffen sind mit *Direktabzügen* ausgestattet. Der Ausdruck „Flintenabzug" ist an dieser Stelle nicht falsch. Er begegnet uns aber vorwiegend bei den Direktabzügen der Büchsen. Der Direktabzug hat keinen Vorweg. Der Abzugfinger hat vom Beginn der Abzugbewegung an den vollen Abzugwiderstand zu überwinden. Für ein schnelles, entschlossenes Abziehen, wie es die Abgabe von Schnappschüssen erfordert, ist der Direktabzug aber nicht zu übertreffen. Ein Druckpunktabzug wäre in diesem Fall hinderlich.

Bei Flinten, die mit zwei Abzügen ausgestattet sind, wird üblicherweise der Abzug für den rechten bzw. unteren Lauf etwas leichter eingestellt, weil dieser Lauf in der Regel zuerst geschossen wird. Abzugwiderstände von 18 bzw. 22 Newton (1,8 und 2,2 kp nach der alten Bezeichnung) stellen einen vernünftigen Mittelwert dar.

Der *Einabzug*, der vorwiegend für Sportflinten Verwendung findet, hat normalerweise stets den gleichen Abzugwiderstand. Im Übrigen bietet er den Vorteil, daß man nicht umzugreifen braucht und so einen Sekundenbruchteil schneller mit dem zweiten Schuß ist. Auf der Jagd ist der Einabzug nicht unbedingt von Vorteil. Der Doppelabzug gestattet noch unmittelbar vor der Schußabgabe die Wahl zwischen den Läufen mit verschiedenen Chokebohrungen und ggf. auch unterschiedlichen Ladungen. Bei einem Einabzug mit wahlweiser Umschaltung, die nicht in allen Fällen vorhanden ist, geht das nicht so einfach.

Die automatische Umschaltung vom ersten auf den zweiten Lauf erfolgt entweder rein mechanisch oder durch den Rückstoß. Beide Systeme sind gleich zuverlässig, aber nur die mechanische Umschaltung gestattet das unmittelbare Abfeuern des zweiten Laufes, wenn der erste Schuß versagt.

Einabzüge finden sich auch an Doppelbüchsen, hier natürlich ohne wahlweise Umschaltung.

Bei einigen Flinten funktioniert einer der beiden Abzüge als Einabzug, wodurch alle Umschaltungsprobleme ideal gelöst sind.

Auch bei den Büchsen, vor allem den Repetierern, hat sich der Direktabzug, hier häufig als Flintenabzug bezeichnet, in den letzten Jahren immer mehr durchgesetzt. Die Vorteile gegenüber dem Stecherabzug beim Schießen auf flüchtiges Wild und bei kaltem Wetter sind überzeugend. Wer sich erst einmal an ihn gewöhnt hat, kommt bei allen Gelegenheiten gut mit ihm zurecht. Wichtig ist nur, daß der Abzug richtig eingestellt ist, nicht zu hart steht (ein Abzugwiderstand von ca. 10 bis 15 Newton ist optimal) und daß die Auslösung kurz und trocken erfolgt, ohne Weg und Kratzen.

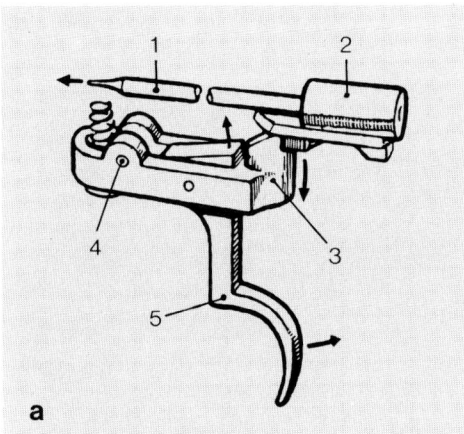 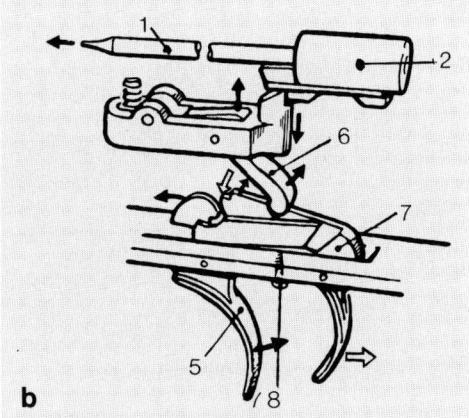

a b

Abb. 39. Druckpunkt- und Stecherabzug.
a: Druckpunktabzug. Schematische Darstellung der Abzugsvorrichtung bei Zylinderverschlüssen (direkte Auslösung). Ein Durchziehen des Abzuges (5) bewirkt eine Abwärtsbewegung des Abzugstollens (3) und damit das Auslösen des Schlagbolzens (1).
b: Stecherabzug. Indirekte Auslösung des Schlagbolzens (1) mittels Zweizungen-Stechschloß (Deutscher Stecher). Die Auslösung der Schlagbolzenmutter (2) erfolgt hier durch einen Übertragungshebel (6). Dieser wird in Bewegung gesetzt, indem ein unter Federdruck stehender Hebelarm des Stechschlosses, der beim Einstechen eingerastet war, beim Berühren des vorderen Abzugs nach oben schlägt.

1 = Schlagbolzen	4 = Drehpunkt (Welle)	7 = Spannabzug des Stech-
2 = Schlagbolzenmutter	5 = Abzug	schlosses
3 = Abzugstollen	6 = Übertragungshebel	8 = Stellschraube

Der *Stecherabzug* ist, trotz der Gefahren, die mit einem eingestochenen Schloß zusammenhängen können, immer noch der beliebteste Büchsenabzug des deutschen Jägers.

Bei diesem Abzugsystem wird beim Einstechen ein Element unter Federspannung gesetzt, das beim Berühren des Abzuges ausgelöst wird, gegen die Abzugstange schnellt, worauf diese das Schlagstück bzw. den Schlagbolzen auslöst.

Bei dem ausschließlich bei Büchsen gebräuchlichen *deutschen Stecher oder Doppelstecher* ist das auslösende Element der hinten liegende, wie ein Abzug aussehende Stecher. Es ist konstruktiv nicht zu umgehen, daß der Schuß auch direkt ausgelöst werden kann, wenn der Stecher, entgegen der üblichen Praxis, nach vorn gedrückt wird. Auf diese Gefahr wurde bereits an anderer Stelle hingewiesen. Bei einem englischen Büchsenmodell liegt der Stecher umgekehrt vor dem Abzug, funktioniert aber in gleicher Weise.

Bei dem *französischen Stecher oder Rückstecher*, der vorzugsweise bei kombinierten Waffen und vereinzelt auch bei Büchsen eingesetzt wird, dient der Abzug selber als einstechendes Element. Er wird durch kräftiges Drücken nach vorn gespannt bzw. eingestochen. Er kann jedoch nur funktionieren, wenn er beim Auslösen frei nach hinten durchschwingen kann. Drückt der Abzugfinger seitlich an den Abzug, kann dadurch eine Funktionsstörung des Stechers bewirkt werden.

Inzwischen werden für Repetierbüchsen *Kombinationsabzüge* von mehreren Firmen, auch für die Nachrüstung, angeboten. Dabei ist ein Direktabzug mit einem Rückstecher kombiniert. Diese Abzüge bewähren sich. Ein Nachteil des deutschen Stechers ist nämlich, daß in den meisten Fällen die Funktion des normalen Abzugs im ungestochenen Zustand sehr unbefriedigend ist.

Bei einigen ausgefallenen Konstruktionen wird der Abzug zum Spannen des

Schlosses eingesetzt. Ein Beispiel dafür ist eine Sicherheits-Bockbüchsflinte, die die Firma Heym einige Jahre lang gebaut hat, und eine Blockverschlußbüchse nach dem Heeren-System.

Bekannter sind die *Spannabzüge*, die bei modernen Revolvern und Pistolen gebräuchlich sind und bei denen durch Ziehen des Abzuges das Schloß gespannt und unmittelbar ausgelöst wird.

1.4.7   Sicherungseinrichtungen

Auf die Frage, warum ein Revolver als so besonders sicher gilt, hat einmal jemand zur Antwort gegeben: „Weil er keine Sicherung hat." So unsinnig sich diese Antwort zunächst anhört, so sinnvoller wird sie, wenn man darüber nachdenkt.

Es gibt ernsthafte Menschen, die behaupten, daß mit Flinten weniger Unfälle passieren würden, wenn diese keine Sicherungen hätten. Der Jäger müßte dann auf anderem Weg die Sicherheit garantieren, indem er, wie es zum Beispiel die Sportschützen auf dem Schießstand praktizieren, die Flinte nur dann schußfertig macht, wenn er tatsächlich schießen will und sie im übrigen offen trägt.

Ob sich das in allen jagdlichen Situationen so praktizieren läßt, mag dahingestellt bleiben. Hinter dieser Forderung steht jedenfalls der Gesanke, daß man keiner Sicherung blind vertrauen soll. Ein großer Teil der Unfälle geschieht mit Waffen, die gesichert oder vermeintlich gesichert waren.

Daher ist es nur zu berechtigt, wenn man sagt:

„Die beste Sicherung für eine Waffe ist der Mann, der sie handhabt."
Bedauerlicherweise vermitteln die Jägerprüfungen immer wieder den Eindruck, daß viele Kandidaten die Sicherungen drillmäßig handhaben, ohne zu begreifen, was ihre Handgriffe im einzelnen bewirken, und wie weit sie die Sicherheit überhaupt gewährleisten.

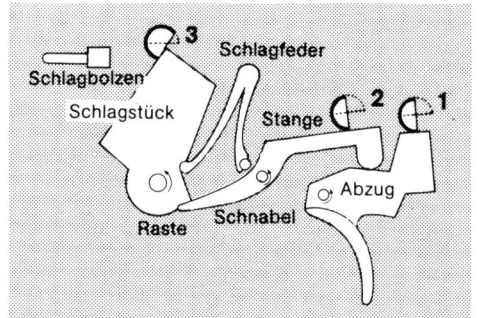

Abb. 40. Schloßteile eines Blitzschlosses mit verschiedenen Sicherungssystemen.
1 = Abzugssicherung,   2 = Stangensicherung,
3 = Schlagstücksicherung

Die schematische Darstellung eines Blitzschlosses (Abb. 40) stellt die verschiedenen Möglichkeiten dar, eine Sicherung anzubringen. Sie eignet sich aber auch sehr gut dazu, die Funktion der Sicherung bei allen Schloßarten zu beleuchten.

Bei jedem Waffentyp wird die Schußauslösung mit dem Durchziehen des Abzuges eingeleitet. Dieser löst direkt oder über eine Abzugstange den Schlagbolzen aus oder das Schlagstück, das auf den Schlagbolzen schlägt.

Abbildung 40 zeigt ein Schloß mit Abzug, Abzugsstange, Schlagstück und Schlagbolzen.

Die Abzugsicherung stellt den Abzug fest und verhindert, daß man ihn durchziehen kann. Sie kann aber nicht verhindern, daß durch eine starke Erschütterung, einen Stoß oder ein Hinfallen der Waffe oder auch durch das Abbrechen eines Bolzens oder der Rast aus dem Schlagstück bzw. Schlagbolzen die vor dem Abzug liegende Mechanik in Gang gesetzt wird und der Schuß losgeht.

Die *Stangensicherung* bietet ein höheres Maß an Sicherheit, denn sie legt die Abzugstange so fest, daß sie nicht aus der Rast am Schlagstück bzw. Schlagbolzen austreten kann. Man kann also am Abzug ziehen und die Waffe hinfallen lassen, nichts wird passieren. Es sei denn, ein Teil wie die Welle, auf der sich die Abzugstange dreht oder die Rast in die sie eingreift, bricht. Das ist zwar sehr unwahrscheinlich, aber immerhin nicht ganz ausgeschlossen!

Die *Schlagstücksicherung* hält das Schlagstück fest, so daß es nicht auf den Schlagbolzen schlagen kann. Bleibt die Sicherungswelle selber intakt, ist die Sicherung garantiert. Ein Haken ist aber dabei. Die Sicherung muß beim Einschalten das Schlagstück etwas zurückdrücken, damit die Rast entlastet wird. Abzug und Abzugstange müssen sich im gesicherten Zustand frei bewegen können. Es könnte sonst passieren, daß man beim Probieren des Abzugs die Stange aus der Rast zieht und beim Entsichern den Schuß löst. Weil die Sicherungswelle verschleißen kann und dann das Schlagstück nicht mehr genügend anhebt, verlassen sich viele Hersteller lieber auf die Stangensicherung mit dem Argument, daß deren Teile so dimensioniert sind, daß nichts bricht.

Die *Schlagbolzensicherung* wird bei Schlossen dieser Art aus konstruktiven Gründen nicht angewendet. Dagegen ist sie bei Repetierbüchsen sehr gebräuchlich. Die klassische Sicherung ist die des Systems Mauser 98. Der Sicherungsflügel sichert im hochgestellten Zustand den Schlagbolzen, und wenn er ganz nach rechts gelegt wird, verhindert er noch zusätzlich das Öffnen der Kammer. Aufgrund der soliden Dimensionierung der Teile gilt diese Sicherung mit Recht als besonders zuverlässig.

Leider läßt sich die Original-Flügelsicherung des Modells 98 bei aufgesetztem Zielfernrohr oft schlecht oder gar nicht mehr bedienen. Sie kann daher gegen eine Sicherung ausgetauscht werden, die schon in der 45°-Stellung sichert, aber keine Mittelstellung kennt, in der ein Laden und Entladen im gesicherten Zustand möglich ist.

Bedauerlicherweise haben sich neuere Konstruktionen von Repetierern der leichter und manchmal auch lautloser zu betätigenden Schiebesicherung bedient. In der Regel wirkt diese auf den Abzugstollen, der in der Funktion einer Abzugstange entspricht. Hier ist man zugunsten des Bedienungskomforts in der Sicherheit bewußt einen Schritt zurückgegangen.

Wer diese Zusammenhänge verstanden hat, der hat erkannt, daß die Effektivität einer Sicherung wächst, je näher sie zur Patrone hin angebracht wird.

Die Handspanner-Systeme. Die bisher beschriebenen Sicherungssysteme sind dazu gedacht, ein gespanntes Schloß zu sichern.

Eine Waffe, die nicht gespannt ist, braucht man aber nicht zu sichern, denn sie ist in sich sicher. Dieser Gedanke ist so einfach wie überzeugend und wird bei mehreren modernen Sicherheitskonstruktionen verwirklicht.

Dabei hat man dieses System zu Großvaters Zeiten bei den Waffen mit außenliegenden Hähnen schon gehabt, hat es aber dem eleganten Aussehen und der schnelleren Schußbereitschaft geopfert.

Eine dieser modernen Sicherheitskonstruktionen ist die separate Kugelspannung beim Drilling, die von mehreren Herstellern, auch für den nachträglichen Einbau, geliefert wird und die Sicherheit des Drillings wesentlich erhöht.

Die Firma Kuchenreuter hat zusätzlich zur separaten Kugelspannung noch eine Handspannvorrichtung für die beiden Schrotläufe konzipiert und so einen echten Sicherheitsdrilling geschaffen.

Die Firmen Krieghoff, Heym und Blaser brachten Handspanner-Bockbüchsflinten auf den Markt, die sich in der Handhabung teilweise unterscheiden, aber alle dem Prinzip folgen, die Waffe erst dann zu spannen, wenn geschossen werden soll.

Entsprechende Schonzeitwaffen mit außenliegenden Hähnen sind von mehreren, vorwiegend ausländischen Firmen bekannt.

Die Firma Blaser hat das Handspanner-System am konsequentesten verwirklicht und in allen Waffentypen die sie herstellt, angewendet: in der Kipplaufbüchse, der Blockbüchse, der Bockbüchse, der Bockbüchsflinte und sogar in der Repetierbüchse.

Wenn eine Waffe schon geladen sein

muß, ist sie durch das Handspanner-System am besten gesichert. Wer aber meint, jede normale Repetierbüchse zum Handspanner umfunktionieren zu können, indem er sie mit geladenem Patronenlager und entspanntem Schloß führt, handelt im höchsten Grade unvorsichtig. Der Schlagbolzen liegt so auf dem Zündhütchen, daß es nur eines Anstoßes bedarf, um eine Katastrophe auszulösen.

1.4.8   Schäfte

Der Schaft einer Jagdwaffe hat die Aufgabe, dem Jäger und Schützen eine einwandfreie und sichere Handhabung zu ermöglichen, damit beim Schießen das Ziel auch in der gewünschten Weise getroffen wird.

Einfluß des Schaftes auf die Treffergebnisse. Eine Voraussetzung dafür ist, daß der Büchsenmacher Schaft und System so zusammenfügt, daß eine gute und gleichbleibende Schußleistung der Waffe gegeben ist. Daß es hier in mehrfacher Hinsicht Probleme geben kann, ist im Kapitel 7 (Prüfung von Waffen und Munition) nachzulesen.

Voraussetzung ist weiterhin, daß der Schaft dem Schützen liegt. Er soll ihm beim Anschlagen bequem und griffgerecht und nicht ungewohnt und unhandlich erscheinen. Das gilt in besonderem Maße für Waffen, mit denen vorwiegend auf bewegliche Ziele geschossen wird, vor allem also für Flinten.

„Die Läufe schießen, aber der Schaft trifft!" heißt ein in diesem Zusammenhang immer wieder zitiertes Wort. Beim Flintenschießen soll ja das Schießauge das Visier darstellen, deshalb soll der Flintenschaft so gut passen, daß sich bei jedem Anschlag die Visierlinie vom Auge über das Korn zum Ziel mit dem Treffpunkt der Schrotgarbe vereint.

Maßschaft – Standardschaft. Ideal für den gleichbleibend guten Anschlag ist ein Maßschaft. Die Ermittlung der individuellen Schaftmaße kann nur durch einen Spezialisten erfolgen, der dazu viel Erfahrung

und eventuell ein Gelenkgewehr benötigt. Ein Gelenkgewehr gestattet die Verstellung aller Schaftmaße, bis es dem Schützen perfekt liegt, so daß dann die eingestellten Maße abgenommen werden können.

Die Herstellung des Maßschaftes wiederum ist eine sehr kostspielige Angelegenheit, und weniger begüterte Jäger müssen wohl oder übel mit einem Standardschaft zurechtkommen.

Obwohl die Standardschäfte aller Flintenhersteller etwa die gleichen Abmessungen haben, wird man bei der Auswahl einer Flinte die Erfahrung machen, daß nicht jede gleich gut liegt. Es lohnt sich bestimmt, vor dem Kauf eine Anzahl verschiedener Flinten in die Hand zu nehmen und schließlich die zu wählen, von der man gefühlsmäßig den Eindruck hat, daß sie am handlichsten und am führigsten ist, d.h., daß man bei schnellem Anschlag ohne Zielen annähernd richtig liegt.

Der Büchsenschaft. Bei einer Büchse, ausgenommen eine Doppelbüchse für die Drückjagd, ist das Passen des Schaftes nicht von so großer Bedeutung. Der Büchsenschuß wird vorwiegend in Ruhe und gezielt abgegeben. Man hat daher Gelegenheit, kleine Unstimmigkeiten bei den Schaftmaßen durch den Anschlag auszugleichen.

Aber es ist auch hier möglich, daß bestimmte Schaftmaße Probleme verursachen. Man hört nicht selten davon, daß zwei Freunde Büchsen mit dem gleichen Kaliber führen, die gleiche Patrone schießen, und trotzdem hat die eine Büchse einen unangenehmen Rückstoß, während die andere sich durchaus angenehm schießt. Wenn das Waffengewicht und die Lauflänge etwa gleich sind, kann das nach den Gesetzen der Physik eigentlich nicht möglich sein. Ist aber der Schaft einer Büchse zu kurz, der Pistolengriff nicht passend für die Hand und die Schaftsenkung zu groß, treibt der Rückstoß den Daumen der Schießhand auf die Nase des Schützen, und der nach vorn ansteigende Schaftrücken schlägt unter das Jochbein. Dann wird jeder Schuß zu einem schmerzhaften Erleb-

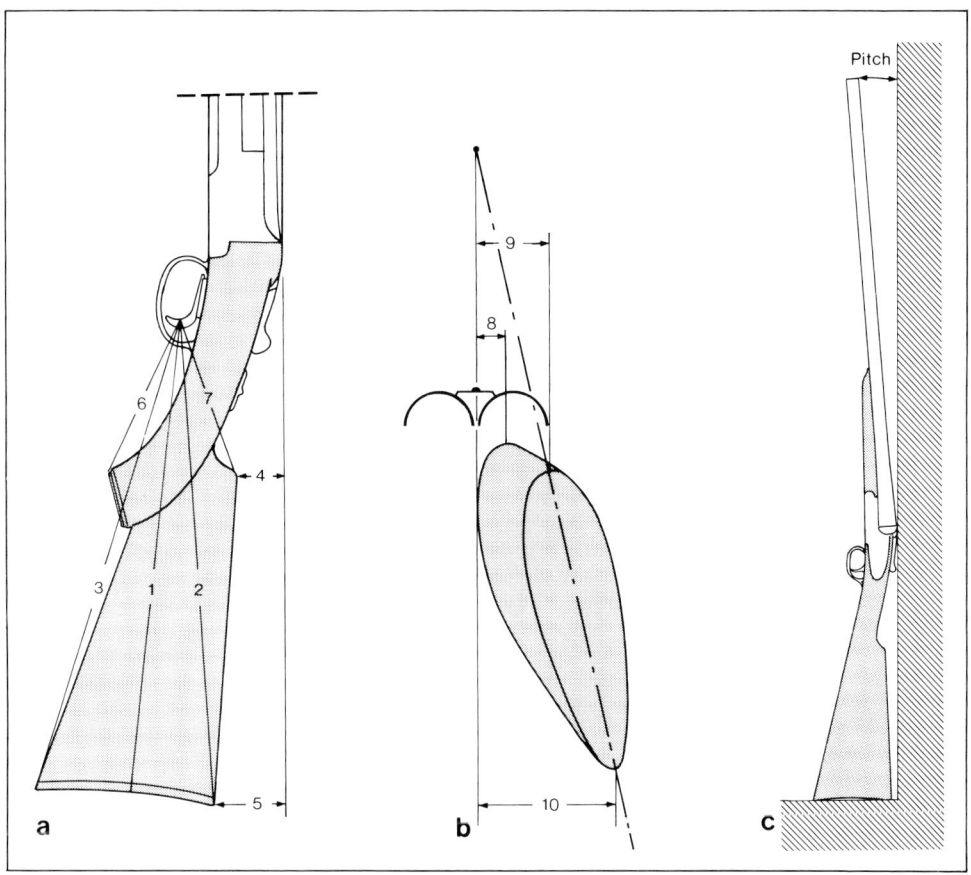

Abb. 41. Schaftmaße.
a: Maßbezeichnung der Schäftung (Normalschaft mit Pistolengriff); b: Schränkung (Ausbiegung) des Schaftes; c: Winkelstellung (pitch) der Kolbenkappe.

1, 2, 3 = Schaftlänge
4 = Senkung Schaftnase
5 = Senkung Schaftkappenoberkante
6 = Abstand Pistolengriffvorderkante zum vorderen Abzug

7 = Abstand Schaftnase zum vorderen Abzug
8 = Schränkung an der Schaftnase
9 = Schränkung an der Schaftkappenoberkante
10 = Schränkung an der Schaftkappenspitze

nis und verstärkt das Empfinden des Rückstoßes erheblich. Es gibt Büchsen, die aufgrund ihrer unglücklichen Schaftform ihren Besitzer regelrecht zum Mucken erziehen.

Man sollte den Büchsenschaft so wählen oder ihn so ändern lassen, daß diese Fehler nicht vorkommen. Ein hochliegender Schaftrücken, der nach vorn leicht abfällt, entfernt sich im Rückstoß von den empfindlichen Stellen des Gesichtes und gibt trotzdem die Möglichkeit, beim Visieren

durch das Zielfernrohr den natürlichen Kontakt mit der Waffe zu behalten.

Die Schaftformen. Die übrigen Schaftformen und Verzierungen sind vom persönlichen Geschmack abhängig. Die Schaftbacke ist tatsächlich mehr Zierde, denn bei entsprechend geformtem Schaft hat sie keinerlei Funktion.

Ein stark gekrümmter und steiler Pistolengriff hilft dabei, die Waffe fest in die Schulter zu ziehen, während ein langer und

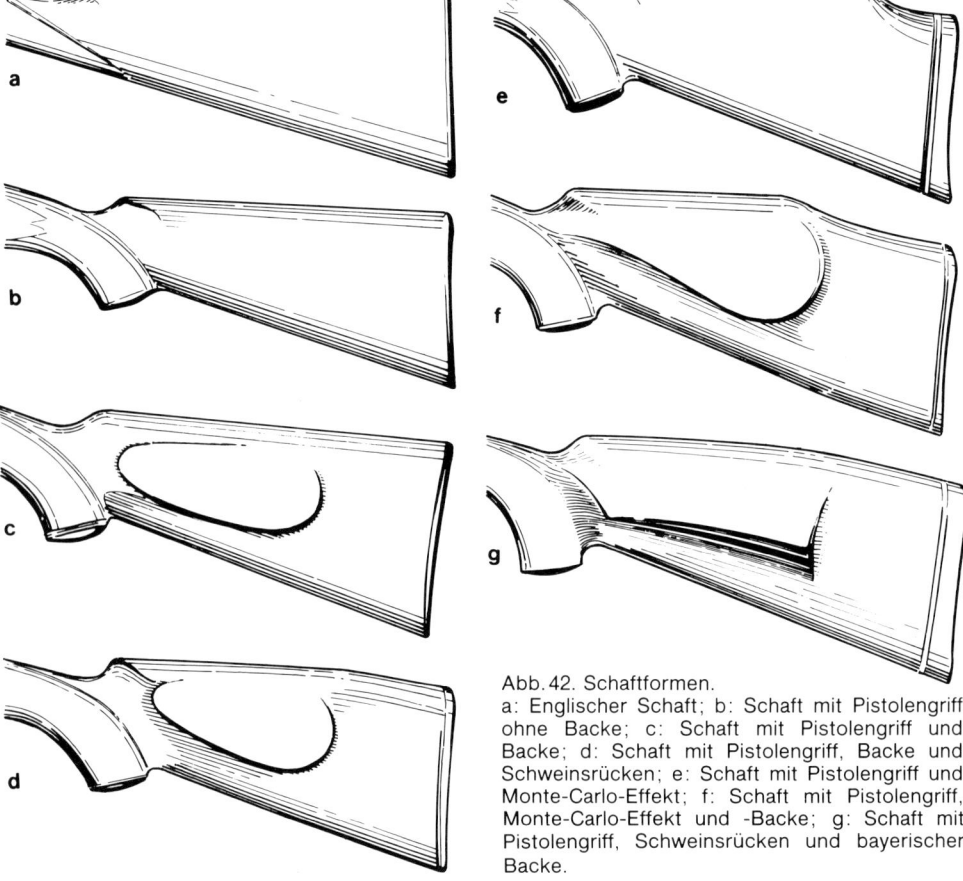

Abb. 42. Schaftformen.
a: Englischer Schaft; b: Schaft mit Pistolengriff ohne Backe; c: Schaft mit Pistolengriff und Backe; d: Schaft mit Pistolengriff, Backe und Schweinsrücken; e: Schaft mit Pistolengriff und Monte-Carlo-Effekt; f: Schaft mit Pistolengriff, Monte-Carlo-Effekt und -Backe; g: Schaft mit Pistolengriff, Schweinsrücken und bayerischer Backe.

flach auslaufender Griff sich besser für das Flüchtigschießen eignet.

Bei der Flinte wird manchmal ganz auf ihn verzichtet und ein Fischbauchschaft oder eine englische Schäftung vorgesehen. Weil die individuellen Anschlaggewohnheiten doch sehr verschieden sind, läßt sich eine allgemeingültige Empfehlung für die eine oder andere Form nicht geben.

Ein breiter Vorderschaft (Biberschwanz- oder Halbbiberschwanz) sieht in vielen Fällen nicht so elegant aus, kommt aber einem Schützen mit großen Händen sehr entgegen. Außerdem schützt er wirksam vor der Berührung mit zu heißen oder zu kalten Läufen.

Die Schäfte der Flinten, kombinierten Waffen und Kipplaufbüchsen sind zweiteilig und bestehen aus Vorder- und Hinterschaft.

Die Schäfte der Repetierbüchsen sind in der Regel einteilig, bei wenigen Modellen zweiteilig. Der einteilige Schaft kann Probleme durch das Verziehen des Holzes verursachen.

Material und Oberfläche der Schäfte. Das klassische Schaftmaterial ist das Nußbaumholz, wobei das Wurzelholz wegen der Maserung und großen Dichte am hochwertigsten ist. Gute Hölzer dieser Art sind knapp und werden entsprechend teuer gehandelt. Andere, zum Teil auch exotische Holzarten mit entsprechender Dichte werden vor allem bei Serienwaffen als Ersatz genommen.

Ein besserer Schaft, vor allem bei entsprechender Holzqualität, wird vorwiegend als Ölschaft ausgeführt. Um sein schönes, mattglänzendes Aussehen zu behalten, muß der Ölschaft mit den richtigen Mitteln regelmäßig gepflegt werden (s. Kapitel 9, Pflege der Waffen und Optik). Angestoßene Stellen und Kratzer lassen sich beim Ölschaft verhältnismäßig leicht reparieren. Auch Schaftkorrekturen können in einem gewissen Umfang nachträglich durchgeführt werden.

Lackschäfte sind mit widerstandsfähigen Lackschichten versehen, die den Schaft so lange schützen, wie die Oberfläche unversehrt ist. Ist der Lack an mehreren Stellen verletzt, ist es besser, ihn ganz abzulösen und den Schaft in einen Ölschaft zu verwandeln.

Auch Schäfte aus Plastikmaterial werden für verschiedene Waffentypen angeboten. Diese müssen durchaus kein billiger Ersatz für einen Holzschaft sein, denn sie lassen sich auch geschmackvoll gestalten. Man sollte sie vor allen Dingen nach ihrem praktischen und funktionellen Wert beurteilen. Sie sind bruch-, kratz- und wetterfest, verziehen sich nicht und eignen sich daher besonders für Gewehre, die beruflich oder auf Expeditionen bzw. Jagdreisen in entlegenen Gebieten geführt werden. Ein Nachteil ist, daß Plastikschäfte nur in großen Serien rationell hergestellt werden können, und nachträglich mäßliche Veränderungen schlecht möglich sind.

Sonderschäfte. Der bekannteste und häufigste Sonderschaft ist der Linksschaft. Nicht wenige Menschen sind Linkshänder und bevorzugen daher auch beim Schießen den Linksanschlag. Andere müssen sich diesen Linksanschlag antrainieren, weil die rechtsseitige Sehkraft mangelhaft ist. Der hier benötigte Linksschaft ist nach links geschränkt und für den „normalen" Rechtsschützen nicht brauchbar.

Wer im fortgeschrittenen Alter als Rechtsschütze die Sehkraft des rechten Auges verliert, kommt vielfach mit der Umstellung auf links nicht zurecht. Ihm kann mit einen sogenannten „Krüppelschaft" geholfen werden, bei dem der Schaftrücken so stark ausgenommen oder die Schränkung durch einen seitlichen Versatz des Hinterschaftes so groß ist, daß beim Anschlag rechts das linke Zielauge über den Lauf blickt.

Eine besondere Schaftform für den Büchsenschützen kommt aus dem Bereich des Sportschießens, der „Lochschaft".

In dieser Schaftform sehen manche, wegen der besser festgelegten Position der Schießhand, einen Vorteil beim langsam gezielten Büchsenschuß. Für schnelle Schnappschüsse ist diese Schaftform zu umständlich.

1.5 Kurzwaffen

Die Pistolen und Revolver werden vielfach unter der Sammelbezeichnung Einhandwaffen oder Faustfeuerwaffen zusammengefaßt. Die korrekte Bezeichnung für diese Waffenart lautet dagegen „Kurzwaffen". So werden sie im Waffengesetz bezeichnet. Der Gesetzgeber hat diese Bezeichnung gewählt, um sie von den Langwaffen zu unterscheiden.

Abb. 43. Schäftung einer Büchse für das jagdliche Schießen.

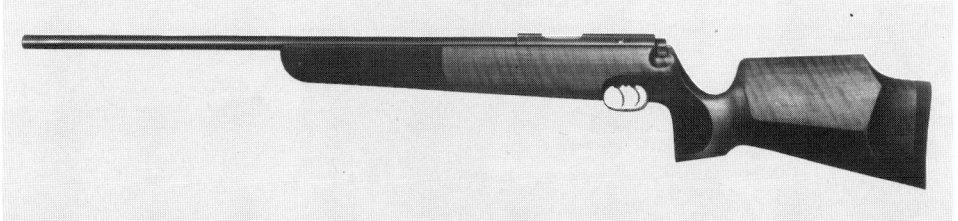

Nach dem Waffengesetz ist jede Schußwaffe, die eine Gesamtlänge von weniger als 60 cm hat, eine Kurzwaffe,
gleich welchem System sie angehört.

Wer also z.B. eine Kleinkaliberbüchse, und
sei sie nur einschüssig, auf eine Länge von
weniger als 60 cm zurechtstutzt, damit sie
im Rucksack mitgeführt werden kann, der
hat sich eine Kurzwaffe gebaut, und wenn
er das ohne behördliche Erlaubnis getan
und sein Produkt nicht entsprechend ange-
meldet hat, verstößt er gegen das Waffengesetz und kann deswegen in Schwierigkeiten kommen.

Verwendung. Der Jäger setzt eine Kurzwaffe vorwiegend da ein, wo eine Langwaffe
nicht zur Verfügung steht oder in der vor-
herrschenden Situation weniger geeignet
ist. Dabei geht es vor allem um die Abgabe
von Fangschüssen auf Schalenwild und anderes Wild bei einer Nachsuche oder auf
Wild, das im Straßenverkehr verletzt
wurde. Ferner wird die Kurzwaffe bei der
Bau- und Fallenjagd eingesetzt und kann
als Verteidigungswaffe beim Selbstschutz
verwendet werden.

Bauarten. Einschüssige Pistolen begegnen
uns vornehmlich als Sportwaffen. Diese
langläufigen und in der Regel mit Kipp-
lauf- oder Blockverschlüssen ausgestatte-

ten Präzisionswaffen sind in der Schußleistung oft den Kleinkaliber-Sportgewehren
ebenbürtig.

Einschüssige Pistolen gibt es auch als
kleine Verteidigungswaffen. Sie sind ein
Überbleibsel aus der Zeit des „Wilden
Westens", werden als Derringer bezeichnet
und auch in doppelläufiger oder sogar vier-
läufiger Ausführung hergestellt. Wegen ihrer sehr geringen Schußpräzision eignen
sie sich wirklich nur zur Selbstverteidigung
auf kürzeste Entfernungen.

Für den Verwendungszweck des Jägers
kommen beide Bauarten kaum in Frage. Er
benötigt eine moderne, sichere und zuverlässige Kurzwaffe, die eine Munition von
ausreichender Energie verschießt. Das bedeutet, daß er die Wahl zwischen einer modernen Selbstladepistole und einem Revolver hat.

1.5.1   Systeme und Funktion der
Selbstladepistolen

Die Selbstladepistolen in der gebräuchlichen Ausführung sind mit einem Verschlußstück (Schlitten) ausgestattet, das in
Führungen auf dem Griffstück in waage-
rechter Richtung nach hinten beweglich ist
und durch eine Verschlußfeder in der vorderen, geschlossenen Position gehalten
wird. Der Lauf ist starr mit dem Griffstück

Abb. 44. Pistole „Walther PP"

verbunden, oder er liegt lose im Verschlußstück und hat am Griffstück einen Anschlag oder eine Zentrierung. Der Patro-
nenvorrat befindet sich in einem auswechselbaren Magazin im Griffstück. Auch die
Abzugsvorrichtung und die Schloßteile, bis
auf den Schlagbolzen, sind dort untergebracht.

Zum Durchladen wird der Verschluß bis
gegen den Anschlag zurückgezogen und
dann freigegeben. Die Verschlußfeder
bringt ihn wieder in seine Normallage. Dabei streift er die oberste Patrone aus dem
Magazin und führt sie in das Patronenlager
des Laufes ein. Bei den meisten Konstruktionen wird gleichzeitig das Schloß gespannt, so daß jetzt ein Sichern oder Entspannen erforderlich ist, falls nicht sofort
geschossen werden soll.

Beim Schuß erhält das Verschlußstück
durch den Patronenboden einen Impuls,
und die durch den Rückstoß wirksam werdenden Kräfte schleudern es nach hinten
gegen den Anschlag. Der Auszieher hat die
Patronenhülse mit nach hinten gezogen,
und der Ausstoßer stößt sie aus dem Aus-
wurffenster des Schlittens ins Freie. Dabei
wiederholt sich der Vorgang des Durchla-
dens und Spannens bis alle Patronen verschossen sind. In der Regel ist ein Ver-
schlußfangstück vorhanden, das nach dem
letzten Schuß den Verschluß in der Offen-
stellung festhält.

Die Taschenpistolen sind vorwiegend
mit den sogenannten unverriegelten Masse-
verschlüssen ausgestattet, d.h., der Verschluß wird durch die Masse des Ver-
schlußstückes in Verbindung mit der Kraft
der Verschlußfeder bewirkt.

Bei den Armee- und Polizeipistolen würden die dort verwendeten stärkeren Patronen sehr schwere Verschlüsse und starke
Verschlußfedern verlangen. Daher werden
bei diesen Typen in der Regel verriegelte
Verschlüsse eingesetzt. Bei den gebräuchlichen Konstruktionen bleibt nach dem
Schuß der Lauf mit dem Verschlußstück in
einem verriegelten Zustand und läuft gemeinsam mit diesem eine Strecke von ca.
5 mm zurück. Erst dann, wenn der hohe
Gasdruck in der Patronenhülse abgebaut
ist, trennt sich der Lauf vom Verschluß und
bleibt stehen, während jener die Rück-
wärtsbewegung in der bekannten Art fort-
setzt.

Bei einigen Konstruktionen bewegt sich
der Lauf nicht. Sie nutzen den Gasdruck
aus, um die Verschlußbewegung abzubrem-
sen, bis ein Öffnen gefahrlos möglich ist.

Seitdem etwa um 1900 die ersten
brauchbaren Taschen- und Armeepistolen
auf den Markt kamen, hat es sehr viele verschiedene Konstruktionen gegeben, vor allen Dingen in bezug auf die Art der
Schlosse. Es gab Waffen mit reinen Schlagbolzenschlossen, bei denen im geladenen

Abb. 45. Pistole „Walther
PP", Kal. .22 lfB, im Schnitt.

Abb. 46. Pistole SIG-Sauer,
Mod. 225.

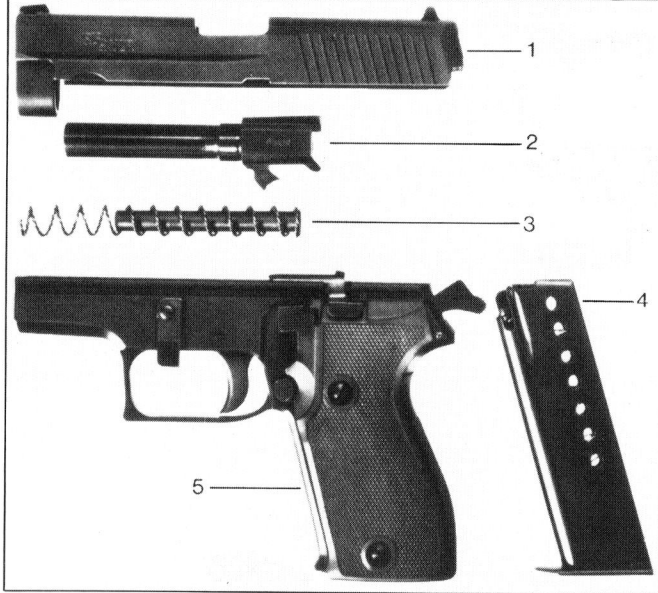

Abb. 47. Pistole SIG-Sauer,
Mod. 225, zerlegt.
1 = Verschluß
2 = Rohr
3 = Schließfeder und
    Schließfederführung
4 = Magazin
5 = Griffstück

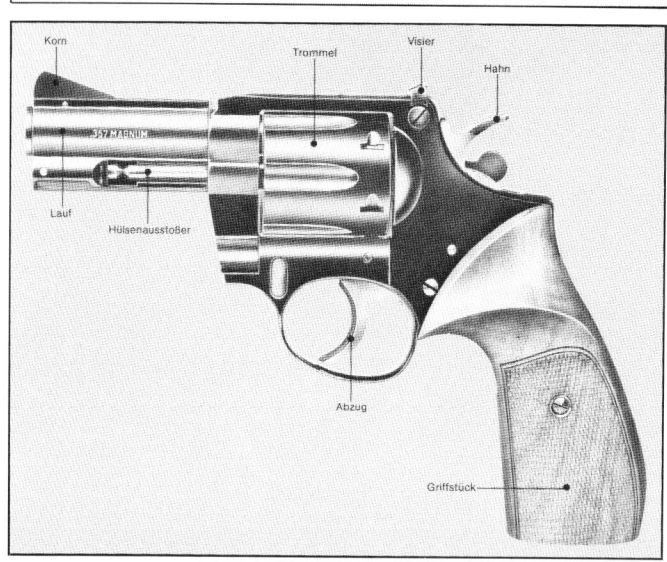

Abb. 48. Revolver (Korth).

Zustand der Schlagbolzen ständig gespannt war. Bei den Schlossen mit verdeckt liegenden Schlagstücken mußten diese gespannt sein, so daß ein Tragen dieser Waffen im durchgeladenen Zustand stets problematisch war. Bei einem Schlagstück in der Form eines außenliegenden Hahnes war immerhin durch ein Entspannen desselben nach dem Durchladen ein gefahrloses Tragen möglich.

Viele dieser alten Konstruktionen haben sich zu ihrer Zeit durchaus bewährt und würden sich, bei entsprechenden Zugeständnissen an den Handhabungskomfort, auch heute noch einsetzen lassen.

Moderne Selbstladepistolen bieten dagegen durch ihre Konstruktion so bedeutende Vorteile bei der Handhabung und der allgemeinen Sicherheit, daß sie heute fast ausschließlich geführt werden. Dazu gehört vor allen Dingen, daß die Waffe durchgeladen und entspannt getragen werden und trotzdem durch den Spannabzug und/oder einen Spannhebel sofort mit einer Hand geschossen werden kann, daß ein gefahrloses Entspannen durch einen Entspannhebel möglich ist und eingebaute Sicherungselemente ein hohes Maß an Fallsicherheit garantieren.

1.5.2 Systeme und Funktion der Revolver

Es gab bei uns eine Zeit, in der die Revolver als veraltete und unwirksame Waffen dargestellt wurden, gegen die eine Selbstladepistole unbedingt vorzuziehen war. Diese Darstellung stammt aus der Zeit, in der hier sehr fortschrittliche Pistolenkonstruktionen auf den Markt kamen, amerikanische Markenrevolver aber fast unerschwinglich waren, und mit den einheimischen Revolverkonstruktionen wenig Staat zu machen war. Moderne Revolver amerikanischer und europäischer Hersteller liegen heute preislich und auch technisch auf dem gleichen Niveau wie die modernen Pistolen, so daß allein der persönliche Geschmack bei der Wahl der einen oder anderen Waffenart entscheiden kann.

Beim geladenen Revolver befinden sich die Patronen in den verschiedenen Patronenlagern der Trommel. Diese wird durch den Spannvorgang vor dem Schuß jeweils um eine Teilung weitergeschaltet. Weil die Weiterschaltung rein mechanisch über den Abzug oder den Hahn erfolgt, ist auch ein Revolver mit nur einer Patrone in der Trommel schußbereit.

Ältere Revolverkonstruktionen haben eine starre Lagerung der Trommel, so daß ein Laden oder Entladen der einzelnen Patronenlager nur nacheinander nach dem Öffnen einer seitlichen Ladeklappe möglich ist.

Der Kipplaufrevolver wirft beim Öffnen Patronen bzw. Patronenhülsen selbsttätig aus und ist für das Laden leicht zugänglich.

Moderne Revolvertypen verwenden durchweg den stabileren geschlossenen Rahmen in Verbindung mit einer seitlich ausschwenkbaren Trommel. Ein Druck auf die Trommelachse betätigt den Auswerfer.

Bei den Revolvern ist das System der Abzugspannung schon sehr lange bekannt, so daß sogar bei Selbstladepistolen die Abzugspannung oft als Revolverabzug bezeichnet wird. Moderne Revolver lassen sich entweder mit der Abzugspannung oder mit dem über den Hahn vorgespannten Schloß schießen.

Einige ältere Revolvertypen müssen dagegen für jeden Schuß durch Zurückziehen des Hahnes gespannt werden. Auch Revolver, die nur die Abzugspannung kennen, sind gebaut worden. Beide Typen spielen heute für den praktischen Gebrauch kaum noch eine Rolle.

1.5.3 Vergleich Pistole – Revolver

An diesem Thema entzünden sich oft Diskussionen zwischen den Anhängern der einen oder anderen Waffenart. Wägt man die Vor- und Nachteile von Pistole und Revolver gegeneinander ab, so ergeben sich folgende Punkte:

Beide Waffentypen gestatten das Verschießen von ausreichend starker Munition für jagdliche Zwecke. Der Revolver bietet gerade auf diesem Gebiet den großen Vorteil, alle beliebigen Geschoßformen und stark unterschiedliche Ladungen zu verarbeiten, ohne daß es einen Einfluß auf die Funktion hat.

Es ist daher möglich, aus einem Revolver alle denkbaren Sonderlaborierungen, von der starken Gebrauchsladung mit Teilmantelgeschoß über die ganz schwach geladene Scheibenpatrone bis zur Schrot- oder Platzpatrone, zu verschießen. Die verschiedenen Patronen lassen sich sogar in gemischter Ladeweise einsetzen. In dieser Hinsicht ist für den Jäger vor allen Dingen ein Revolver im Kaliber 357 Magnum von Interesse, weil daraus auch die kürzere Patrone .38 Special verschossen werden kann. Dadurch ergibt sich eine große Palette von brauchbaren Laborierungen.

Die Selbstladepistole ist dagegen auf einigermaßen gleichmäßige Ladungen und Geschoßgewichte sowie bestimmte Geschoßformen angewiesen, um störungsfrei funktionieren zu können. Eine Sonderlaborierung läßt sich in den meisten Fällen nur verschießen, wenn die Patronen einzeln von Hand geladen werden. Dies ist jedoch ein umständliches Verfahren!

Ein weiterer Pluspunkt für den Revolver ist die relative Unabhängigkeit von Munitionsstörungen. Bei einem Versager bringt ein erneutes Durchziehen des Abzuges das nächste Patronenlager mit einer frischen Patrone vor den Lauf. Bei einer Selbstladepistole benötigt das Durchladen nach einem Versager eine gewisse Zeit und die Hilfe der zweiten Hand.

Wer allerdings meint, daß Funktionsstörungen den Selbstladepistolen vorbehalten sind und beim Revolver nicht vorkommen, befindet sich im Irrtum. Fremdkörper, die zwischen die Trommel und den Rahmen eingeklemmt werden, können die Funktion blockieren. Es kann eine unangenehme und schwer zu behebende Ladehemmung geben, wenn ein zu lose in der Hülse sitzendes Geschoß von den Rückstoßkräften herausgezogen wird und nach vorn wandert oder wenn eine nicht richtig funktionierende Zündung das Geschoß nur bis in den Übergang des Laufes treibt und so die Trommel blockiert.

Die Treffgenauigkeit ist bei beiden Waffen gleichzusetzen. Viele ziehen den trockken und kurz auslösenden Abzug des Revolvers vor und treffen daher mit dieser Waffe besser.

Die Schußbereitschaft einer Selbstladepistole mit Spannabzug verglichen mit der eines Revolvers ist praktisch gleich.

Auch die Waffengewichte sind vergleichbar. Allerdings finden viele, daß sich die Pistole wegen der flacheren Form angenehmer tragen läßt.

Die größere Magazinkapazität der Pistole ist auf der Jagd von zweifelhaftem Wert. Die Pistole gestattet zwar eine schnellere und größere Schußfolge innerhalb einer bestimmten Zeit, aber Schnellfeuer mit Magazinwechsel ist wohl kaum gefragt. Die fünf oder sechs Patronen im Revolver müßten für alle jagdlichen Zwecke ausreichen.

Beide Waffen gibt es mit Leichtmetallrahmen zur Verminderung des Gewichtes oder ganz aus rostfreiem Stahl gefertigt, was die Pflegebedürftigkeit herabsetzt.

Es lohnt sich, für den präzisen Einzelschuß eine Waffe mit verstellbarem Visier zu wählen. Farbmarkierungen am Korn und am Visier, die man nach Geschmack und Bedarf anbringen kann, erleichtern das Abkommen bei schlechter Beleuchtung.

Sowohl bei Pistolen wie bei Revolvern lohnt sich die Anschaffung eines Spezialgriffes, wie es sie für fast alle Waffentypen im Handel gibt. Wegen der besseren Griffigkeit, z.B. bei Regenwetter, sollte der Holzgriff an der Oberfläche aufgerauht oder mit Fischhaut versehen sein. Sehr gut haben sich die Griffe bewährt, die von Pachmayr in den USA aus Gummi mit Stahleinlage gefertigt werden.

1.6   Zubehör

1.6.1   Einstecklläufe

Einstecklläufe sind Hilfsläufe, die für eine bestimmte Jagdwaffe nachträglich beschafft werden können, und die es ermögli-

Abb. 49. Kurze Krieghoff-Einsteckläufe.

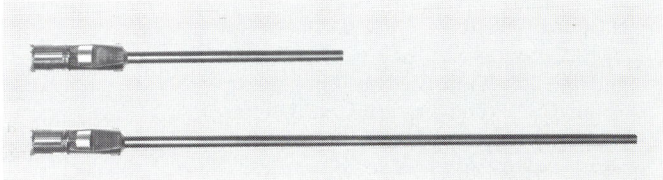

Abb. 50. Langer Einstecklauf „Princess" mit Führungsrohr.

chen, ein kleineres Kaliber aus dieser Waffe zu verschießen. Die üblichen Modelle lassen sich leicht ein- und ausbauen, so daß eine vorübergehende Ausrüstung der Waffe mit einem Einstecklauf jederzeit möglich ist.

In den meisten Fällen werden Einsteckläufe in Drillingen eingesetzt, dadurch machen sie mit der kleinen Kugel den Drilling zeitweise zum Bockdrilling. Der Einbau erfolgt zweckmäßigerweise im rechten Schrotlauf, damit für den Einstecklauf ebenfalls der Stecher zur Verfügung steht.

Außerdem werden Einsteckläufe dazu verwendet, Büchsflinten in Bergstutzen oder Doppelflinten in Büchsflinten umzufunktionieren.

Irgendwo hat das aber eine praktische Grenze. Wer einen Einstecklauf wünscht, der die Waffe nicht merklich schwerer macht, der je nach dem jagdlichen Vorhaben ein- oder ausgebaut werden kann, und der sich unproblematisch mitführen läßt, evtl. sogar in einem speziell dafür hergerichteten Schaftmagazin, der ist auf einen Lauf mit einer Länge von z.B. 22 cm angewiesen, den es aber nur im Kaliber .22 lfB und .22 Win. Mag. gibt.

Wer einen Einstecklauf in einem Kaliber haben will, das auch für Rehwild zugelassen ist, muß einen Lauf in der ganzen oder annähernd ganzen Länge des Mutterlaufes wählen. Dieser bringt naturgemäß einiges an Mehrgewicht für die Waffe und läßt sich nicht so einfach nebenbei mitführen. Ferner müssen bei diesen Läufen besondere waffenrechtliche Vorschriften (siehe Kapitel 5: Beschußwesen) beachtet wer-

den, und das Einrichten ist nicht immer unproblematisch.

Wer sich für einen Einstecklauf entschließt, muß in Kauf nehmen, daß er damit einen Kompromiß eingeht. Daß ein kurzer Lauf so schießt wie ein Matchgewehr und ein langer so wie ein fest verlöteter kleiner Büchsenlauf eines Bockdrillings oder Bergstutzens ist eine Ausnahme. Auch eine unveränderlich gleichbleibende Schußleistung ist nicht immer gegeben.

Die Leistung des Einstecklaufes hängt in sehr starkem Maße davon ab, wie er eingerichtet ist, und wie er beim wiederholten Ein- und Ausbauen behandelt wird. Das Einrichten, das mittels Verstelleinrichtungen am Lauf auf die an der Waffe vorhandene Visierung erfolgt, sollte auf jeden Fall durch einen erfahrenen Fachmann erfolgen.

Abb. 51. Lagerseitiges Zylinderteil (oben) und mündungsseitiges Exzenterteil (unten) des neuen Krieghoff-Einstecklaufs.

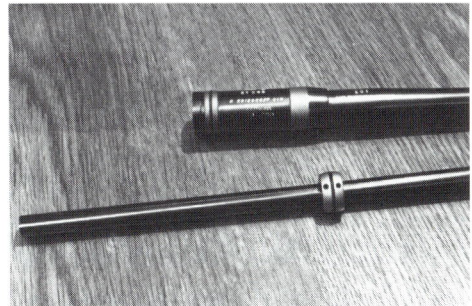

Die Waffe, für die ein Einstecklauf vorgesehen ist, sollte sich in einem technisch guten Zustand befinden. Alte Waffen mit rostigen und verbeulten Läufen, verschlissenen Zündeinrichtungen und wackeligen Verschlüssen eignen sich nicht dafür.

Ist ein Einstecklauf für eine Randfeuerpatrone in die Waffe eingebaut, dann sollte man das betreffende Schloß nicht leer abschlagen lassen, sonst beschädigt man sowohl den Schlagbolzen als auch den Rand des Patronenlagers.

Um eine Korrosion des Mutterlaufes, vor allem bei Verwendung eines kurzen Einstecklaufes, zu vermeiden, sollte man auch diesen regelmäßig reinigen.

Beim Einbau des Einstecklaufes sollte Patronenlager und Laufwandung des Mutterlaufes einwandfrei sauber von Rückständen aller Art und leicht gefettet sein.

Es ist nicht ungewöhnlich, daß sich bei eingebautem Einstecklauf die Treffpunktlage des Büchsenlaufes der Waffe verändert. Die Ursache dafür ist ein anderes Schwingungsverhalten durch das zusätzliche Gewicht oder eine Verspannung durch nicht korrekten Einbau.

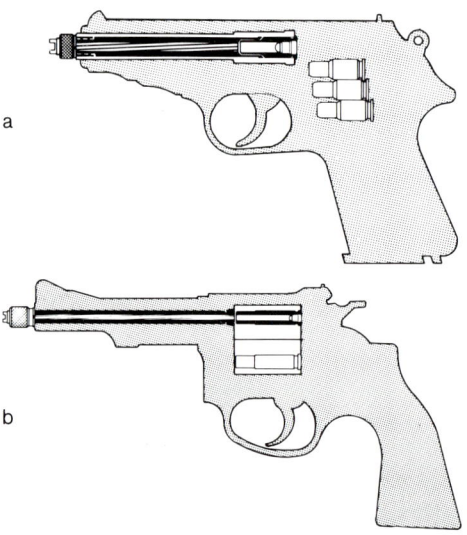

Abb. 52. Einstecklaufe zum Übungsschießen.
a: für Pistole; b: für Revolver

Einstecklaufe werden auch für Kurzwaffen hergestellt und dienen zum Übungsschießen. Die Patronen werden in vielen Fällen in Adapter geladen, die die Form der Originalpatrone der Waffe haben und mit diesen zugeführt.

1.6.2   Einsteckpatronen

Einsteckpatronen sind Adapter (Reduzierpatronen) in der Form der Originalpatrone der Jagdwaffe, die zur Aufnahme einer kleinen Patrone vom gleichen Kaliber eingerichtet sind. Sie gestatten z.B. das Verschießen einer Pistolenpatrone Kal. 7,65 mm Browning in einer Büchse Kal. .30-06 oder einer Patrone .22 lfB in einer Büchse 5,6 x 50R Magnum. Im letzteren Fall muß zur Übertragung des zentralen Schlagbolzenschlages auf den Rand der .22 lfB ein Übertragungsstück mitgeladen werden.

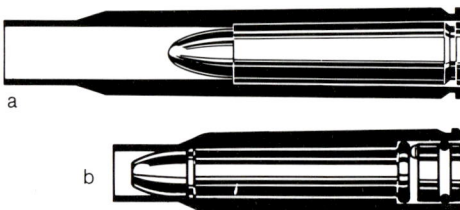

Abb. 53. Einsteckpatrone (Reduzierhülse) zum Verschießen einer kleinen Patrone gleichen Kalibers im Büchsenlauf.
a: Zentralfeuerpatrone; b: Randfeuerpatrone

Bedingt durch den sehr langen Freiflug des Geschosses und den nicht ganz passenden Drall des Laufes läßt die Schußleistung dieser Einsteckpatronen in vielen Fällen zu wünschen übrig. Ein Zusammenschießen mit der vorhandenen Visierung ist in den seltensten Fällen gegeben.

Bei einer anderen Form von Einsteckpatronen handelt es sich um richtige kleine Einstecklaufe mit einem gezogenen Laufteil, die so lang wie die Originalpatrone der Waffe oder nur unwesentlich länger sind. Hiermit lassen sich auf nicht zu große Entfernung recht gute Schußergebnisse erzielen, wenn auch hier die Visierung in der

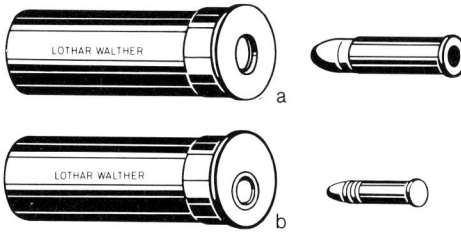

Abb. 54. Einsteckpatrone (Fangschußgeber) für den Flintenlauf.
a: für Zentralfeuerpatrone; b: für Randfeuerpatrone

Regel nicht die richtige Einstellung hat. Der Zweck dieser Patronen ist das Abgeben eines Fangschusses (z.B. Revolverpatrone Kal. .38 Special aus Einsteckpatrone Kal. 16) oder ein Übungsschießen auf kurze Entfernung (z.B. Übungspatrone Kal. 4 mm M20 in Einsteckpatrone 7 x 65R).

1.6.3 Rückstoßminderer

Rückstoßminderer haben die Aufgabe, den Rückstoß des Waffenkolbens auf die Schulter des Schützen zu verringern.

Dies läßt sich am einfachsten durch das Anbringen einer Schaftkappe aus mehr oder weniger dickem Gummi mit oder ohne Ventilationsschlitzen erreichen. Bei Flinten kommt man mit den Gummischaftkappen meist besser zurecht, wenn diese einen Rücken haben, der mit Leder oder Kunststoff belegt ist und so weniger an der Kleidung haftet.

Die Schaftkappen haben außerdem den Vorteil, daß sich eine damit ausgestattete Waffe lautloser und rutschsicherer hinstellen läßt.

Für den vorübergehenden Gebrauch gibt es aufsteckbare Schaftkappen aus Leder.

Einige Konstruktionen von speziellen Schaftkappen, die auf einen im Schaft eingebauten Stoßdämpfer wirken, sind auf den Markt gekommen, haben sich aber nicht im großen Stil durchsetzen können. Offenbar ist die konstruktiv bedingte Veränderung der Schaftlänge im Augenblick des Rückstoßes hierfür verantwortlich.

1.6.4 Mündungsaufsätze

Mündungsaufsätze sind eine andere Möglichkeit, den Rückstoß abzuschwächen. Eine sogenannte „Mündungsbremse" ist ein auf die Mündung aufgesetzter geschlitzter Vorsatz oder ein System von Schlitzen oder Bohrungen, das direkt in den Mündungsbereich des Laufes eingearbeitet ist. Derartige Vorrichtungen können in der Regel nur bei einläufigen Waffen angebracht werden. Sie dämpfen den Rückstoß um etwa 20% und verhindern bei senkrechter Anordnung der Schlitze auch in einem gewissen Maße das Hochschlagen der Mündung, was zusätzlich die Rückstoßempfindung mildert. Sie haben aber die unangenehme Eigenschaft, den Mündungsknall für Nebenstehende zu verstärken, deshalb sind diese Geräte bei Schießwettbewerben nicht erlaubt. Für Flinten sind solche Aufsätze oft mit auswechselbaren oder verstellbaren Chokes versehen.

1.6.5 Mündungsschoner

Mündungsschoner sollen verhindern, daß an der Mündung der Waffe und am Korn durch Bestoßen eine Beschädigung entsteht oder Fremdkörper in den Lauf gelangen. Sie sind aus Leder oder Gummi hergestellt und werden manchmal vor dem Schuß aus Versehen nicht abgenommen. Wenn dabei in der Regel auch nichts passiert, sollte man das Durchschießen nicht mutwillig tun, denn die gewohnte Treffpunktlage wird bei einem solchen Schuß mit großer Wahrscheinlichkeit nicht erreicht. Gegen einen vorübergehenden Regenschutz durch Klebestreifen auf der Mündung ist nichts einzuwenden.

1.6.6 Schaftmagazine

Für den Fall, daß man sich verschossen hat, oder daß man vergessen hat, Patronen einzustecken, sollen Schaftmagazine einen kleinen Vorrat von Munition in Reserve halten.

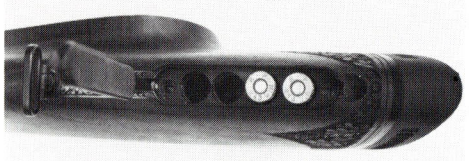

Abb. 55. Schaftmagazin für vier Büchsenpatronen.

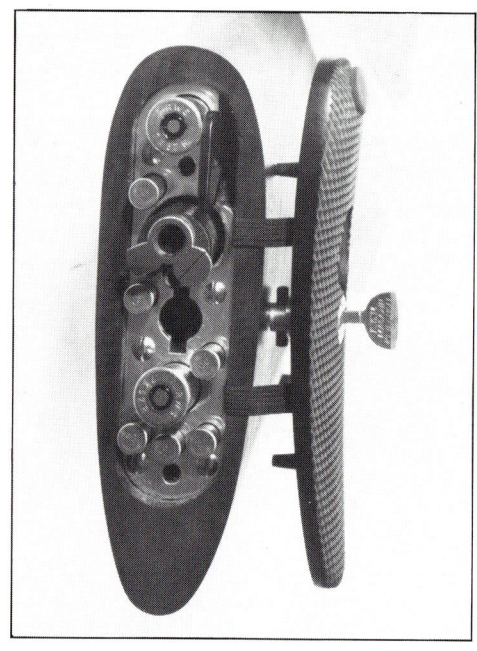

Abb. 56. Krieghoff-Schaftmagazin unter der Schaftkappe; für Büchsenpatronen und kurzen Einstecklauf.

> Es empfiehlt sich, die Patronen aus dem Schaftmagazin in regelmäßigen Abständen auszuwechseln und zu verschießen.

Sitzen sie dort lange Zeit unbeobachtet, so können sie korrodieren oder durch den vielfach wiederholten Rückstoß der Waffe können sich die Geschosse in den Hülsen lockern.

Es ist nicht ratsam, bei Waffen, die längere Zeit nicht geführt werden oder einige Zeit ohne besondere Aufsicht sind, die Schaftmagazine gefüllt zu lassen. Waffen und Munition sollten nach Möglichkeit getrennt aufbewahrt werden.

1.6.7 Zielfernrohrkappen und Gegenlichtblenden

Zweckmäßige Hilfsmittel beim Gebrauch der Zielfernrohre sind Zielfernrohrkappen und Gegenlichtblenden. Die Kappen bieten einen Schutz für die Linsen beim Transport und bei der Aufbewahrung. Auch bei Regenwetter ist es zweckmäßig, draußen im Revier die Zieloptik auf diese Weise zu schützen. Muß man die Waffe überraschend schnell einsetzen, gestatten Kappen mit Klarsichteinsätzen zumindest behelfsweise das Visieren. Besser noch sind die Schutzkappen eines amerikanischen Herstellers, deren Deckel unmittelbar vor dem Schuß auf Knopfdruck aufspringen.

Gegenlichtblenden auf dem Objektiv und Seitenlichtblenden auf dem Okular können bei tiefstehender Sonne oder bei Mondlicht die Sicht durch das Zielfernrohr deutlich verbessern.

Visiereinrichtungen

2

Visiereinrichtungen sind die auf der Waffe angebrachten Hilfsmittel oder Bauteile, die es dem Schützen ermöglichen, sein Ziel anzuvisieren, zu zielen.

Das Zielen besteht darin, die Visierlinie auf den Haltepunkt zu richten.

Hierbei ist die *Visierlinie eine gedachte Linie*, die *vom Auge* des Schützen über die vorschriftsmäßig ausgerichtete Visiereinrichtung (die Mitte der Kimme und die Spitze des Kornes bzw. die Spitze des Zielstachels oder das Fadenkreuz des Zielfernrohres) *zum Ziel* verläuft.

Der Schuß trifft den Haltepunkt nur, wenn zwei Voraussetzungen erfüllt sind. *Erstens* muß die Waffe auf die vorliegende Schußentfernung Fleck eingeschossen sein.

Trifft das nicht zu, und hat die Waffe auf dieser Entfernung z. B. einen Tiefschuß, so muß ein entsprechend höher liegender Haltepunkt gewählt werden, damit das Ziel richtig getroffen wird.

Zweitens muß das Abkommen mit dem Haltepunkt übereinstimmen. Das Abkommen ist der Punkt, auf den die Visierlinie tatsächlich zeigt, wenn der Schuß bricht.

Im Idealfall liegt das Abkommen auf dem Haltepunkt.

In der Praxis ist das leider nicht immer so. Störungen von außen oder eigene Unzulänglichkeiten veranlassen den Schützen oft „*schlecht abzukommen*". Geübte Schützen sind in der Lage, unmittelbar nach dem Schuß genau zu sagen, wo ihr Abkommen war. Sie haben daher gleich einen Anhaltspunkt für den Sitz des Schusses und können sich darauf einrichten und sich verbessern.

Ein Schütze, der nervös ist, beim Schuß die Augen schließt und muckt, kann unmöglich ein genaues Abkommen melden. Er hat nicht die Möglichkeit, sich beim nächsten Schuß zu verbessern, so daß alle seine Schießergebnisse vom Zufall bestimmt werden.

Folglich verliert der Schütze zuerst das Zutrauen zu seiner Waffe und am Ende auch das Vertrauen zu sich selbst.

Es gibt verschiedene Arten von Visiereinrichtungen. Weil die körperlichen Fähigkeiten, insbesondere das Sehvermögen, den Vorgang des Zielens entscheidend beeinflussen, soll jeder von den verschiedenen Möglichkeiten die Ausführung und Anordnung wählen, die für ihn am vorteilhaftesten ist.

2.1   Offene Visierungen für Büchsen

Die bekannteste *offene Visierung* ist fest auf dem Lauf angebracht und besteht aus *Visier und Korn*.

Die Schwierigkeit beim Zielen mit dieser Visierung besteht darin, daß Visier, Korn und Ziel drei vom Auge des Schützen sehr unterschiedlich weit entfernte Punkte darstellen. Alle drei gleichzeitig scharf zu sehen, gelingt in

der Regel nur jungen Leuten, die keinen Sehfehler haben.

Brillenträger und Menschen über vierzig, bei denen die altersbedingte Weitsichtigkeit eingesetzt hat, haben hierbei Schwierigkeiten und machen unvermeidbare Zielfehler.

Den Altersichtigen kann in einem gewissen Rahmen damit geholfen werden, daß eine grobere Visierung angebracht wird, die aus einem Visier mit sehr weiter Kimme und einem dicken Korn besteht. Es hilft auch, wenn das Visier vom Auge fort, weiter nach vorn auf den Lauf verlegt wird.

Die offene Visierung hat gegenüber den optischen Visierungen den Vorteil, daß sie im Gebrauch robuster ist und eine rauhere Behandlung verträgt.

Dagegen sind hier *Zielfehler* verschiedener Art möglich. Die durch ungenaues Visieren *vom Schützen verursachten Zielfehler* sind im Abschnitt 10.1: Schießen mit der Büchse – beschrieben. Aber auch durch ungünstige Beleuchtung kann der Schütze *ungewollte Zielfehler* machen. Bei schlechtem Licht sieht er das Korn nicht mehr so gut und wird dazu verleitet, Vollkorn zu nehmen. Die Folge ist ein Hochschuß. Starker Lichteinfall von oben erzeugt eine glänzende Randschicht auf dem Korn und macht dieses höher als es ist. Das bedeutet, der Schütze zielt in Wirklichkeit mit Feinkorn und schießt tief.

Einseitige Beleuchtung des Kornes läßt dieses auf der Seite des Lichteinfalls optisch dicker erscheinen. Der Schuß weicht zu der dem Licht abgewandten Seite ab.

Bei Büchsen mit Zielfernrohr, vor allem wenn ein variables Glas montiert ist, wird oft ganz auf die offene Visierung verzichtet. Über die Zweckmäßigkeit dieser Maßnahme kann man geteilter Meinung sein. Es besteht immerhin die Möglichkeit, daß das Zielfernrohr einmal durch Beschädigung ausfällt, oder daß man mit der Büchse in der Dickung ein Stück Wild nachsuchen muß. In beiden Fällen könnte der Jäger auf die offene Visierung angewiesen sein.

In den meisten Fällen bestehen die offenen Visierungen aus einem mit Neusilber oder Messing belegten Perl- oder Balkenkorn und einem Visier mit halbrundem oder rechtreckigem Kimmeneinschnitt. Die Visierungen mit V-förmiger Kimme und Dachkorn waren früher für Militärgewehre gebräuchlich und wurden außerdem bei einigen Kleinkaliberwaffen angewendet. Für jagdliche Zwecke eignen sie sich nicht.

Für das Flüchtigschießen werden die Kimmen entweder sehr weit gemacht oder nur durch eine weite V-Form der Visieroberseite angedeutet. Eine sehr beliebte Fluchtvisierung besteht aus einem Perlkorn mit einer hohl geformten halben Laufschiene als Visier.

> Es ist zweckmäßig, die offenen Visierungen so einzuschießen, daß auf eine Entfernung von 100 m Fleckschuß ist, denn auf größere Distanz werden sie kaum eingesetzt.

Aus diesem Grunde werden auch die früher gebräuchlichen aufstellbaren Visierklappen für 200 und 300 m heute nur noch selten auf den Büchsen angebracht.

Das Lochvisier. Eine besondere Form der offenen Visierung ist das *Lochvisier*. Ähnlich wie beim *Dioptervisier* der Sportschützen befindet sich in kurzem Abstand vom Auge des Schützen eine ringförmige *Lochkimme*, die beim Zielen nur ganz unscharf wahrgenommen wird, aber eine sehr gute Zentrierung der Kornspitze in dem Lochausschnitt ermöglicht. Der Vorteil dieser Visierung ist, daß wegen der langen Visierlinie Zielfehler weit weniger ins Gewicht fallen und daß die *Lochkimme wie eine Blende* wirkt und so dem alterssichtigen Schützen wieder zu einem klaren Visierbild verhilft.

Bei einsetzender Dämmerung versagt diese Visierung allerdings bald.

Flintenvisiere. Bei Flinten finden wir diese zweiteiligen Visierungen normalerweise nicht. Ausnahmen sind die Selbstlade- oder Repetierflinten mit Spezialläufen für das Verschießen von Flintenlaufgeschossen, die eine richtige Büchsenvisierung haben.

> Beim Schrotschuß ist ein Zielen wie beim Kugelschuß ja nicht üblich (s. hierzu Abschnitt 10.2: Schießen mit der Flinte!). Jede Art von Visierung behindert die Konzentration auf das Ziel und lenkt vom freien Schwingen ab.

Daher ist normalerweise auf der Flinte nur ein unscheinbares Perlkorn angebracht. Bei langläufigen Sportflinten findet sich manchmal auf der halben Länge der Lauf-schiene ein kleines Hilfskorn.

Spezialvisiere für Flinten, die auf die Laufschiene oder die Läufe aufgesteckt oder angeschraubt werden, hat es im Laufe der Zeit in den verschiedensten Ausführun-gen gegeben. Manche davon können bei einem Schuß auf sitzendes oder sich lang-sam bewegendes Wild, vor allem in der Dämmerung vorteilhaft sein. Weil sie zum Zielen verleiten, sind sie bei schnellen Schnappschüssen eher hinderlich.

2.2   Zielfernrohre

Die Zielfernrohre, deren Aufbau und Wir-kungsweise im Kapitel 3: Jagdoptik – be-schrieben ist, sind heute die allgemein be-vorzugte Art der Visierung für den Büchsen-schuß. Ihre Vorteile gegenüber der offenen Visierung liegen auf der Hand.

Das Zielen ist erheblich einfacher, weil nur das Absehen mit dem Ziel in Dek-kung gebracht werden muß. Das Ziel selbst erscheint vergrößert und bei Dämmerung oder schlechter Sicht deut-licher und heller abgebildet.

Ein *Nachteil des Zielfernrohres* ist es, daß das Ziel durch das begrenzte Gesichtsfeld schlecht aufgefaßt werden kann, wenn es einmal schnell gehen muß und die Schuß-entfernung gering ist.

Für das *Flüchtigschießen* werden daher gern *Spezialfernrohre* verwendet, die bei 1–2^1/$_2$-facher Vergrößerung ein sehr *großes Gesichtsfeld* und unkomplizierte Absehen als Punkt oder Zielstachel haben. Die 1–1^1/$_2$-fachen Vergrößerungen bieten den Vorteil, daß sich das Zielbild gut in das vom Auge neben dem Zielfernrohr wahrge-nommene Gesamtbild einfügt.

Für den *normalen Jagdgebrauch* eignen sich die *Gläser mit 4–6-facher Vergröße-rung*. Die großen und unhandlichen 8-fachen Zielfernrohre sind speziell für den Ansitz bei ungünstigen Beleuchtungs-verhältnissen gedacht.

Großer Beliebtheit erfreuen sich die Zielfernrohre mit *variabler Vergrößerung*. Sie können sowohl bei der Drückjagd als auch beim Ansitz verwendet werden, obwohl sie gegenüber einem reinen Flüch-tigzielfernrohr viel voluminöser sind und machmal nicht ganz die Dämmerungsei-genschaften bringen wie ein reines Ansitz-glas.

Zielfernrohrmontagen. Zu den Zielfern-rohren gehören die Montagen, mit denen diese auf den Waffen befestigt werden. Montagen sind in vielen Fällen die Ursa-che einer schlechten Schußleistung (s. Abschnitt 7.1.3: Schußleistungsprüfung). In der Regel gestatten sie das Abnehmen des Zielfernrohres für den Transport der Waffe oder die Benutzung der offenen Visierung. Seitdem vielfach variable Ziel-fernrohre im Gebrauch sind, wird die frü-her übliche hohe Art der Montage mit Untendurchsicht   zum   wahlweisen Gebrauch der Visierungen immer weniger verwendet. Die hohe Montage bedingt eine unnatürliche Kopfhaltung im Anschlag, weil die Wange des Schützen oft den Kon-takt mit dem Schaftrücken verliert, und die Treffpunktlage über Visier und Korn kann mit oder ohne das aufgesetzte Zielfernrohr verschieden sein.

Die *klassische Zielfernrohrmontage* ist die *Suhler Einhakmontage,* manchmal auch als   Vierfuß-Einhakmontage   bezeichnet. Die beiden Vorderfüße werden beim Auf-setzen des Zielfernrohres in entsprechend geformte Schlitze der vorderen Basisplatte eingeführt und dann das hintere Ende des Rohres niedergedrückt, bis die hinteren Füße in die hintere Basisplatte einrasten und von dem Schieber festgehalten und verriegelt werden.

Der Vorgang muß ohne Gewaltanwen-dung erfolgen, weil sonst die sorgfältig ein-gepaßten Füßchen verbogen werden kön-nen und die Montage Schaden nimmt.

Bei der *Schwenkmontage,* die mit großer Genauigkeit maschinell vorgefertig ist und bei der deshalb kaum noch Paßarbeit anfällt, gibt es nur einen soliden Drehzap-fen als Vorderfuß. Dieser Zapfen wird quer

Abb. 58. Suhler Einhakmontage auf Repetierbüchse Mauser 66.

Abb. 59. Repetierbüchse Sauer 200 mit Eramatic-Schwenkmontage, System Blaser.

Abb. 60. Aufkippmontage auf Repetierbüchse Mauser 98

zur Laufrichtung in die Basisplatte eingesteckt und das Zielfernrohr sodann in seine Gebrauchslage geschwenkt, bis der Hinterfuß durch Schnäpper oder Hebel arretiert werden kann.

Die Schwenkmontage gestattet, das Zielfernrohr niedrig über dem Lauf zu montieren und ggf. mehrere Zielfernrohre für die gleiche Basis vorzusehen.

Aufschub- oder Aufkippmontagen werden auf die an den Waffen vorhandenen Prismenschienen oder nachträglich angebrachten Prismensockeln aufgesetzt und durch Hebel oder Schrauben befestigt. Diese Montagen werden vorwiegend für Kleinkaliberwaffen eingesetzt, vor allen Dingen da, wo ein häufiges Auf- und Abnehmen der Zielfernrohre nicht in Frage kommt.

2.3 Sondervisierungen

Seit einigen Jahren sind Visiereinrichtungen im Handel, die äußerlich kleinen Zielfernrohren ähnlich sehen und bei denen das Absehen aus einem hell leuchtenden, roten Punkt besteht.

Der Punkt wird entweder in einem optischen System durch das einfallende Tageslicht oder durch eine batteriebetriebene Leuchtdiode erzeugt und in den Durchblick eingespiegelt. Normalerweise arbeiten diese Geräte ohne Vergrößerung. Schwach vergrößernde Vorsätze sind aber bei einem Fabrikat vorgesehen.

Diese Visierungen werden wie Zielfernrohre eingeschossen. Beim Durchsehen entsteht optisch der Eindruck, daß der Punkt in die Gegend projiziert ist. Sie eignen sich daher vor allen Dingen für das Flüchtigschießen und sind, weil der Leuchtpunkt vom Auge schneller und deutlicher erfaßt wird als ein Zielfernrohrabsehen, eine gute Alternative zum Drückjagd-Zielfernrohr.

Neuerdings sind Zielfernrohre importiert worden, bei denen eine rot leuchtende Markierung im Absehen durch einen Schalter in Betrieb gesetzt werden kann.

Der Wert dieser Einrichtung für das Schießen bei starker Dämmerung ist zweifelhaft, weil der Lichtpunkt das Ziel so stark überstrahlt, daß dieses nicht mehr genau ausgemacht werden kann.

Versuche haben bewiesen, daß stark vergrößernde konventionelle Zielfernrohre guter Qualität in der Dämmerung ein besseres Abkommen ermöglichen.

Die Leuchtpunktabsehen waren lange Zeit verbotene Gegenstände (§ 37 WaffG) und nur mit einer Sondererlaubnis zu erwerben. Über die jagdliche Verwendung bestand Unklarheit, ob sie von den sachlichen Verboten des § 19 Jagdgesetz betroffen sind.

Nach neuester Regelung sind sie jedoch für den Jäger frei zu erwerben und von der Beschränkung durch den § 19 Jagdgesetz freigestellt. Dabei war die Feststellung entscheidend, daß sie konventionellen Geräten in der Praxis nicht überlegen sind und nicht unter den Begriff „Nachtzielgerät" im Sinne des Gesetzes fallen.

3
Jagdoptik

Neben der Waffe ist die optische Ausrüstung ein wichtiges technisches Hilfsmittel für den Jäger. Das scheue Verhalten der Wildtiere und die damit verbundenen großen Fluchtdistanzen erfordern für das Beobachten leistungsstarke Ferngläser und bei der Jagd für einen sicheren Schuß hochwertige Zielfernrohre.

Außer den physikalischen Grundlagen der Jagdoptik werden in diesem Abschnitt optische Begriffe sowie Qualitätsmerkmale erläutert bzw. aufgeführt. Ferner wird auf Besonderheiten der unterschiedlichen Bauarten von Ferngläsern, Spektiven und Zielfernrohren eingegangen.

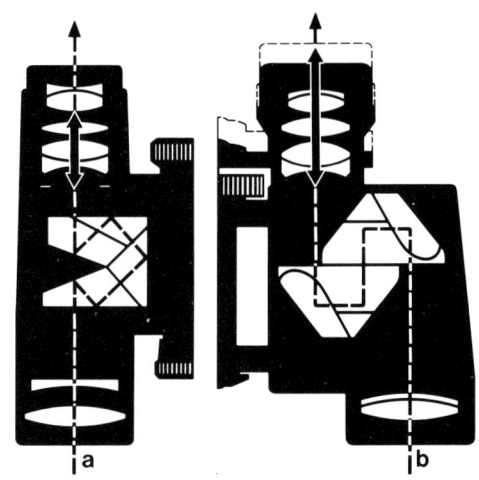

a b

Abb. 62. Strahlengang in den beiden gebräuchlichsten Fernglastypen
a: mit Dachkant-Prismen; b: mit Porro-Prismen

Optische Grundbegriffe. Ferngläser – in diese Betrachtungen sind Zielfernrohre eingeschlossen – haben die Aufgabe, entfernte Gegenstände dem menschlichen Auge durch Vergrößerung näher zu bringen, um Einzelheiten besser erkennen zu können. Dazu bedient man sich der lichtbrechenden Eigenschaft von Glaskörpern bestimmter Form (Linsen, Prismen). Ein Fernglas besteht aus dem Objektiv, dem Umkehrsystem und dem Okular. Die in das Objektiv einfallenden Lichtstrahlen liefern ein höhen- und seitenverkehrtes Bild, das durch das Umkehrsystem wieder richtiggestellt und in der Okularbildebene mit dem Okular betrachtet wird. Das Umkehrsystem wird bei Ferngläsern aus Prismen und bei Zielfernrohren aus einer Linsenkombination gebildet (siehe Schnittdarstellungen).

Die *Vergrößerung* gibt an, um wieviel näher ein Objektiv erscheint, wenn es statt mit bloßem Auge mit dem Fernglas betrachtet wird. Das scheinbare Näherrücken läßt sich berechnen, indem die tatsächliche Entfernung durch die Vergrößerung geteilt wird.

Der *Objektivdurchmesser* ist neben der Vergrößerung die zweite Kennziffer, die auf einem Fernglas eingraviert ist. Damit wird der wirksame Durchmesser des Objektivs bezeichnet (Eintrittspupille). Der Zusatz „*wirksame*" ist deshalb angebracht, weil bei manchen Gläsern der von außen meßbare Objektivdurchmesser nicht immer mit dem tatsächlichen freien Durchmesser identisch ist. Denn zur Vermeidung von optischen Fehlern, wie z. B. mangelnde Randschärfe, werden bei Gläsern minderer Qualität Blenden eingebaut.

Mit der Ermittlung des Durchmessers der *Austrittspupille* läßt sich aber leicht feststellen, ob die angegebenen Kenndaten auch zutreffen. Der Objektivdurchmesser dividiert durch die Vergrößerung ergibt nämlich den Durchmesser der Austrittspupille. Entspricht der errechnete Wert nicht dem gemessenen, stimmt entweder der angegebene Objektivdurchmesser oder die Vergößerung nicht mit den Angaben überein.

Die Austrittspupille ist das die Bildinformation enthaltende, aus dem Okular austretende, kreisrunde „Lichtbündel" am Auge des Betrachters. Bei einem korrekt abgestimmten, optischen System erscheint die Austrittspupille als gleichmäßig helle Kreisfläche, wenn man aus ca. 30 cm Entfernung gegen das Okular blickt. Die Pupille des Auges öffnet sich bei einem erwachsenen, jungen Menschen nur bis auf etwa 7 mm. Mit zunehmendem Alter nimmt diese sogenannte Adaptionsfähigkeit (Anpassung an die Helligkeit) aber ab, so daß ältere Leute nur noch eine Pupillenöffnung von maximal 4 mm haben. Es ist daher nutzlos, ein Glas mit größerer Austrittspupille zu wählen. Bei der Neuanschaffung eines Fernglases oder Zielfernrohres sollte dieser Umstand berücksichtigt werden.

Der Durchmesser der Austrittspupille ist zwar für die Bildhelligkeit bestimmend, nicht aber für die Dämmerungsleistung. Die früher verwendeten Begriffe „Lichtstärke" oder „Geometrische Lichtstärke" sind schon längst nicht mehr aktuell, und deshalb soll dieses Thema hier auch nicht noch einmal aufgewärmt werden, indem dazu Stellung genommen wird. Trotzdem werden diese Zahlen immer noch in einigen Katalogen aufgeführt.

Für die Fähigkeit des Sehens und Erkennens bei schlechten Lichtverhältnissen ist eine andere Größe eingeführt worden: Die *Dämmerungsleistung* bzw. die Dämmerungszahl. Rein rechnerisch ist dies die Quadratwurzel aus dem mit der Vergrößerung multiplizierten Objektivdurchmesser. Die Dämmerungsleistung nimmt also mit zunehmendem Objektivdurchmesser und/ oder Vergrößerung zu. Diese Erkenntnis ist das Ergebnis wissenschaftlicher Untersuchungen. Eine hohe Dämmerungsleistung ist allerdings nur vertretbar, wenn die Austrittspupille nicht größer ist als die Augenpupille, und wenn ein unterer Grenzwert von 3–4 mm nicht unterschritten wird. Letzteres wird zumindest jedem Besitzer eines Spektives sofort einleuchten: Ein Spektiv 30×60 hat die respektable Dämmerungszahl von 42,4, ein als „Nachtglas" gerühmtes Fernglas 8×56 aber nur die Hälfte, nämlich 21,2. Jeder Praktiker weiß aber, daß er ein Spektiv schon längst zusammengeschoben hat, während er mit dem 8×56 noch gut sehen kann.

Eine weitere Kenngröße ist das *Sehfeld*. Damit wird der überblickbare Bildausschnitt bezogen auf 1000 m (bei Zielfernrohren 100 m) angegeben. Maßgebend dafür ist nicht der Objektivdurchmesser, sondern die Vergrößerung und vor allem das Okular, das es bei entsprechend konstruktiver Auslegung auch Brillenträgern ermöglicht (nach Umstülpung der Gummi-

manschette), das volle Sehfeld beizubehalten. Ein großes Sehfeld ist vorteilhaft, weil es das Auffinden eines Objektes erleichtert.

Qualitätsmerkmale. Aus den auf der Jagdoptik gravierten Angaben ergeben sich die weiteren nachprüfbaren Kenndaten (Durchmesser der Austrittspupille, Dämmerungsleistung), aus denen sich die wichtigsten Beurteilungskriterien ableiten lassen. Andere Merkmale sind nur mit z. T. aufwendigen Laboruntersuchungen zu bestimmen oder sogar überhaupt nicht meßtechnisch erfaßbar, weil sie nämlich subjektiver Art sind.

Selbstverständlich erwartet man beim Blick durch ein Fernglas ein gestochen scharfes Bild, und zwar nicht nur in der Mitte, sondern auch zum Rand hin. Das optische System muß also über die gesamte Bildfläche ein gleichmäßiges, hohes *Auflösungsvermögen* gewährleisten. Ein großes Sehfeld bringt kaum einen Vorteil, wenn die *Randschärfe* nicht vorhanden ist. Aber die Schärfe allein macht noch nicht den Bildeindruck aus. Dafür ist die *Brillanz* des Bildes von ausschlaggebender Bedeutung. Das Bild soll kontrastreich, farbtreu, ohne Farbstich und Grauschleier sein. Zur Realisierung dieser Forderung trägt die *Vergütung* wesentlich bei. Zur Herabsetzung von Reflexionen werden die Glasflächen mit einer mineralischen Substanz bedampft. Bei hochwertigen Gläsern werden nicht nur die außenliegenden Flächen des Objektivs und des Okulars vergütet, sondern *alle* Luft-Glas-Flächen auch innerhalb des optischen Systems. Geschieht dies nicht, ergibt sich durch Reflexionen Streulicht, was ein kontrastarmes, flaues Bild zur Folge hat.

Durch die Vergütung wird aber nicht nur der Kontrast gesteigert, sondern auch die *Lichtdurchlässigkeit*. Wenn man sich vor Augen hält, daß an jeder Luft-Glas-Fläche durch Reflexionen ein Lichtverlust von 4 bis 7 % entsteht, läßt sich leicht einsehen, daß sich dies auf die Bildhelligkeit auswirken muß. Die Lichtdurchlässigkeit kommt aber in keiner der in den Tabellen angegebenen Kenndaten zum Ausdruck.

Diese beruhen ausschließlich auf rechnerischen Werten.

Ein weiteres Qualitätsmerkmal ist die mechanische Verarbeitung. In der jagdlichen, oft sehr rauhen Praxis, wird die Jagdoptik vielfachen Belastungen ausgesetzt. So ist z. B. eine gewisse Robustheit gegenüber Stoßbeanspruchungen unbedingte Voraussetzung für einen störungsfreien Einsatz. Das gleiche gilt für die Abdichtung gegen Wasser und Staub, für den zuverlässigen Korrosionsschutz von Stahlteilen (Zielfernrohre) sowie für die Exaktheit und Leichtgängigkeit der Scharfeinstellung und der Dioptrienkorrektur auch bei tiefen Temperaturen.

Ferngläser. Schon seit längerer Zeit erfreuen sich die Ferngläser der schlanken Bauformen zunehmender Beliebtheit bei Jägern. Der Grund dafür ist die bessere Handlichkeit gegenüber der herkömmlichen bauchigen Bauweise, denn die optische Güte der beiden Typen ist gleichwertig. Die unterschiedliche äußere Gestaltung ergibt sich aus der Anordnung und Form der Umkehrprismen. Während in der kurzen, gedrungenen Ausführung sogenannte „Porro-Prismen" verwendet werden, bedient man sich bei den schlanken, längeren Modellen der Dachkantprismen.

Ein ermüdungsfreies Betrachten, auch über längere Zeit, ist nur möglich, wenn der Strahlengang beider Fernglashälften absolut parallel verläuft. Das erfordert allerhöchste mechanische Präzision und sorgfältigste Justierung. Doch hier hapert es gelegentlich auch bei Gläsern der gehobenen Preiskategorie. Ein Test kann aber leicht selbst durchgeführt werden. Dazu betrachtet man einen nicht allzu hellen Stern, indem die Augen auf „Leerlauf" gestellt werden, d. h., ein vielleicht krampfhaftes Bemühen, den Stern scharf zu sehen, soll unterbleiben. Sind die Bilder der beiden Fernrohrhälften nicht deckungsgleich, sieht man den Stern doppelt, wobei die Entfernung und Lage zueinander Aufschluß über das Ausmaß und die Art der Dejustierung gibt.

Für den Bedienungskomfort ist primär die Handhabung der Fokussierung (Scharfeinstellung) kennzeichnend. Fast alle Gläser sind mit einer Mitteltrieb-Fokussierung und zusätzlich mit einem Dioptrienausgleich für ein Okular ausgestattet. Mit dem Dioptrienausgleich wird die Optik der individuellen Sehkraft der Augen angepaßt. Einzeln einstellbare Okulare stellen eine deutliche Komforteinbuße dar, erhöhen aber durch den Wegfall komplizierter Mechanik und von Abdichtungsproblemen die Robustheit erheblich. Komfortfördernd ist die den Augenabstand regulierende

Abb. 63. Die Bauform der Ferngläser ergibt sich aus der Art der verwendeten Prismen. Rechts Fernglas mit Porro-, links mit Dachkant-Prismen.

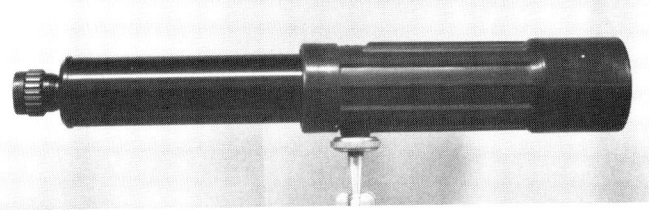

Abb. 64. Swarovski-Spektiv
30 × 75 (ausgezogen).

Knickbrücke ebenso wie die heute beinahe immer angebotene Gummiarmierung, die das Glas nicht nur stoßunempfindlicher macht, sondern auch zu einem geräuscharmen Tragen beiträgt. Auf die Fernglasanwendung für Brillenträger ist bereits unter dem Stichwort „Sehfeld" hingewiesen worden.

Wenn man vor der Kaufentscheidung für ein Fernglas steht, muß der überwiegende Verwendungszweck in die Überlegungen einbezogen werden. Für die Tagbeobachtung und bei der Pirsch ist ein leichtes, handliches Glas, z. B. 8 × 30 oder im Gebirge ein 10 × 40 zweckmäßig, während für das Sehen in der Dämmerung und beim Nachtansitz ein „Nachtglas", wie etwa 7 × 42 oder 8 × 56 mit hoher Dämmerungsleistung geeignet ist. Beim Beobachten aus der freien Hand sind der Vergrößerung Grenzen gesetzt, weil mit zunehmender Vergrößerung die Neigung zum Verwackeln steigt. So gilt allgemein eine zehnfache Vergrößerung als Grenze für die Freihandbeobachtung. Soll der Vorteil einer stärkeren Vergrößerung genutzt werden, sind die Voraussetzungen dafür zu schaffen (z. B. feste Auflage, Anlegen an den Bergstock).

Spektive. Spektive sind monokulare Beobachtungsfernrohre mit starker Vergrößerung. Dadurch ist bereits der Hauptanwendungsbereich charakterisiert: das Erkennen feiner Details über große Distanzen. Bei der Jagd im Hochgebirge oder in weitläufigen Feldrevieren, kurz, überall dort, wo ein normales Fernglas nicht ausreicht, ist das Spektiv ein unentbehrliches Hilfsmittel. Dies empfindet besonders der Jäger, der ein derartiges Gerät schon länger geführt und sich daran gewöhnt hat. Denn gewöhnungsbedürftig ist es zweifel-

los. Da ist zunächst das ungewohnte einäugige Sehen, das aber bei einiger Übung bald keine Schwierigkeiten mehr bereitet. Ein Handicap ergibt sich aus dem kleinen Sehfeld, wodurch das schnelle Finden eines „Zieles" erschwert wird. Besonders bei sich bewegendem Wild in unübersichtlichem Gelände ist dann die „Visierung" hilfreich, die bei manchen Spektiven in die Gummiarmierung integriert ist. Bedingt durch die starke Vergrößerung ist ein freihändiges Beobachten wegen der Verwackelung kaum möglich. Deshalb muß immer eine feste Auflage (Hochsitzbrüstung) oder ein Stativ vorhanden sein. Das eingeschränkte Dämmerungssehen wurde schon zuvor erwähnt. Letztlich müssen auch die großen Abmessungen und das relativ hohe Gewicht als Nachteil angesehen werden, wenngleich der Transport mit einer Tragevorrichtung mühelos ist. Bei dieser Tragweise ist dann allerdings das Spektiv nicht sofort „schußbereit".

Mit Ausnahme des Zeiss-Spiegelspektivs müssen die anderen für die Jagd verwendeten Fernrohre zum Gebrauch einmal oder mehrmals ausgezogen werden. Das Umkehrsystem besteht bei modernen leistungsstarken Spektiven, wie z. B. Optolyt oder Habicht (Swarovski) aus mehreren Prismen, bei anderen Bauarten kommen Linsenkombinationen zum Einsatz. Die Fokussierung erfolgt immer am Okular,

Abb. 65. Swarovski-Spektiv 30 × 75 (eingeschoben).

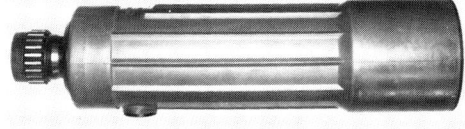

entweder direkt oder durch ein, seitlich davon angebrachtes Rändelrad. Da keine weiteren Einstellelemente vorhanden sind, ist die Handhabung von Spektiven in dieser Hinsicht unproblematisch.

Zielfernrohre. Ein modernes Jagdgewehr – gleichgültig ob Büchse oder kombinierte Waffe – ist ohne Zielfernrohr kaum noch vorstellbar. Selbst auf ausgesprochenen Drückjagdwaffen, wie Doppelbüchsen, ist diese Art der Zieleinrichtung häufig anzutreffen. Die Gründe dafür liegen auf der Hand: Durch die Anwendung eines Zielfernrohres ist ein präzises Schießen viel eher möglich als über Visier und Korn. Wie ist das zu erklären? Das menschliche Auge ist unfähig, unterschiedlich weit entfernte Gegenstände gleichzeitig scharf zu sehen. Es gelingt also nicht, die drei Bildebenen Visier (Kimme), Korn und Ziel gleichzeitig und mit gleicher Schärfe auf der Netzhaut abzubilden. Das Zielfernrohr löst dieses Problem in idealer Weise: Durch die Optik erscheint das Ziel und das Absehen auf *einer* Bildebene, darüberhinaus wird das Ziel auch noch vergrößert dargestellt.

Der prinzipielle optische Aufbau eines Zielfernrohres ist zuvor schon beschrieben worden. Als Besonderheit muß erwähnt werden, daß die Austrittspupille 7–9 cm hinter dem Okular liegt. Durch diese Auslegung des Okulars wird der volle Bildausschnitt bei einem Augenabstand von 7–9 cm wahrgenommen. Damit werden Augen- und Kopfverletzungen des Schützen bei der Rückstoßbewegung des Gewehres vermieden.

Durch die Position des Absehens sind zwei verschiedene Typen von Zielfernrohren gekennzeichnet. Das Absehen kann sich nämlich in der Objektiv- oder in der Okularbildebene befinden.

Aus dieser unterschiedlichen Anordnung ergeben sich aber entscheidende Eigenarten und Konsequenzen. Bei den meisten Zielfernrohren europäischer Hersteller ist das Absehen in der Objektivbildebene plaziert. Diese Bauart ist robuster und damit störungsunanfälliger, weil für die Beibehaltung einer konstanten Treffpunktlage nur die absolut feste Lagerung des Absehens und des Objektivs bedeutend sind. Das Umkehrsystem und das Okular könnten theoretisch ein wenig wackeln, ohne daß dies eine Zielverschiebung zur Folge hätte. Befindet sich das Absehen aber in der Okularbildebene, bewirken schon geringste Versetzungen des Umkehrsystems oder des Okulars Verände-

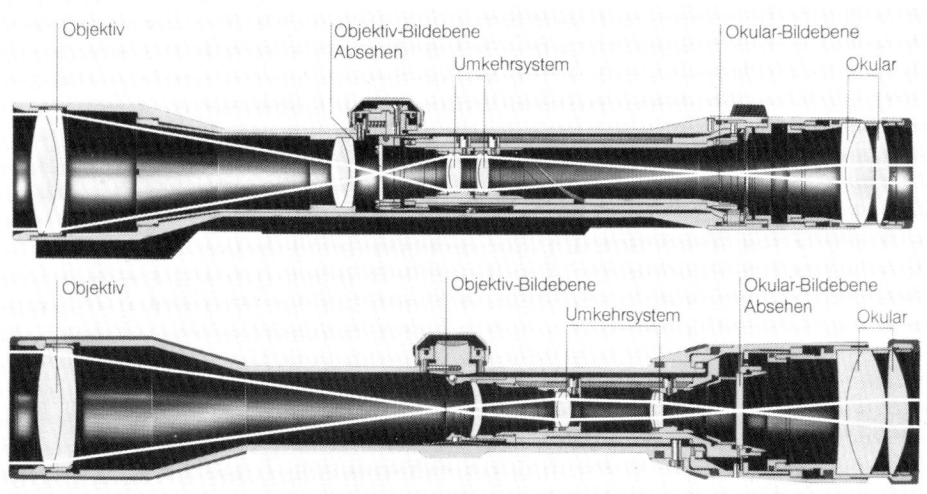

Abb. 66. Die Schnittmodelle lassen den Strahlengang und die Lage des Absehens erkennen.

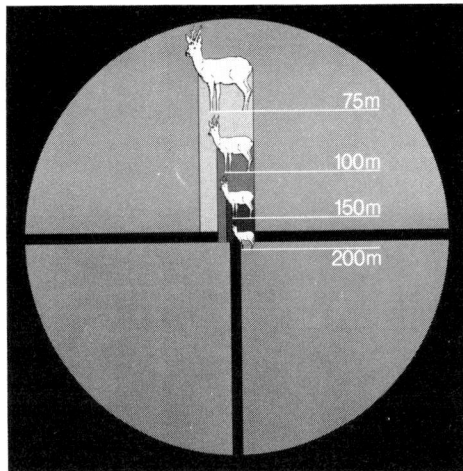

Abb. 67. Das Absehen als Hilfsmittel beim Entfernungsschätzen.

rungen der Ziellinie. Deshalb werden bei diesen Zielfernrohren besonders hohe Anforderungen an die mechanische Präzision gestellt. Dies gilt speziell für Zielfernrohre mit variabler Vergrößerung.

Die gelegentlich geäußerte Ansicht, das Tragen einer Brille oder von Haftschalen könnte eine Treffpunktverlagerung bewirken, ist nicht zutreffend. Unabhängig von der Bauart des Zielfernrohres wird das Ziel immer zusammen mit dem Absehen in der Okularbildebene betrachtet. Es spielt dabei keine Rolle, ob dies durch eine Brille oder mit bloßem Auge geschieht, die Ziellinie ändert sich in keinem Fall.

Unterschiedlicher Lichteinfall in das Objektiv oder Okular kann sich ebenfalls nicht auf die Treffpunktlage auswirken, weil das Absehen so weit im Inneren des Zielfernrohres liegt, daß eine ausgeprägte einseitige Beleuchtung nicht möglich ist. Vorausgesetzt, das Zielfernrohr weist keine Mängel auf, können optische Einflüsse als Ursache für Trefferverlagerungen ausgeschlossen werden. Abweichungen ergeben sich nur durch mechanische Einwirkungen auf die Waffe oder das Zielfernrohr (siehe hierzu Abschnitt 10.1: Schießen mit der Büchse).

Das Absehen bietet dem Jäger eine gute Möglichkeit zum *Entfernungsschätzen*.

Solange die Vergrößerung konstant bleibt, funktioniert diese Methode bei beiden Zielfernrohrtypen, vorausgesetzt, man kennt den Abstand zwischen den Balken des Absehens bezogen auf eine Entfernung von 100 m. Der Unterschied zwischen den beiden Typen wird bei variabler Vergrößerung augenfällig. Befindet sich das Absehen in der Objektivbildebene, wird bei einem Wechsel der Vergrößerung das Absehen in dem gleichen Verhältnis wie das Ziel mitvergrößert. Das Entfernungsschätzen kann also bei jeder beliebigen Vergrößerung in der gleichen Weise vorgenommen werden. Im Gegensatz dazu bleibt das Absehen des anderen Zielfernrohrtyps bei jeder Vergrößerung konstant, und nur die Zieldarstellung ändert sich. Es ergeben sich demnach für jede Vergrößerung unterschiedliche Balkenabstände, so daß diese Zielfernrohre für das Entfernungsschätzen ungeeignet sind.

Die folgenden Ausführungen gelten wieder für beide Zielfernrohrbauarten.

Moderne Zielfernrohre haben ein *zentriertes Absehen*, d.h., das Absehen bleibt bei dessen Verstellung immer in der Bildmitte. So komfortabel diese Einrichtung auch ist, so kann sie doch Probleme mit sich bringen. Ist nämlich ein Endpunkt der horizontalen oder vertikalen Verstellung erreicht, kann dies nicht mehr durch die Position des Absehens im Bild erkannt werden. Versucht man dann weiter zu korrigieren, bleibt das Absehen in der Endlage stehen. Manche Hersteller versehen deshalb die Verstellscheiben mit einer zusätzlichen Skala oder Markierung, aus denen die jeweilige Lage des Absehens hervorgeht.

Zu den komfortfördernden Entwicklungen bei Zielfernrohren gehörte auch die generelle Einführung von Höhen- und Seitenverstellungen sowie die *Klickverstellung*. Der früher für die Seitenverstellung zuständige Support am Hinterfuß der Zielfernrohrmontage dient heute nur noch – wenn er überhaupt vorhanden ist – der Grobjustierung. Die Klickverstellung erhielt ihre Bezeichnung durch die Rasterung der Absehen-Justierscheibe. Damit ist die

Abb. 68. Aus der Position der Verstellscheibe (oben, Zeiss-Z) oder der seperaten Skala (unten, Schmidt & Bender) erkennt man die Lage des Absehens.

Treffpunktlagenkorrektur vereinfacht worden, weil eine Raste einer genau definierten Treffpunktverlagerung auf 100 m Entfernung entspricht. Leider hat sich die Industrie noch nicht zu einer Normung entschließen können, so daß die Teilung der Rasten von Fabrikat zu Fabrikat uneinheitlich ist. Das gleiche gilt auch für die Richtungsänderung des Absehens. Rechts-

oder Linksdrehung der Justierscheibe ist also nicht bei allen Fabrikaten gleichbedeutend mit einer bestimmten Richtungsänderung. Um den Munitionsverbrauch beim Einschießen einzuschränken, sollte sich deshalb der Jäger die Bedienungsanleitung zu dem Zielfernrohr sorgfältig durchlesen.

Um die *Auswahl des Absehens* gibt es in Jägerkreisen immer wieder heiße Diskussionen. Dabei werden nicht selten subjektive Argumente vorgebracht. Das ist auch nicht verwunderlich, denn es gibt nur wenige sachlich begründete Auswahlkriterien

Die Absehen 1 und 4 werden wegen ihrer universellen Einsatzmöglichkeit am häufigsten verlangt. Sie eignen sich für einen punktgenauen Schuß bei hellem Tageslicht ebenso wie für das Schießen bei schlechten Lichtverhältnissen. Die relativ dicken Balken sind auch noch in der Dämmerung gut zu erkennen, so daß man sich daran orientieren kann. Ist das Fadenkreuz des Absehens 4 nicht mehr zu sehen, muß allerdings berücksichtigt werden, daß, im Gegensatz zum Absehen 1, das Anvisieren mit der Balkenoberkante eine Trefferverlagerung (Tiefschuß) ergibt. Die Absehen mit einem dünnen Fadenkreuz (Nr. 6) sind für jagdliche Zwecke weniger geeignet (fehlende Möglichkeit des Entfernungsschätzens), ihr Einsatzgebiet ist der Schießstand. Zielfernrohre, die speziell bei Drückjagden eingesetzt werden, werden gern mit dem Absehen 2 bestellt, da die fehlenden Querbalken ein Erfassen des Zieles erleichtern. Unabhängig von den Vorzügen und Nachteilen der verschiedenen Ausführungen sollte ein Jäger das Absehen auswählen, mit dem er am besten zurechtkommt.

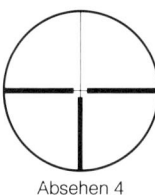
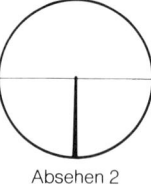

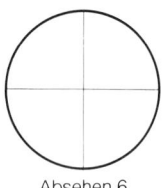

Absehen 1   Absehen 4   Absehen 2   Absehen 8   Absehen 6

Abb. 69. Die gebräuchlichsten Zielfernrohr-Absehen.

Im Zusammenhang mit dem Zielfernrohr muß der Begriff *Parallaxe* erwähnt
werden. Es ist dies die scheinbare Verschie-
bung des Absehens zum Ziel, wenn das
Auge aus der optischen Achse des Zielfernrohres bewegt wird. Grundsätzlich hat
jedes Zielfernrohr Parallaxe, die unabhängig von der Bauart, dem Fabrikat oder der
Vergrößerung ist. Diese Erscheinung tritt
auf, wenn sich das Absehen nicht genau in
der Bildebene befindet, also je nach Bauart
in der Objektiv- oder Okularbildebene. Es
muß zwischen zwei Ursachen unterschieden werden, die jedoch beide die gleiche
Erscheinungsform haben:

Da ist zunächst die natürliche Parallaxe.
Ein Zielfernrohr kann immer nur auf eine
Entfernung parallaxefrei eingestellt werden. In der Regel sind das 100 Meter.
Visiert man deutlich näher oder entfernter
liegende Ziele an, ergibt sich eine scheinbare Absehen/Zielverschiebung, und zwar
um so stärker, je weiter der Zielpunkt von
der parallaxefreien Entfernung liegt, je
größer der Objektivdurchmesser ist und je
weiter das Auge aus der Bildmitte bewegt
wird. Aber selbst, wenn von den ungünstig-
sten Verhältnissen ausgegangen wird, ist
der Parallaxefehler so gering, daß er in der
Revierstreuung untergeht. Wird eine
andere parallaxefreie Entfernung als 100 m
gewünscht, etwa weil dies die Revierver-
hältnisse erfordern (Hochgebirgsjagd), so
kann eine Umstellung ohne weiteres erfolgen.

Parallaxe kann aber auch durch unbeabsichtigte Veränderungen am Zielfernrohr
auftreten. Verursacht durch die sehr hohen
Rückstoßbelastungen kann sich die Objek-
tivlinse lockern oder das Absehen in axia-
ler Richtung versetzen. Wird das Zielfernrohr ferner leicht verbogen oder durch eine
unsachgemäße Zielfernrohrmontage (nur
bei Ringmontagen) eingeschnürt, ändert
sich die Lage des Absehens in der Bildebene. Das Ausmaß der dadurch hervorge-

rufenen Parallaxe kann dann das der
natürlichen Parallaxe um ein vielfaches
übersteigen und in extremen Fällen, besonders bei kleinen Zielen und großen Entfernungen, sogar zum Fehlschuß führen.

Aus dem Wesen der Parallaxe ergibt
sich die Kontrollmethode. Das festgelegte
Zielfernrohr wird auf einen 100 m entfern-
ten Punkt ausgerichtet und das Auge dann
aus der Bildmitte bewegt. Ändert sich
dabei das Absehen gegenüber dem Zielpunkt deutlich (mehrere Zentimeter), so
liegt ein Parallaxefehler vor, der korrigiert
werden sollte.

Wird man nun vor die Frage gestellt,
welches Zielfernrohr am geeignetsten ist,
so läßt sich das nicht mit einem Satz beantworten. Sicher ist aber, daß gerade bei der
Anschaffung dieses Ausrüstungsgegenstan-
des übertriebenes Sparen meistens Enttäu-
schung und Ärger mit sich bringt.

Wer in einem Revier jagt, in dem sowohl
geringe als auch große Schußentfernungen
vorliegen können, sollte man einem variablen Zielfernrohr mit großer Variationsbreite den Vorzug geben, um sich den
jeweiligen Situationen optimal anpassen zu
können. Wer auf die Jagd bei schlechten
Lichtverhältnissen angewiesen ist, muß ein
Glas mit hoher Dämmerungsleistung und
geeignetem Absehen wählen. Variable Zielfernrohre, bei denen das Absehen in der
Okularbildebene liegt, sind für diesen
Anwendungsbereich weniger gut geeignet,
weil sich das Absehen nicht mitvergrößert
und daher die zu dünnen Balken als Ziel-
hilfe ausscheiden. Zum Flüchtigschießen
eignen sich spezielle Gläser mit geringer
Vergrößerung und großem Sehfeld.

Grundsätzlich sollte man sich vor der
Anschaffung eines Zielfernrohres mehrere
Modelle vorlegen lassen und diese unter
verschiedenen Bedingungen erproben,
wobei Bildhelligkeit, Brillanz, Auflösungsvermögen, Sehfeld und Randschärfe die
wesentlichsten Beurteilungskriterien sind.

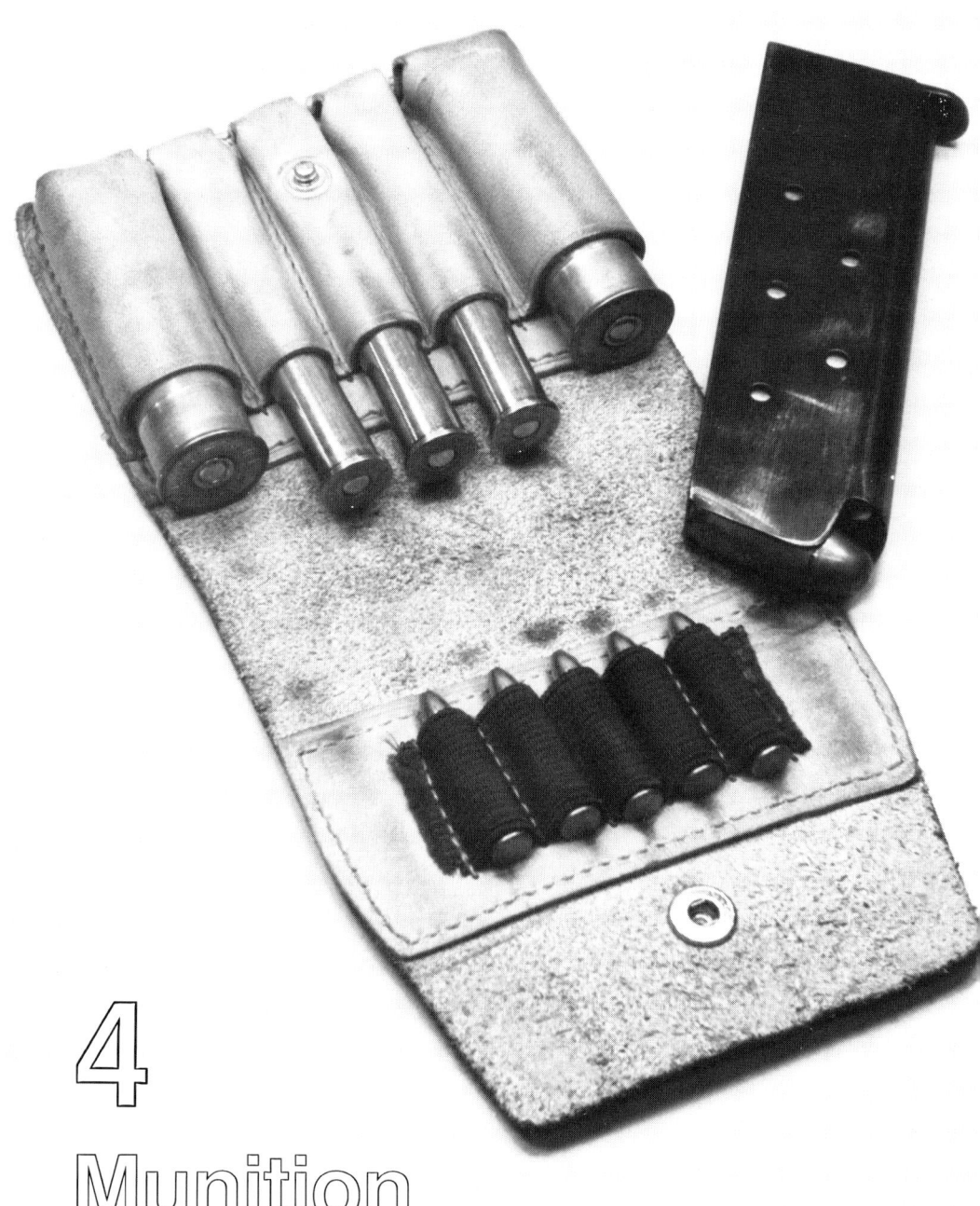

4
Munition

Die Umstellung vom Vorderlader auf den Hinterlader, die sich um die Mitte des 19. Jahrhunderts vollzog, revolutionierte das gesamte Schießwesen tiefgreifend.

Bis dahin war die Waffe immer die Hauptsache und die Munition die Nebensache. Dem Schützen war es überlassen, die ihm zur Verfügung stehenden einzelnen Munitionskomponenten so in seine Waffe zu laden, daß die Voraussetzungen für einwandfreie Funktion und einen präzisen Schuß gegeben waren, was sicher nicht so einfach war, wie mancher sich das heute vorstellt.

Um ordentliche Ergebnisse zu erzielen, mußte der Schütze nicht nur genau über die erforderliche Ladung Bescheid wissen, sondern auch sehr sorgfältig die richtige Ladetechnik anwenden. Ohne Anleitung, Grundkenntnisse und Übung, gelang dies nicht.

Dabei war der ganze Ladevorgang gar nicht so einfach durchzuführen. Ein Gewehr war vom Schützen eigentlich nur in stehender Stellung bequem zu laden, und selbst dann wurden beide Hände und die volle Aufmerksamkeit gefordert. Regnete es gar dabei, dann war die ohnehin recht hohe Versagerquote wegen der nicht zuverlässigen Zündung um ein Vielfaches höher.

Mit dem Hinterlader änderte sich das grundlegend.

Daß die Feuergeschwindigkeit erheblich erhöht wurde, war für die Jäger eigentlich weniger von Belang als für das Militär. Daß die Waffen eine größere Reichweite bekamen und durchweg präziser schossen, war sehr erfreulich. Bedeutend aber war, daß man jetzt in jeder Lage nachladen konnte, im Liegen, gebückt oder in einem engen Versteck. Man konnte notfalls mit einer Hand laden, das Wild dabei im Auge behalten und das Wetter getrost vergessen.

Wer wußte, wie gezielt wird und die paar Handgriffe des Ladens beherrschte, der hatte, unter der Voraussetzung, daß die richtige Munition für seine Waffe in seiner Tasche steckte, die gleichen oder gar bessere Erfolgsaussichten als ein versierter Vorderladerschütze.

Diese technische Perfektionierung hat dem Wissensstand der Schützen und Jäger um ballistische Fragen keineswegs gut getan. Zu viele verfahren einfach nach dem Rezept „man nehme" die Munition, die für die betreffende Waffe gemacht ist, dann muß es funktionieren. Daß das nicht in allen Fällen zutreffen muß, ist vielen Leuten heute nur sehr schwer begreiflich zu machen.

Das *Hinterladersystem* ließ sich überhaupt nur durch die Erfindung der Einheitspatrone verwirklichen.

In einer Patronenhülse sind in der richtigen Zusammenstellung und Dosierung (Laborierung) die Komponenten vereinigt, die der Vorderladerschütze in loser Form bei sich trug. Die Patrone ist bequem zu handhaben und mitzuführen. Sie ist witterungsbeständig und transportsicher. Ihr wichtigster Bestandteil ist die Patronenhülse. Neben der Aufnahme der einzelnen Komponenten kommt dieser die entscheidende Aufgabe zu, als Gasdichtung in der Waffe zu dienen.

Kein Waffenverschluß ist in sich so dicht, daß er das bei der Pulververbrennung entstehende Treibgas für das Geschoß daran hindern könnte, auch nach hinten auszutreten und damit nicht nur für den Antrieb des Geschosses verlorenzugehen, sondern auch den Schützen ernsthaft zu gefährden.

Indem der Gasdruck sich in der Patronenhülse aufbaut, dehnt sich diese aus, bis sie an den Wandungen des Patronenlagers und des Verschlusses anliegt und so eine wirksame Dichtung bildet, sie lidert, wie der Fachausdruck für diesen Vorgang heißt.

Die ausschließliche Verwendung von Patronen in den modernen Waffen hat das alte Prinzip auf den Kopf gestellt. Nicht mehr die Waffe ist die Hauptsache, sondern die Patrone. Es werden nicht mehr, wie zur Zeit der Vorderlader, Waffen gebaut und für diese individuelle Ladungen entwickelt, sondern es werden Patronen konstruiert, für die dann in der Folge geeignete Waffen gefertigt werden.

Die große Zeit der Waffenkonstrukteure

war die zweite Hälte des 19. Jahrhunderts. Eine große Zahl von Hinterladersystemen wurde entwickelt. Viele, in Anbetracht der damaligen Fertigungsmöglichkeiten, technisch sogar hochinteressante Konstruktionen tauchten auf, konnten sich aber nicht behaupten. Die besten Lösungen überlebten die Zeitläufe und werden heute noch gebaut.

Die Patronenkonstrukteure aber liefen Amok. Gab es doch hinsichtlich der Kaliber und der Hülsenformen kaum eine Beschränkung. Wer sich dazu berufen fühlte, der konstruierte munter drauflos, und wer Waffen baute, fühlte sich geradezu verpflichtet, eigene Patronen zu entwickeln. Das Chaos war riesengroß. Es gab Hunderte von Patronensorten.

Eine Beruhigung der Szene trat erst ein, als das rauchlose Treibladungspulver aufkam. Bis dahin hatte man die Patronen mit dem vom Vorderlader her bekannten Schwarzpulver geladen, und die einzigen Probleme, mit denen man zu kämpfen hatte, waren die durch Pulverrückstände bedingte starke Verschmutzung und Korrosionsanfälligkeit der Waffen.

Die Verwendung des rauchlosen Pulvers schuf ganz neue Möglichkeiten. Die Geschoßgeschwindigkeiten konnten deutlich gesteigert werden. Das bedingte die Abkehr von den reinen Bleigeschossen und die Einführung mit härterem Metall ummantelter Bleigeschosse. Gleichzeitig wurden die Kaliber verkleinert.

Außenballistisch war viel gewonnen und ein deutlicher Fortschritt erzielt. Zielballistisch gab es viel Ärger mit den neuen Geschoßkonstruktionen. Innenballistisch sorgte das neue Treibladungspulver für böse Überraschungen, die wenigstens den einen Vorteil hatten, daß die wilden Patronenerfinder sehr vorsichtig wurden.

Aber auch mit diesem Stoff lernte man zu leben und richtig umzugehen. Demzufolge wurden in den letzten Jahrzehnten immer wieder neue Patronenentwicklungen vorgestellt, obwohl eigentlich alles schon da war, was man brauchte.

Verschiedene Bestrebungen, durch eine Normalisierung eine Beschränkung des Sortiments durchzuführen, versagten kläglich. Heute steht der Verbraucher wieder einem allzu umfangreichen Angebot gegenüber, das sich ständig vergrößert und zumindest den Anfänger oft verunsichert.

Der Jäger und Schütze von heute dürfte eigentlich mit dem Schießen keine Probleme haben. Er besitzt einen Hinterlader, für den mehrere Hersteller Patronenmunition anbieten, die rauchlos, rostfrei, zuverlässig und bei vernünftiger Aufbewahrung beinahe unbegrenzt lagerfähig ist.

Die Waffe und die Patrone sind mit der genauen Kaliberbezeichnung beschriftet. Wenn man Schwierigkeiten aus dem Weg gehen will, tut man gut daran, auf beiden die Übereinstimmung der Bezeichnungen auch im Detail zu überprüfen. Es gibt viele Verwechslungsmöglichkeiten, und allzuoft lassen sich die Patronen eines völlig anderen Kalibers ohne Schwierigkeiten in die Waffe laden und sogar abfeuern. In der Regel geht das nicht gut aus. Die Gefahr lauert auf den Leichtsinnigen, der sich die Sache zu einfach macht und in die Waffe läd, was gerade hineinpaßt, und auf den Unordentlichen, der Munition für verschiedene Waffen nicht getrennt verwahren kann und dem eines Tages eine folgenschwere Verwechslung unterläuft.

Für jedes gebräuchliche Kaliber wird von verschiedenen Munitionsherstellern eine Anzahl von Laborierungen gefertigt, so daß der Verbraucher die Möglichkeit hat, diejenige auszuwählen, die ihm für seine Zwecke am besten zusagt. Das betrifft sowohl die angestrebte gute Wirkung auf die zu bejagende Wildart als auch vor allen Dingen die Erzielung einer guten Schußpräzision aus der betreffenden Waffe. Nicht mit jeder Laborierung läßt sich gleichgute Präzision erreichen. Zwischen Waffe und Patrone besteht eine Wechselbeziehung, die sich nur durch Erprobung verschiedener Laborierungen ermitteln und verbessern läßt.

Wir haben nicht mehr, wie beim Vorderlader, durch Veränderung der Ladung den direkten Einfluß auf die Präzision der Waffe. Es sei denn, wir entschließen uns, die Munition selbst herzustellen.

Das Handladen von Patronen für jagdliche oder sportliche Zwecke wird nicht selten ausgeübt. Viele sehen darin vor allem eine deutliche Kostenersparnis gegenüber der gekauften Fabrikmunition. Diese Ersparnis kann mehr als 50% betragen, lohnt sich aber nur, wenn ein entsprechender Munitionsverbrauch gegeben ist. Der andere Grund für das Wiederladen ist die Möglichkeit, die Laborierung optimal an eine bestimmte Waffe anzupassen und deren Anwendungsbereich durch Sonderlaborierungen (Vollmantel- oder Schonzeitlaborierungen), die es nicht im Handel gibt, zu erweitern.

Die Tätigkeit des Ladens von Patronen ist an eine behördliche Erlaubnis geknüpft, die durch das Sprengstoffrecht vorgeschrieben wird. Sie wird von der zuständigen Behörde, das ist in der Regel das örtliche Staatliche Gewerbeaufsichtsamt, erteilt.

Bedingung für die Erteilung einer solchen Erlaubnis ist neben persönlichen Voraussetzungen wie Staatsangehörigkeit, Mindestalter und Zuverlässigkeit, der Nachweis eines Bedürfnisses durch den Besitz eines gültigen Jahresjagdscheines oder aktiver Sportschützentätigkeit und der Sachkunde durch erfolgreiche Teilnahme an einem Kursus bei einem staatlich anerkannten Lehrgangsträger.

4.1   Büchsenpatronen

Bei der Büchsenpatrone enthält die Patronenhülse neben den Komponenten Treibladungspulver und Geschoß auch die Zündung, deren Aufgabe es ist, beim Auftreffen des Schlagbolzens eine für die sichere Anfeuerung des Pulvers ausreichende Zündflamme zu erzeugen.

Randfeuerpatronen. Die älteste Form der Metallpatrone verwendete die *Randzündung*, die uns heute nur noch bei den verschiedenen *Kleinkaliberpatronen* begegnet.

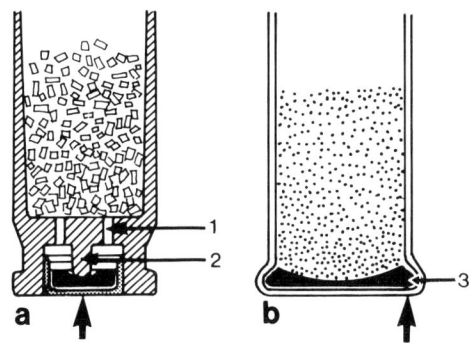

Abb. 71. Zentral- (a) und Randzündung (b).
1 = Zündloch
2 = Amboß in der Zündglocke der Büchsenhülse (Bardanzündung)
3 = Zündsatz in Randfeuerpatrone

Die Hülse ist aus dünnem Kupfer- oder Messingblech, mitunter mit Nickelüberzug hergestellt und der Zündsatz auf dem ganzen Umfang im Rand untergebracht. Diese Hülse ist in der Herstellung billig. Sie läßt sich nicht wiederladen.

Randfeuerpatronen werden im jagdlichen Bereich im sogenannten Kleinkaliber, worunter des Kaliber .22 gleich 5,6 mm verstanden wird, als Übungspatronen oder zum Schuß auf Kleintiere eingesetzt. Die *Geschosse* dieser Randfeuerpatronen bestehen aus Blei mit Außenfettung, und sind bei Hochgeschwindigkeitslaborierungen meistens verkupfert.

Eine Sonderstellung nimmt die Randfeuerpatrone *.22 Magnum* ein, die ein *Mantelgeschoß*, eine längere Hülse und größere Kaliber und Hülsendurchmesser hat und daher mit den anderen .22er Patronen nicht austauschbar ist.

Ein Sonderfall ist auch die kleine Übungspatrone Kaliber 4 mm M 20, die wie eine Randfeuerpatrone aussieht, aber für Zentralfeuer bestimmt ist und mit Einsteckpatronen, das sind kleine Einstecklläufchen in Form einer Patrone, zum Üben im Zimmer Verwendung findet.

Zentralfeuerpatronen. Bei den *Zentralfeuerpatronen* sind *verschiedene Hülsenformen* gebräuchlich.

Abb. 72. Verschiedene Kleinkaliberpatronen. Von links nach rechts:
.22 lang Platzpatrone,
.22 lfB Schrot,
.22 lfb HV Hohlspitz,
.22 lang Z (Zimmerpatrone),
.22 lfB HV,
.22 Magnum Teilmantel,
.22 Magnum Vollmantel,
.22 kurz,
.22 lfB,
.22 lfB Rifle Match.

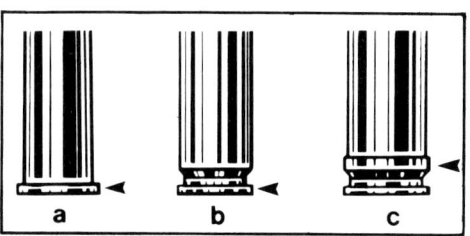

Abb. 73. Verschiedene Hülsenformen.
a: mit Rand; b: ohne Rand; c: Gürtelhülse

Die *randlose Hülse* ist für die bessere Funktion in den Magazinen von Mehrladern entwickelt worden. Die vordere Anlage im Patronenlager wird durch die Schulter der flaschenförmigen Hülse gebildet.

Eine andere Hülsenform ist die *Gürtelhülse*, die vielfach für die sogenannten Magnum-Patronen verwendet wird. Damit ist aber nicht gesagt, daß Magnum-Patronen immer einen solchen Gürtel haben. Der Sinn dieses Gürtels ist nicht der, die Hülse zu verstärken, sondern im ensprechend geformten Patronenlager den Anschlag zu bilden.

Die *Randhülse* ist die am besten geeignete Hülsenform für Kipplauf- und Blockverschlußgewehre, weil der vorstehende Rand vom Auszieher oder Auswerfer am besten erfaßt werden kann. Weil der Rand den Anschlag darstellt, kann die Hülse selbst, wie das bei älteren Patronen üblich ist, ganz oder annähernd zylindrisch ver-

laufen. Das trifft auch für die Gürtelhülse zu, die ebenfalls nicht auf eine Schulter angewiesen ist.

Übrigens gibt es nicht wenige Repetierer, die für Patronen mit Randhülsen eingerichtet sind.

Entsprechend werden häufig aus speziell dafür eingerichteten Kipplauf- und Blockverschlußwaffen randlose Patronen oder Patronen mit Gürtelhülse verschossen. In diesen Fällen ist in den Patronenauszieher ein federnder Stift eingebaut, der in die Rille der randlosen Hülse greift und das Ausziehen besorgt.

Die Hülsenherstellung. Die Herstellung der *Patronenhülsen* erfolgt auf Spezialmaschinen ausgehend von starkwandigen Näpfchen aus Messingblech durch mehrfache Tiefziehoperationen mit zwischengeschalteten Wärmebehandlungen und abschließenden spanabhebenden Bearbeitungsgängen. Dabei wird erreicht, daß der Hülsenboden starkwandig bleibt und die Wandstärke des Pulverraumes nach vorn langsam abnimmt. Entsprechend ist auch der Härteverlauf an der Hülse. Vorn muß sie verhältnismäßig weich und dehnbar sein, eine Eigenschaft, die im hinteren Hülsenbereich unbedingt von Nachteil ist. Oft ist an den flaschenförmigen Hülsen im vorderen Bereich noch deutlich eine Verfärbung zu erkennen, die von einer örtlichen Wärmebehandlung herrührt.

Kennzeichnung der Hülsen und Kaliber. Auf dem Boden der Patronenhülsen, um das Zündhütchen herum, sind das *Kennzeichen des Munitionsherstellers* und die *genaue Kaliberbezeichnung* eingeprägt.

1. Deutsche Kaliberbezeichnungen

Bei der deutschen Kaliberbezeichnung bedeutet z. B. 5,6 × 50 R Mag., daß es sich hier um eine 50 mm lange Randhülse für ein Geschoß vom Kaliber 5,6 mm handelt.

Die Buchstaben Mag., stehen für Magnum und sollen darauf hinweisen, daß es sich hier um eine besonders leistungsstarke Laborierung handelt. Im Grunde ist diese Bezeichnung in diesem Falle unsinnig, denn der Hinweis dient nicht dazu, diese Patrone von einer anderen zu unterscheiden. Es gibt nämlich keine zweite Patrone mit gleichen Abmessungen.

Wer aber die maßgeblichen Bezeichnungen ganz wörtlich nimmt und einmal die *genormten Patronenmaße* nachschlägt, die in der *Anlage III der 3. Waffenverordnung zum Waffengesetz* in Tabellen niedergelegt sind, wird sicher stutzig. Denn das Kaliber 5,6 mm findet er weder beim Geschoß (5,70 mm) noch beim Feldkaliber (5,56 mm) oder Zugkaliber (5,69 mm) des Laufes.

Bei anderen Patronen sieht es ähnlich aus. Bei der 5,6 × 50 R Mag. ist wenigstens die Hülsenlänge richtig bezeichnet, was bei anderen Patronen durchaus nicht immer der Fall ist. Damit wir nicht völlig verwirrt werden, begnügen wir uns mit der Feststellung, daß es sich bei den *Angaben der Kaliber und Hülsenlängen* um Nennmaße und *nicht* unbedingt um tatsächliche Maße handelt.

2. Das 8 mm S-Kaliber
Beim *Kaliber 8 mm* müssen wir allerdings aufpassen, denn hier existieren *zwei verschiedene Kaliber mit gleichem Nennmaß!*

Zu Beginn dieses Jahrhunderts wurde, anläßlich der Umstellung auf einen anderen Geschoßtyp, das Laufkaliber des deutschen Mauser-Militärgewehres um etwas mehr als ein zehntel Milimeter vergrößert. Das neue Kaliber wurde zur Vermeidung von Verwechslungen als *S-Kaliber* bezeichnet.

Der gleiche Vorgang spielte sich danach auch im zivilen Bereich ab. In der Folge waren dann mehrere Patronen sowohl in dem älteren engen 8 mm Kaliber als auch in dem S-Kaliber im Gebrauch (z. B. 8 × 57 IR und 8 × 57 IRS).

Die mit S bezeichneten Patronen dürfen keinesfalls aus den engen Läufen verschossen werden, sonst gibt es Probleme mit dem Gasdruck. Eine Verwechslung im anderen Sinn ist ungefährlich, aber auch nicht empfehlenswert, denn eine veränderte Treffpunktlage und schlechte Präzision sind zu erwarten.

3. Anglo-amerikanische Kaliberbezeichnungen
Wer jetzt die deutschen Bezeichnungen für ungenau und verwirrend hält, muß an den heute immerhin ebenso gebräuchlichen amerikanischen Bezeichnungen fast verzweifeln.

Bekanntlich werden die amerikanischen und englischen Kaliberbezeichnungen in Zoll angegeben (1 Zoll = 25,4 mm). Die Angaben erscheinen wahllos in hundertstel oder tausendstel Zoll.

Auch hier gibt es *kein System*, und man kann, ohne nähere Information selten sofort feststellen, worauf sich diese Maßangabe bezieht. Die Kaliberbezeichnungen .243, .308 und .458 geben z. B. das genaue Zugkaliber des Laufes an. Wir bezeichnen dagegen das Kaliber .308 mit 7,62 mm, und das ist das Feldkaliber des Laufes.

In dem bekannten .22er Kaliber, in

dem es eine ganze Anzahl Patronen gibt, geht es schrecklich durcheinander. Die Bezeichnungen .22, .218, .219, .220, .221, .222 und .223 finden sich in Verbindung mit Patronen, die alle das gleiche Zugkaliber haben, nämlich .224. Zwei der bekanntesten Patronen dieser Klasse, die .22 Hornet und die .22 Savage fallen ganz aus dem Rahmen, sie haben noch andere, aber untereinander verschiedene Kaliber.

Das Revolverkaliber .357 Magnum nennt das ungefähre Zugkaliber. Das Kaliber .38 Special ist maßlich damit identisch, rechnerisch aber etwas anderes.

Sollte man vermuten, daß die Patronen .308 Win., 30–06 und .300 Win. Mag. alle genau das gleiche Kaliber haben?

Man muß sich damit abfinden daß die *amerikanischen Kaliberbezeichnungen auch nur Nennmaße* darstellen, die willkürlich und ohne erkennbares System entstanden sind.

Eine typische Eigenart der amerikanischen und englischen Kaliberbezeichnungen ist ein Zusatz, der einen Hinweis auf die Firma gibt, die die Patrone zuerst herausgebracht hat, z. B. .222 Remington, .243 Winchester oder .375 Holland & Holland, in welchem Jahr die Patrone eingeführt wurde, z. B. .30–06 (d. h. 1906), oder wie sie ursprünglich laboriert wurde, z. B. .30–30 Winchester (d. h. geladen mit 30 grains = 1,94 g rauchlosem Treibladungspulver). Eine Bezeichnung wie .25–06 bedeutet z. B., daß diese Patrone vom Kaliber .25 die Hülse der .30–06 verwendet.

Die Amerikaner versuchen auch gern, eine Patrone durch schmückende Beinamen attraktiv zu machen und verwenden dabei Namen von schnellen oder gefährlichen Tieren oder ganz einfach klangvolle Phantasienamen, z. B. .22 Hornet (d. h. Hornisse), .220 Swift (d. h. Mauersegler) oder .221 Fireball (d. h. Feuerball).

Bei den deutschen Kaliberbezeich-

nungen findet man solche Zusätze nur vereinzelt, z. B. 6,5 × 54 M-Sch. (d. h. Mannlicher-Schoenauer), 7 × 66 SE v. H. (d. h. Superexpress vom Hofe) oder 9 mm Parabellum.

Die Bezeichnung „Magnum" wird in beiden Ursprungsländern gleich gern und oft angewendet. Offenbar ist der damit beabsichtigte Hinweis auf die Leistung der Patrone von großer Werbewirksamkeit.

Die Laborierung. Die Angabe der Patronenbezeichnung genügt im allgemeinen nicht, um Munition einzukaufen, mit der eine bestimmte Waffe eingeschossen ist. Es fehlt in diesem Fall noch die Kenntnis der Laborierung.

Die meisten Patronen werden in mehreren Laborierungen, oft von verschiedenen Munitionsherstellern, gefertigt. Bei gängigen Kalibern finden wir zwanzig oder dreißig verschiedene Laborierungen im Angebot, so daß eine gute Auswahl möglich ist, welche davon für den speziellen jagdlichen Einsatz am besten geeignet ist, und aus einer bestimmten Waffe die beste Schußleistung bringt.

Für wenig gebräuchliche Kaliber gibt es oft nur zwei Laborierungen, also nur wenig Ausweichmöglichkeit, wenn Wirkung oder Schußleistung nicht befriedigen.

Die Laborierung ist durch die Angabe des Herstellers, der Patronenbezeichnung und des Geschosses nach Typ und Gewicht exakt bezeichnet. Die Angabe der Ladung erübrigt sich, weil nicht mehr, so wie früher einmal, verschiedene Ladungen hinter dem gleichen Geschoß geladen werden.

Das Treibladungspulver. Büchsenpatronen werden nur noch mit rauchlosem Treibladungspulver laboriert. Auf diesem Gebiet spielt das Schwarzpulver keine Rolle mehr. Wer noch eine Büchse hat, die nur für Schwarzpulver beschossen ist und gern damit schießen möchte, ist auf das Wiederladen der Munition angewiesen.

1. Schwarzpulver

Das *Schwarzpulver* ist ein Gemisch aus Salpeter, Holzkohle und Schwefel, das durch seine große Zündwilligkeit gefährlich in der Handhabung ist. Beim Schuß verbrennt es unter starker Qualmentwicklung und hinterläßt im Gewehrlauf übelriechende und hart verkrustende Rückstände, die sehr bald zur Rostbildung führen, wenn sie nicht gründlich entfernt werden.

2. Nitropulver

Das *rauchlose Treibladungs- oder Nitropulver* stellt eine stabile chemische Verbindung dar. Das Ausgangsprodukt ist Zellulose, die mit Salpetersäure und Schwefelsäure behandelt (nitriert) wird. Aus einer teigigen Masse werden Körner von bestimmter Form und Oberfläche geformt, die durch chemische Behandlung noch besonders gewünschte Verbrennungseigenschaften bekommen.

So lassen sich Pulvertypen für jeden Verwendungszweck erzeugen, denn in den verschiedenen Patronen werden Treibladungspulver mit sehr unterschiedlichen Verbrennungseigenschaften benötigt.

Man spricht von offensiven, d.h. schnell abbrennenden und von progressiven, d.h. langsam abbrennenden Pulvern. In dem ganzen Bereich gibt es viele Abstufungen, die je nach Kaliber, Geschoßgewicht und Hülsengröße eingesetzt werden.

Verglichen mit den Treibladungspulvern für Flinten und Kurzwaffen sind die Büchsenpulver sehr progressiv, sind jedoch untereinander wieder extrem verschieden.

Der Energieinhalt der Nitropulver ist viel höher als beim Schwarzpulver. Sie geben beim Schuß nur sehr wenig Rauch ab, und als Rückstand im Lauf verbleibt nur ein geringer Rest von Asche, der wenig Schwierigkeiten macht.

Die Einführung des Nitropulvers war mit einigen Problemen verbunden, die erst erkannt und überwunden werden mußten.

Die hohe Leistung kommt nicht von ungefähr. Sie geht mit einer höheren Druckentwicklung Hand in Hand. Bei diesem Pulver werden viel strengere Anforderungen an die richtige Auswahl und die genaue Dosierung gestellt als beim Schwarzpulver.

Nur ein Sachkundiger kann die genauen Zusammenhänge überblicken und diesen Stoff richtig einsetzen. Es ist daher nicht nur ein Verstoß gegen das Sprengstoffgesetz, sondern auch sträflicher Leichtsinn, wenn man ohne behördliche Erlaubnis Munition zerlegt, um die Ladung zu verändern oder die Geschosse umzutauschen.

Nitropulver funktioniert optimal nur in einer erprobten Laborierung, in der alle Komponenten aufeinander abgestimmt sind. Wird dieses Zusammenspiel durch einen unsachgemäßen Eingriff gestört, kann es unberechenbar und sehr heftig reagieren.

Dieses ist einer der Gründe dafür, warum auf den Patronenschachteln die Ladung und der Pulvertyp nicht mehr angegeben werden, so wie das früher einmal üblich war.

Die *Lagerfähigkeit* des Nitropulvers ist sehr hoch und beträgt bei zweckmäßiger Aufbewahrung der Munition sicher zehn oder zwanzig Jahre und mehr. Vermieden werden sollte unbedingt die Patronen der Feuchtigkeit, der Einwirkung von Waffenölen oder einer hohen Lagertemperatur auszusetzen, wie sie in der Nähe von Heizkörpern, auf dem Dachboden und unter direkter Sonnenbestrahlung vorkommen kann.

Es hilft der eigenen Übung, wenn man Patronen, die ein gewisses Alter haben, auf die Scheibe verschießt, um sich mit frischer Munition zu versorgen.

Zündhütchen. Das *Zündhütchen* ist im Patronenboden in einer entsprechend geformten Bohrung, der Zündglocke, eingesetzt. Beim Auftreffen des Schlagbolzens wird der Boden des Zündhütchens eingebeult, und die schlagempfindliche Zündmasse explodiert.

Als Gegenlager dient dabei der sogenannte Amboß, der ein Teil der Patronenhülse (Berdanzündung) oder ein Teil des Zündhütchens (Amboß- oder Boxerzündung) sein kann.

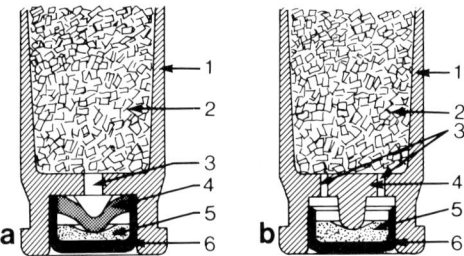

Abb. 74. Amboß- (a) und Berdan-Zündung (b).

1 = Hülse	4 = Amboß
2 = Treibladungs- pulver	5 = Zündsatz
3 = Zündloch	6 = Zündhütchen- kapsel

Genauso wie es verschiedene Pulversorten gibt, sind auch unterschiedliche Typen von Zündhütchen im Gebrauch, die sich in ihrer Zündstärke und Schlagempfindlichkeit unterscheiden. Sie müssen mit der vorhandenen Pulverladung harmonieren und sind ein wichtiger Bestandteil der richtigen Laborierung.

Für Hochleistungspatronen in Repetiergewehren werden oft Zündhütchen mit verstärktem Boden eingesetzt, die in Kipplaufgewehren mit schwächeren Schlagfedern unter Umständen zu Versagern führen können.

Wenn ihnen Wasser und Öl ferngehalten wird, haben auch die Zündhütchen eine fast unbegrenzte Lebensdauer. Die Zündsätze selber sind heute allgemein ungiftig und fördern nicht die Korrosion, wie die alten Zündsätze, die noch im ersten Drittel dieses Jahrhunderts verwendet wurden.

Geschosse. Die ersten *Mantelgeschosse* hatten Geschoßmäntel aus sehr dünnem und weichem Kupferblech. Dadurch ließen sie sich aus den damals noch überwiegend im Gebrauch befindlichen Büchsenläufen für Bleigeschosse verschießen und unterschieden sich in der Wirkung auch nicht sehr von diesen.

Die Erhöhung der Geschoßgeschwindigkeit verlangte ein widerstandsfähiges Mantelmaterial, so daß der *Stahlmantel* des Militärgeschosses auch für die Jagdgeschosse angewendet wurde. Die Bezeichnung Stahlmantel erweckt oft falsche Vorstellungen. Bei seinem Material handelt es sich keineswegs um einen extra gehärteten Stahl, sondern um einen Mantel aus Tiefziehblech, der ähnlich wie eine Patronenhülse in mehreren Ziehoperationen geformt wird. Als *Korrosionsschutz* und zur Verbesserung der Gleiteigenschaften im Lauf dient ein *Nickel- oder Kupferüberzug*.

Die ersten Jagdgeschosse dieser Art, es waren Teilmantel- oder Hohlspitzschosse, wurden vielfach kritisiert, denn ihre Wirkung war sehr oft so unberechenbar und unzuverlässig, daß sie von einem großen Teil der Jäger abgelehnt wurden.

Bei den zahlreichen Geschoßkonstruktionen, die im Laufe der Jahre entstanden, wurde lange Zeit eine falsche Theorie verfolgt. Man erhoffte, eine gute Wirkung im Wildkörper dadurch zu erzielen, daß sich das Geschoß beim Eindringen in viele kleine Splitter zerlegt und allenfalls ein Restkörper für den Ausschuß übrigbleibt. Diesem Funktionsprinzip kam der *Stahlmantel* sehr entgegen, dessen geringe Zähigkeit die *Splitterbildung* begünstigte.

Diese sogenannten „*Zerlegungsgeschosse*" werden inzwischen immer mehr von den „*Deformationsgeschossen*" abgelöst.

Schon zu Beginn der Entwicklung der Jagdgeschosse wurde von verschiedenen Seiten darauf hingewiesen, daß Geschosse mit Mänteln aus zäherem Material zuverlässiger in der Wirkung sind. Dickwandige *Mäntel aus Kupfer* oder Kupferlegierungen wurden in Vorschlag gebracht und einige Geschoßtypen dieser Art machten sich einen guten Namen. Es fehlten jedoch zunächst noch die Legierungen, die die gewünschten hohen Geschoßgeschwindigkeiten zuließen, ohne die Gewehrläufe zu verschmieren.

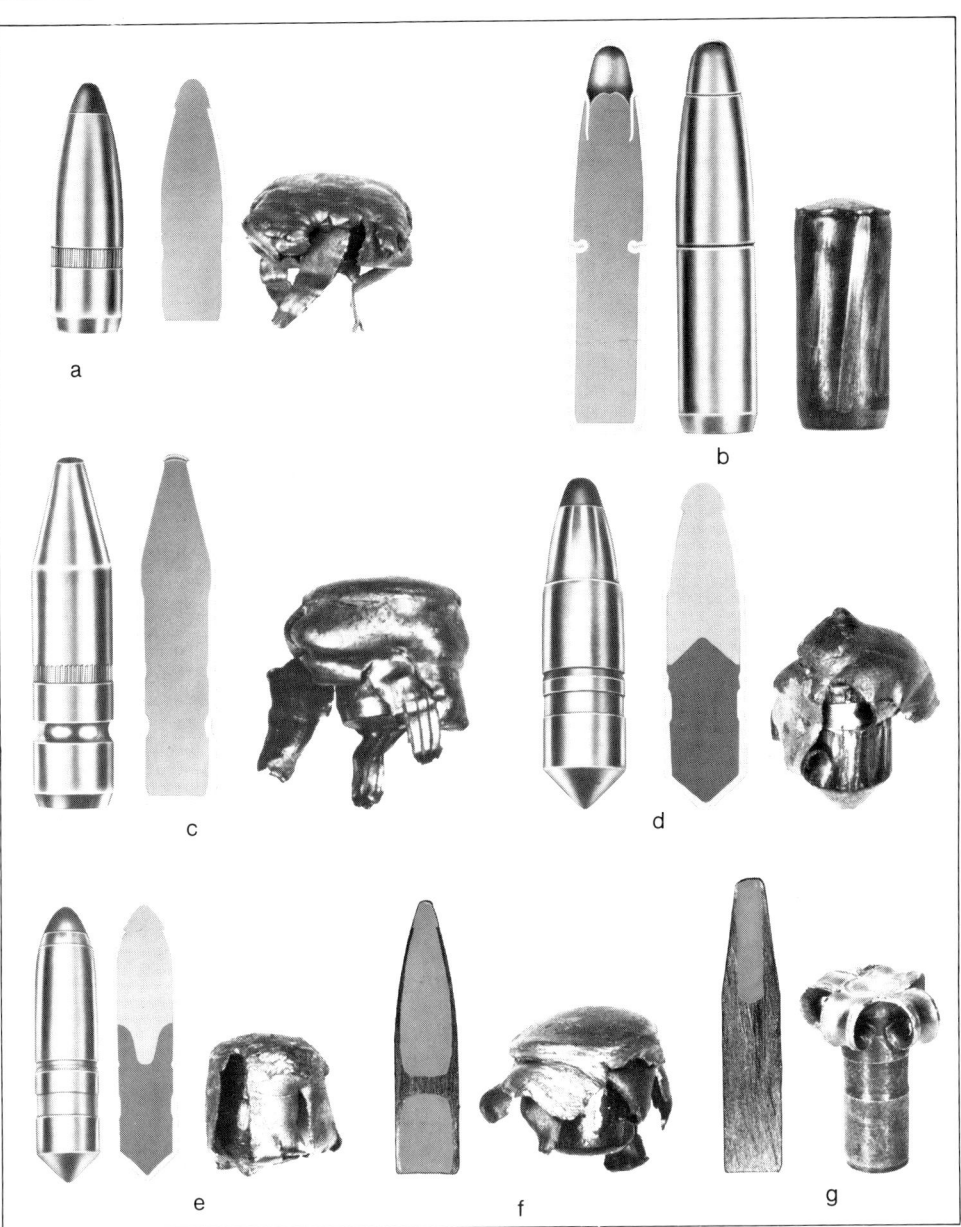

Abb. 75. Jagdgeschosse mit ihren Restkörpern.

a: Teilmantelgeschoß mit Stahlmantel, Kal. 6,5 × 57 (R), 6,0 g;
b: H-Mantel-Kupferhohlspitzgeschoß mit Stahlmantel, Kal. 7 × 64 (65 R), 11,2 g. Das Vorderteil des Geschosses hat sich zerlegt, der Durchschlagskörper deformiert sich praktisch nicht;
c: KS-Geschoß mit Tombak-Mantel, Kal. 7 × 64 (65 R), 10,5 g;
d: Torpedo-Universal-Geschoß (TUG) mit Stahlmantel, Kal. 9,3 × 62, 19,0 g;
e: Torpedo-Ideal-Geschoß (TIG) mit Stahlmantel, Kal. 7 × 64 (65 R), 10,5 g;
f: Nosler-Partition-Geschoß, Kal. .30-06, 10,7 g;
g: ABC-Geschoß, Kal. 7 × 64 (65 R), 10,0 g.

Heute verfügen wir über solche Legierungen. *Tombak* ist das bevorzugte Material, ein Messing mit sehr hohem Kupferanteil und großer Zähigkeit. Man stellt daraus einen aus Blech gezogenen Geschoßmantel mit angepaßter Wandstärke her oder als Drehteil ein Massivgeschoß. Dieses sind die typischen Deformationsgeschosse, deren Wirkungsweise im Abschnitt 6.3: Zielballistik, näher beschrieben ist.

4.2 Schrotpatronen

Die Schrotpatrone unterscheidet sich nicht nur äußerlich, sondern auch im inneren Aufbau deutlich von der Büchsenpatrone. Sie wird aus dem glatten Flintenlauf verschossen und enthält statt eines Einzelgeschosses eine Anzahl von Schrotkörnern, die in einer Garbe fliegen und als Streuschuß das Ziel erreichen. Demgemäß sind auch die Probleme des Schrotschusses in allen Teilbereichen der Ballistik von spezieller Art.

Kaliberbezeichnung. Bei den Schrotpatronen kennen wir nicht eine so verwirrende Vielfalt von Kaliberbezeichnungen wie bei den Büchsenpatronen. Eigentlich spielen nur die drei Kaliber 12, 16 und 20 für die Jagd eine Rolle, während ein paar wenige andere Kaliber ganz am Rande in Erscheinung treten.

Abb. 76. Die Beschriftung der Hülse gibt Hersteller, Schrotstärke und Hülsenlänge an.

Die Bezeichnung der Flintenkaliber geht auf eine sehr alte englische Methode zurück, wonach das Kaliber eines Laufes nach der Anzahl der Bleirundkugeln benannt wurde, die ein englisches Pfund (454 g) ausmachen. Zur korrekten Kaliberbezeichnung gehört aber noch die Angabe der Hülsenlänge, z.B. Kaliber 12/70 oder Kaliber 20/76.

Flinten für die früher einmal bevorzugte Hülsenlänge von 65 mm sind heute nur noch wenig im Gebrauch, nachdem die Patronen mit 70 mm langen Hülsen wegen der höheren Ladungen immer mehr bevorzugt und so zur neuen Standardlänge wurden. Weil die 70 mm-Hülse aus dem 65 mm-Lager nicht verschossen werden darf, entstand als Zwischenlösung die 67,5 mm-Hülse, die sich für beide Lagerlängen eignet.

Eine noch weitergehende Ladungserhöhung gestatten in den Kalibern 12 und 20 die 76 mm-Hülsen. Diese, mit dem Zusatz „Magnum" bezeichneten Patronen können die hohe Leistung nur bei einem höheren Gebrauchsgasdruck bringen, weshalb Flinten mit 76 mm-Lagern dem verstärkten Beschuß unterworfen werden. Es gibt übrigens auch Magnum-Schrotpatronen mit der 70 mm-Hülse, für die das gleiche zutrifft.

Der Aufbau der Schrotpatrone. Der zulässige Gebrauchsgasdruck einer Schrotpatrone beträgt etwa ein Fünftel von dem einer mittleren Büchsenpatrone. Man kann daher Hülsenkonstruktionen wählen, die einfacher und preiswerter herzustellen sind.

Durch die Zusammenstellung und Anpassung der einzelnen Patronenkomponenten ist es möglich, Patronen mit sehr unterschiedlichen Schrotladungen zu fertigen und Sondermunition für bestimmte Verwendungszwecke herzustellen. Von dieser Möglichkeit wird weitgehend Gebrauch gemacht, so daß das Schrotpatronensortiment auf dem Markt recht groß ist.

Die Hülse. Messinghülsen für Schrotpatronen wurden vor Jahren vorwiegend zum Zwecke des Wiederladens gefertigt. Heute

Abb. 77. (Links) Schrotpatrone mit Plastikhülse.
1 = Faltverschluß,   2 = Hartschrot,   3 = Hülsenrohr   aus Plastik, 4 = Kombinationszwischenmittel (Schrotbeutel und Tellerpfropfen),   5 = Treibladungspulver,   6 = Metallene Bodenkappe, 7 = Bodenpropfen, 8 = Zündung

Abb. 78. (Rechts) Schrotpatrone mit Papphülse.

1 = Faltverschluß, 2 = Hartschrot, 3 = Papphülse, 4 = Filzpfropfen,   5 = Tellerscheibe, 6 = Treibladung, 7 = Bodenpfropfen, 8 = Zündung, 9 = Bodenkappe (Metall)

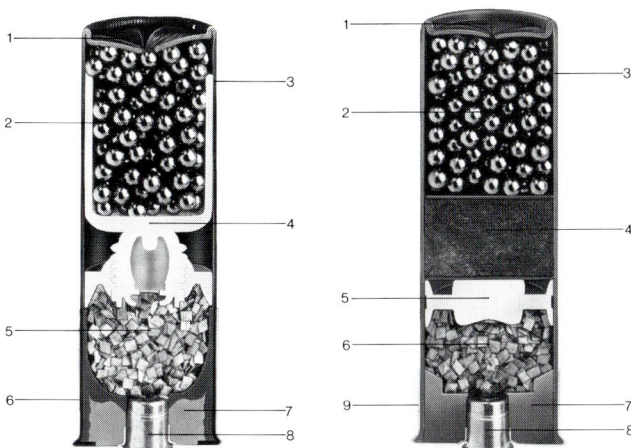

besteht die Hülse aus einem Papp- oder Plastikrohr, das mit einem Bodenpfropfen aus gleichem Material in einer tiefgezogenen Bodenkappe aus Blech zusammengefügt ist. Kunststoffhülsen werden auch mit dem Bodenteil aus einem Stück hergestellt, wobei manchmal auf die Metallkappe ganz verzichtet wird.

Die *Plastikhülse* hat unbestreitbar den Vorteil der besseren Wetterbeständigkeit. *Papphülsen* neigen zum Aufquellen, wenn sie naß geworden sind und lassen sich dann nicht mehr laden. Ferner können sie, wenn sie lange Zeit zu trocken gelagert wurden, beim Schuß auf- oder abreißen und als Hindernis im Lauf hängenbleiben.

In der freien Natur werden liegengebliebene Plastikhülsen zum Ärgernis, weil sie nicht verrotten und mitunter vom Weidevieh verschluckt werden. Verantwortungsbewußte Jäger nehmen daher ihre Plastikhülsen von der Jagd mit nach Hause. Viele Jagdherren achten darauf, daß auf ihren Jagden nur Munition mit Papphülsen verwendet wird.

Die Hülsenrohre erhalten einen Aufdruck, der außer der Patronenmarke die Hülsenlänge und die Schrotstärke oder bei Sondermunition auch einen speziellen Hinweis auf die Art der Patrone angibt. Die Schrotstärke wird häufig auf zweierlei Art angegeben. Neben der Bezeichnung des Schrotdurchmessers in mm, z.B. 2,5–3 und 3,5 mm finden wir die älteren Nummernbezeichnungen, die hier entsprechend 7–5 und 3 lauten. Diese Bezeichnungen sind international üblich, allerdings steht eine bestimme Nummer in verschiedenen Ländern nicht unbedingt für genau den gleichen Durchmesser. Der Hersteller und das Kaliber sind vorwiegend auf dem Hülsenboden vermerkt. Der früher übliche Bördelverschluß der Hülse wird immer mehr durch den praktischeren Stern- oder Faltverschluß ersetzt.

Die Zündung. Die Zündung ist im Aufbau anders als die Zündhütchen für Büchsenpatronen. Sie ist in einer Einheit mit dem Amboß zusammengefaßt und wird in den Bodenpfropfen der Hülse eingepreßt.

Das Treibladungspulver. Für die Oldtimer unter den Flinten werden immer noch Laborierungen mit Schwarzpulver angefertigt. Normal ist jedoch eine Ladung mit Nitrocellulosepulver, das in seinen Verbrennungseigenschaften genau auf die Schrotladung und die übrigen Komponenten der Patrone abgestimmt sein muß.

Die Treibladungspulver für Schrotpatronen sind wegen des großen Kaliberquerschnittes gegenüber den Büchsenpulvern sehr offensiv, d.h. schnell verbrennend.

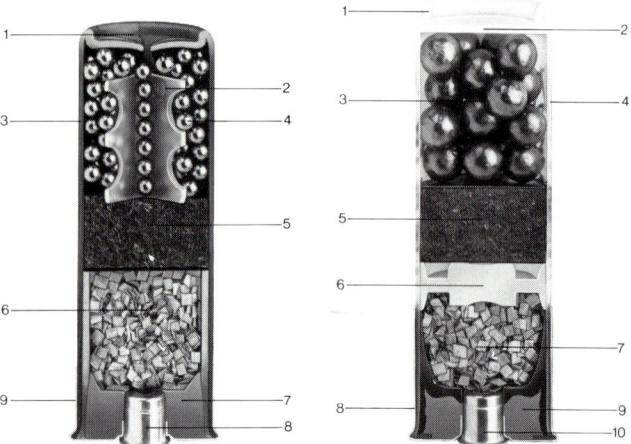

Abb. 79. (Links) Streupatrone mit Streukreuz.

1 = Stern- oder Faltverschluß, 2 = Streukreuz, 3 = Plastikhülse, 4 = Hartschrot, 5 = Filzpfropfen, 6 = Treibladung, 7 = Bodenpfropfen, 8 = Zündung, 9 = Metallene Bodenkappe

Abb. 80. Schrotpatrone mit Postenschrot.

1 = Bördelverschluß, 2 = Deckplättchen, 3 = Postenschrot, 4 = transparente Plastikhülse, 5 = Filzpfropfen, 6 = Tellerscheibe, 7 = Treibladung, 8 = Metallene Bodenkappe, 9 = Bodenpfropfen, 10 = Zündung

Das Zwischenmittel. Die Aufgabe des Zwischenmittels ist es, die Schrotsäule aus dem Lauf zu schieben und dabei eine Abdichtung des Laufes gegen den Druck der Pulvergase herzustellen. Das klassische Zwischenmittel ist der gefettete *Filzpfropfen,* der durch seine Stauchung die Abdichtung bewirkt und beim Durchgang durch den Lauf einen Wischeffekt auf dessen Wandungen ausübt.

Moderne Zwischenmittel bestehen aus Plastik und sind mit speziellen Dichtungslippen versehen. Oft ist ein Schrotbecher aufgesetzt, der den Schroten einen gewissen Schutz gegen das Abschleifen an den Laufwandungen bietet. Dafür neigen einige *Plastikzwischenmittel* dazu, ihrerseits Ablagerungen an der Laufwand zu hinterlassen, deren baldige Entfernung bei der Reinigung der Flinte anzuraten ist.

Das Schrot. Bleischrot wird von jeher in Schrottürmen hergestellt, indem das flüssige Blei durch ein Sieb tropft und während des freien Falls von etwa 30 m, begünstigt durch eine geringe Arsenbeimischung, eine perfekte Kugelform annimmt, bevor es in einem Wasserbad abgekühlt wird. Eine Legierung mit etwas Antimon erhöht die Härte des Schrotes. Eine Verkupferung oder Vernickelung der Schrote dient ebenfalls dem Zweck, die runde Form der Schrote und damit ihre Flugeigenschaften möglichst zu erhalten.

Sondermunition. Besondere Schrotpatronen werden vorwiegend für sportliche oder jagdliche Wettkampfschießen hergestellt.

Für die Wurftaubendisziplinen Trap und Skeet gibt es Spezialpatronen, die hinsichtlich Deckung und Reichweite auf die Belange dieses Schießens abgestimmt sind.

Ein in die Schrotladung eingesetztes Streukreuz gibt für das Skeetschießen aus eng gebohrten Läufen vergrößerte Streuung.

Auch für die Niederwildjagd werden Streupatronen angeboten. Diese sollten aber nur bei geringen Schußentfernungen (Waldjagd) eingesetzt werden.

Für Patronen mit Postenschrot (4,5 bis 8,5 mm Durchmesser) gibt es bei uns eigentlich keine Verwendung. Eine gute Deckung ist nur auf kurze Entfernungen zu erwarten, dagegen ist der Gefahrenbereich recht groß. Bei Auslandsjagden werden diese Patronen in bestimmten Gegenden für die Bejagung von Schwarzwild verwendet.

4.3   Flintenlaufgeschoßpatronen

Die Patronen mit Flintenlaufgeschossen sollen dem Jäger die Möglichkeit geben,

Abb. 81. Patrone mit
Flintenlaufgeschoß.

1 = Bördelung
2 = Brennecke-Flin-
 tenlaufgeschoß
 mit Filzpfropfen

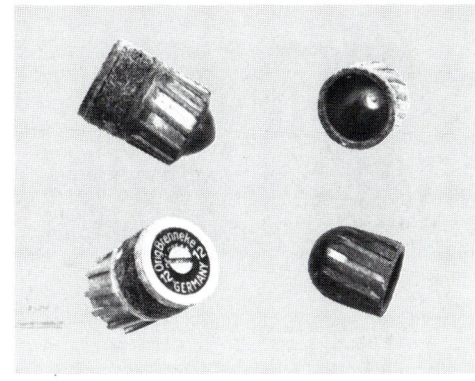

Abb. 82. Flintenlaufgeschosse System Brennecke
(links) und System Foster (rechts).

auch aus einem Flintenlauf einen Schuß
auf Schalenwild abgeben zu können.
Das Flintenlaufgeschoß bleibt jedoch
eine Behelfslösung und ist in bezug auf
Reichweite, Schußpräzision und Flugstabilität dem Büchsengeschoß stets un-
terlegen.

Weil die Flintenlaufgeschoßpatrone die
gleiche Hülse wie die Schrotpatrone hat,
muß sie, zur Vermeidung von Verwechslungen, besonders gekennzeichnet sein.
Auf jeden Fall ist bei allen Fabrikaten eine
entsprechende Beschriftung auf der Hülse
angebracht. Eine leichte Identifizierung,
auch durch Ertasten im Dunkeln, ist durch
die vorn offene Hülse möglich. Die einheimischen Fabrikate verwendeten lange Zeit
einen weißen Ring als zusätzliche Markierung. Inzwischen wurde eine transparente
Plastikhülse eingeführt, die das Geschoß
gut sichtbar macht.

Das Flintenlaufgeschoß. Im Laufe der
Jahre hat es sehr viele Konstruktionen von
Flintenlaufgeschossen gegeben. Das bekannteste und erfolgreichste Geschoß dieser Art und das einzige, das sich auf Dauer
bei uns durchsetzen konnte, ist das von
Brenneke. In Jägerkreisen wird es oft nur
kurz als „die Brenneke" bezeichnet. Es ist
ein außen mit Führungsrippen versehenes
Bleigeschoß mit einer kleinen Kegelspitze,
an das ein Filzpfropfen oder ein Plastikteil

hinten angeschraubt oder angenietet ist.
Dieses leichte Heckteil hat die Aufgabe,
das Geschoß im Flug auszurichten und zu
stabilisieren.

Die bekannten Patronenhersteller aus
den USA verwenden als Flintenlaufgeschoß ein Rundkopfgeschoß mit einem
sehr tiefen hohlen Boden, das als „*Foster-
Geschoß*" bezeichnet wird. Das Geschoß
kann sich durch die Bodenform beim
Schuß gut an die Laufbohrung anpassen.
Die ausgeprägte Kopflastigkeit in Verbindung mit dem dünnwandigen Heck bringt
eine ähnliche Stabilisierung der Flugbahn
zustande wie beim Brenneke-Geschoß.

4.4 Kurzwaffenpatronen

Die Kurzwaffe sollte auf ihren typischen
Anwendungsbereich beschränkt eingesetzt
werden, auch wenn einzelne versierte
Schützen mit ihr auf ungewöhnliche Entfernungen erstaunliche Trefferleistungen
erzielen können.

Die Munition der Kurzwaffen ist nur für
die üblichen kurzen Entfernungen ausgelegt. Ihre Geschosse können aufgrund der
geringen Querschnittsbelastung und der
ungünstigen Form außenballistisch mit den
gebräuchlichen Büchsengeschossen nicht
mithalten. Kopfform und Kaliberquer-

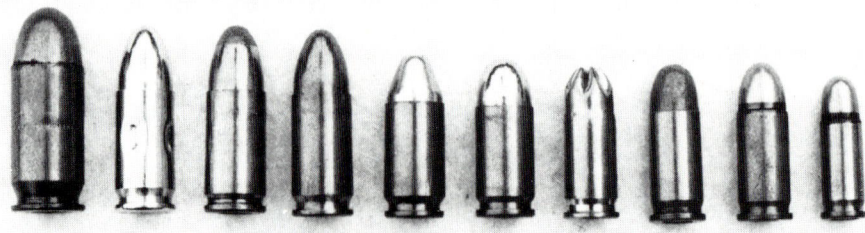

Abb. 83. Pistolenpatronen. Von links nach rechts *rechts u. links*: 6,35 mm Browning; 7,65 mm Browning Vollmantel; 7,65 mm Bleigeschoß; 7,65 mm Platzpatrone; 9 mm kurz Browning; 9 mm Police; 9 mm Para Vollmantel; 9 mm Para Teilmantel; 9 mm Para Exerzierpatrone; .45 Automatic Colt.

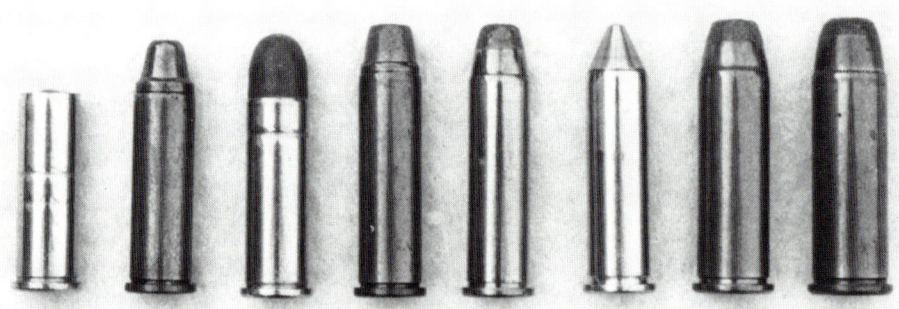

Abb. 84. Revolverpatronen. Von links nach rechts: .38 Special Wad Cutter (Scheibenpatrone); .38 Special Vollmantel; .38 Special Blei-Rundkopf; .357 Magnum Bleigeschoß; .357 Magnum Teilmantel; .357 Magnum Vollmantel; .41 Rem. Magnum Teilmantel; .44 Rem. Magnum Teilmantel.

Abb. 85. Sondermunition. Von links nach rechts: .38 Special Schrotpatrone; .44 Rem. Magnum Schrotpatrone, .38 Special Wiederladbare Speer Übungspatrone; .38 Special Plastikgeschoß, Plastikhülse und Zündhütchen; 7,65 Browning PT-Patrone.

schnitt, welche die Wirksamkeit der Kurzwaffenmunition wesentlich mitbestimmen, bewirken auf großen Schußentfernungen einen unverhältnismäßig starken Geschwindigkeitsabfall gegenüber einem gleich schweren Büchsengeschoß, das ohnehin in einem viel höheren Geschwindigkeitsbereich fliegt.

Vom Aufbau her sind die Kurzwaffenpatronen mit den Büchsenpatronen vergleichbar.

Ihre Kaliberbezeichnungen sind genau so vielfältig, manchmal unklar und mißdeutig wie bei den Büchsenpatronen. Metrische und zöllige Kaliberbezeichnungen sind üblich. Oft gibt es für die gleiche Patrone in verschiedenen Ländern sehr unterschiedliche Bezeichnungen. So heißt z.B. die bei uns unter dem Namen „9 mm Browning kurz" bekannte Patrone für Taschenpistolen in England „.380 Auto Webley", in den USA „.380 A.C.P." (Automatic Colt Pistol) und in Spanien „9 mm Corto".

Viele zöllige Kaliberbezeichnungen haben mit dem tatsächlichen Laufkaliber wenig zu tun.

Pistolenpatronen. Die meisten Patronen für automatische Pistolen haben eine zylindrische Hülse und sind randlos. Flaschenhülsen und Randpatronen sind die Ausnahme.

Die runde Kopfform und der Vollmantel sind üblich. Patronen mit abweichenden Geschoßformen, die aus zielballistischen Gründen für die jagdliche Verwendung vorzuziehen sind, haben bei Selbstladepistolen zu leicht Funktionsprobleme. Die für diesen Zweck hergestellten Teilmantelgeschosse müssen sich im wesentlichen an die runde Kopfform halten. Das bedeutet,

daß nur bei den sehr schnellen Pistolenpatronen mit einer Zielgeschwindigkeit von mehr als 350 m/s ein Teilmantelgeschoß deutliche Aufpilzung zeigt. Aus diesem Grund bringt auch ein solches Geschoß, aus einer Taschenpistole verfeuert, keinen Vorteil.

Für die Pistolen im Kaliber 7,65 mm Browning und 9 mm Parabellum werden auch Patronen mit Bleigeschossen gefertigt. Diese sind weniger für jagdliche Zwecke gedacht, als vielmehr zum Schießen auf Schießständen, auf denen Vollmantelgeschosse nicht zugelassen sind.

Revolverpatronen. Die Revolverpatronen haben in der Regel zylindrische Hülsen mit Rand. Hier sind viele Sondergeschosse möglich, weil die Funktion nicht von der Geschoßform abhängt. Teilmantelgeschosse oder Bleigeschosse mit stark abgeflachtem Kopf versprechen beim Fangschuß die beste Wirkung.

Ein spezielles Fangschußgeschoß ist für das Kaliber .38 Special entwickelt worden.

Selbst Schrotpatronen lassen sich aus Revolvern ohne Störung verschießen. Wegen der geringen Anzahl der feinen Schrote ist ihre Wirkung auf wenige Meter begrenzt und eignet sich nur zur Anwendung auf kleine Tiere, z.B. bei der Fallenjagd.

Sondermunition. Sowohl für Pistolen als auch für Revolverkaliber gibt es Übungsmunition (PT-Patronen = Plastik-Trainingspatronen) zum Schießen auf die Scheibe. Diese nur für diesen Zweck verwendbaren Patronen verschießen ein sehr leichtes Plastikgeschoß mit dem Vorteil von geringer Durchschlagskraft und geringem Gefahrenbereich.

N

5
Beschußwesen

5.1 Beschußpflicht

Die Beschußprüfung soll eine gefahrlose Benutzung (Handhabung und Schießen) der Waffen sicherstellen. Deshalb müssen alle Handfeuerwaffen durch Beschuß amtlich von den Beschußämtern geprüft werden. Die gesetzliche Grundlage dafür bildet das Waffengesetz mit seinen Rechtsverordnungen.

> Da es sich um eine Einzelprüfung handelt, müssen alle Waffen, die ein Jäger erwerben kann, amtlich beschossen sein. Die Benutzung einer nicht amtlich beschossenen Waffe ist unzulässig (Ordnungswidrigkeit). Aus diesem Grunde ist ein Jäger *verpflichtet*, eine entsprechende Kontrolle vorzunehmen.

Beschußpflichtig sind ebenfalls Einstecklläufe. Ausgenommen davon sind nur solche für Munition mit einem zulässigen höchsten Gebrauchsgasdruck bis zu 2000 bar. Darunter fallen z. B. Einstecklläufe in den Kalibern .22 lfB und .22 WMR sowie Einsteckpatronen Kaliber .38 Spezial (Fangschußgeber). Für diese Läufe muß eine Bauartzulassung durch die Physikalisch-Technische Bundesanstalt (PTB) erteilt werden.

Ebenfalls nicht beschußpflichtig sind Gegenstände nach § 13 WaffG (z. B. Luftgewehre), § 21 (z. B. Zimmerstutzen) und § 22 (z. B. Gaspistolen). Auch dafür erteilt die PTB Bauartzulassungen. Diese Gegenstände müssen die entsprechenden Zulassungszeichen tragen (s. PTB-Zulassungszeichen).

Wird ein *wesentliches Teil* einer Handfeuerwaffe (z. B. Lauf oder Verschlußelemente) ausgetauscht, verändert oder instandgesetzt, so ist ein erneuter amtlicher Beschuß erforderlich.

Dies ist beispielsweise der Fall, wenn der Scharnierbolzen einer Kipplaufwaffe ausgewechselt wird, oder wenn ein Schrotpatronenlager von 65 auf 70 mm aufgerieben worden ist.

5.2 Beschußprüfung

Waffen, die zur Beschußprüfung vorgelegt werden, müssen einige Grundvoraussetzungen erfüllen. Dazu gehören u. a.:
- die Waffen müssen gebrauchsfertig zusammengesetzt sein,
- sie müssen sich in einem weitgehend fertigen Zustand befinden (weißfertig). Abgesehen von der Gravierung dürfen nach erfolgtem Beschuß keine materialschwächenden oder verändernden Arbeiten vorgenommen werden.
- die vorgeschriebene Kennzeichnung muß vorhanden sein.

> *Zur Kennzeichnungspflicht zählen folgende Angaben:*
> 1. der Name, die Firma oder ein eingetragenes Warenzeichen eines Waffenherstellers oder -händlers;
> 2. die Bezeichnung der Munition (Kaliberangabe);
> 3. eine fortlaufende Nummer.
>
> *Bei dem Beschuß ist zu prüfen, ob*
> 1. die wesentlichen Teile der Handfeuerwaffen der Beanspruchung standhalten, der sie bei der Verwendung der zugelassenen Munition ausgesetzt werden (Haltbarkeit);
> 2. der Benutzer die Waffe ohne Gefahr laden, schließen und abfeuern kann (Handhabungssicherheit);
> 3. die Abmessungen des Patronenlagers und des Laufes sowie der Verschlußabstand den Nenngrößen entsprechen (Maßhaltigkeit);
> 4. die Kennzeichnung angebracht ist.

Die *Haltbarkeit* von Waffen wird mit Beschußmunition geprüft, deren Gasdruckmittelwert 30% über dem höchstzulässigen Gasdruck der Gebrauchsmunition liegt.

Beispiele: Kaliber 7 × 64, max. Gebrauchsdruck 3600 bar davon 30% = 1080 bar, Beschußdruck 4680 bar.

Kaliber 12/70, max. Gebrauchsdruck 650 bar davon 30% = 195 bar, Beschußdruck 845 bar.

Beschußzeichen ab 1945

N	V	SP
Normaler Nitro-Beschuß	Verstärkter Beschuß	Schwarz-pulver-beschuß

Zeichen der Prüfämter

 Ulm	Kiel	Hannover
München	Köln	

Beschußzeichen ab 1969 bzw. 1972

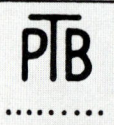 F	Kennzeichen für Schuß-waffen, bei denen die Bewegungsenergie nicht mehr als 7,5 J beträgt (§ 13)
PTB	Zulassungszeichen für Handfeuerwaffen und Einsteckläufe nach § 21 des Gesetzes
PTB	Zulassungszeichen für Schreckschuß-, Reizstoff-und Signalwaffen nach § 22 des Gesetzes

Abb. 87. Beschuß- und Prüfzeichen.

Auf Antrag können Flintenläufe auch *verstärkt beschossen* werden. Aus diesen Läufen darf Munition (Magnum-Patronen) mit einem überhöhten Gebrauchsgasdruck (900 bar) verschossen werden. Der Beschußdruck beträgt bei diesen Läufen 1200 bar.

Nach der Beschußprüfung wird kontrolliert, ob Veränderungen (Dehnungen, Risse) aufgetreten sind, die die Sicherheit der Waffe gefährden.

Vor dem Beschuß wird die *Maßhaltigkeit* geprüft. Dabei wird festgestellt, ob die Abmessungen (Zug- und Felddurchmesser, Übergangskegel, Patronenlager und Verschlußabstand, den Maßtafeln entsprechen.

Die Feststellung der *Handhabungssicherheit* beinhaltet im wesentlichen eine Funktionsprüfung der Waffe und die Prüfung von Bauteilen, die für eine einwandfreie Handhabung und ein gefahrloses Schießen wesentlich sind (Funktion der Sicherung, Prüfung der Lade- und Entladefähigkeit der Patronen bzw. der abgeschossenen Hülsen, Beschaffenheit des Schlagbolzens).

Hat eine Waffe alle Prüfungen ohne Beanstandungen durchlaufen, erhält sie das amtliche *Beschußzeichen*. Es besteht aus:

1. dem Bundesadler mit dem jeweiligen Kennbuchstaben für die Art des Beschusses;
2. dem Ortszeichen (Zeichen des Beschußamtes);
3. dem Jahreszeichen für den Zeitraum des Beschusses.

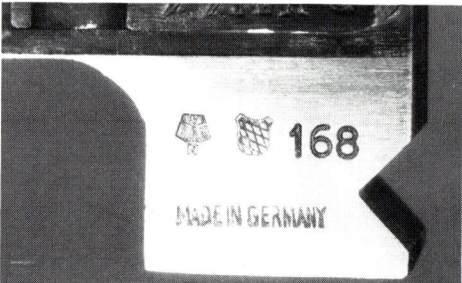

Abb. 88. Beispiel für ein komplettes Beschußzeichen (hier auf dem Laufhaken einer Bockbüchsflinte).

Abb. 89. Beschuß- und Prüfzeichen europäischer Staaten.

Belgien

Normaler Nitro-Beschuß

Verstärkter Beschuß

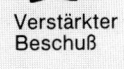
Prüfzeichen f. Munition

Italien

Normaler Nitro-Beschuß

Verstärkter Beschuß

Prüfzeichen f. Munition

DDR

Normaler Nitro-Beschuß

Verstärkter Beschuß

Prüfzeichen f. Munition

Jugoslawien

Normaler Nitro-Beschuß

Verstärkter Beschuß

Prüfzeichen f. Munition

Finnland

Normaler Beschuß

Verstärkter Beschuß

Prüfzeichen f. Munition

Österreich

N P V Wien

N P F Ferlach

Normaler Nitro-Beschuß

P V

Verstärkter Beschuß

Prüfzeichen f. Munition

Frankreich

Normaler Nitro-Beschuß

Verstärkter Beschuß

C.I.P.
BANC D'EPREUVE
ST ETIENNE
Prüfzeichen f. Munition

Spanien

BP
Normaler Nitro-Beschuß f. Flintenläufe

CH
Verstärkter Beschuß

Beschuß f gezogene Läufe

Prüfzeicher f. Munition

Groß-Britannien

London

NP

L

Birmingham

BNP
Normaler Nitro-Beschuß

SP
Verstärkter Beschuß

B
Prüfzeichen f. Munition

Tchechoslowakei

N
Nitro-Beschuß f. glatte Läufe

Nitro-Beschuß f. gezogene Läufe

CSSR
Prüfzeichen f. Munition

Ungarn

N
Normaler Nitro-Beschuß

S
Verstärkter Beschuß

M
Prüfzeichen f. Munition

Dieses Zeichen besteht aus den beiden letzten Ziffern der Jahreszahl, vor denen meistens auch noch die Monatszahl steht. Die Jahreszahl kann auch durch Buchstaben kodiert werden (A–K entspricht 0–9).

Das vollständige Beschußzeichen befindet sich auf einem wesentlichen Teil der Waffe (am häufigsten auf dem Lauf). Auf den übrigen wesentlichen Teilen (Verschlußhülse, Kammer, Verschlußgehäuse, Rahmen, Trommel) wird nur der Bundesadler mit dem Kennbuchstaben angebracht (s. Beschußzeichen).

In der „Ständigen Internationalen Kommission für die Prüfung von Handfeuerwaffen" (*CIP*) sind Staaten zusammengeschlossen, die ihren Beschuß gegenseitig anerkennen. Dazu gehören Belgien, Bundesrepublik Deutschland, Chile, Deutsche Demokratische Republik, Finnland, Frankreich, Großbritannien, Italien, Jugoslawien, Österreich, Spanien, Tschechoslowakei und Ungarn.

Da die Prüfverfahren in diesen Ländern einheitlich sind, sind diejenigen Waffen in der Bundesrepublik nicht beschußpflichtig, die ein anerkanntes Beschußzeichen tragen.

Obwohl ein Jäger sich Gewißheit über die Beschußzeichen auf seiner Waffe verschaffen muß, kann nicht erwartet werden – auch nicht bei der Jägerprüfung – daß er außer den deutschen Zeichen, auch die der anderen Staaten kennt. Als Orientierungshilfe sind hier nur die wichtigsten aktuellen Beschußzeichen aufgeführt (Abb. 89). Sollte eine Zuordnung nicht möglich sein, wendet man sich am besten an einen Fachmann.

Abb. 90. Munitionsprüfzeichen.

5.3   Munitionsprüfung

In diesem Abschnitt wird nur so weit auf die waffenrechtlichen Bestimmungen für die Munition eingegangen, wie dies für den Jäger von Bedeutung ist.

Ebenso wie die Waffen, ist auch die Munition in bestimmter Art und Weise zu kennzeichnen. Die kleinste Verpackungseinheit muß folgende Angaben enthalten:

- Hersteller,
- Bezeichnung der Munition (Kaliberbezeichnung),
- Fertigungsserie (Fertigungszeichen bzw. Losnummer),
- Anzahl der Patronen,
- Prüfzeichen.

Das Herstellerzeichen und die Kaliberzeichnung sind auch auf der Hülse anzubringen. Bei Randfeuerpatronen genügt das Zeichen des Herstellers. Auf Schrotmunition ist der Durchmesser oder die Nummer der Schrote sowie die Länge der Hülse anzugeben. Schrotpatronen, für die ein überhöhter Gasdruck zugelassen ist, müssen mit dem Wort „Magnum" gekennzeichnet sein. Die kleinste Verpackungseinheit für diese Munition muß die Aufschrift tragen

Achtung! Erhöhter Gasdruck!
In normal geprüften Waffen nicht verwendbar!

Bei dem Zulassungsverfahren für Munition wird folgendes geprüft:

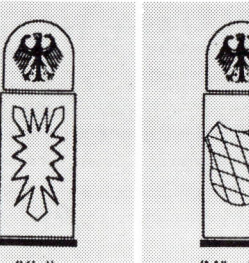
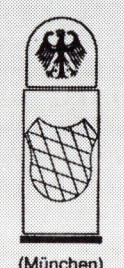
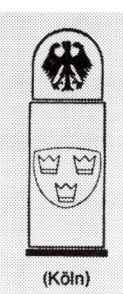

(Ulm)   (Hannover)   (Kiel)   (München)   (Köln)

– die vorgeschriebene Kennzeichnung,
– die Maßhaltigkeit,
– der Gasdruck,
– die Funktionssicherheit.

Munition, die den Anforderungen entspricht, wird auf Antrag bei den zuständigen Behörden (Beschußämter) zugelassen.

Die kleinste Verpackungseinheit trägt dann das entsprechende Prüfzeichen. Die Zulassungsprüfung entfällt bei Munition aus Staaten, mit denen die gegenseitige Anerkennung der Prüfzeichen vereinbart ist, und deren kleinste Verpackungseinheit ein Prüfzeichen dieses Staates trägt.

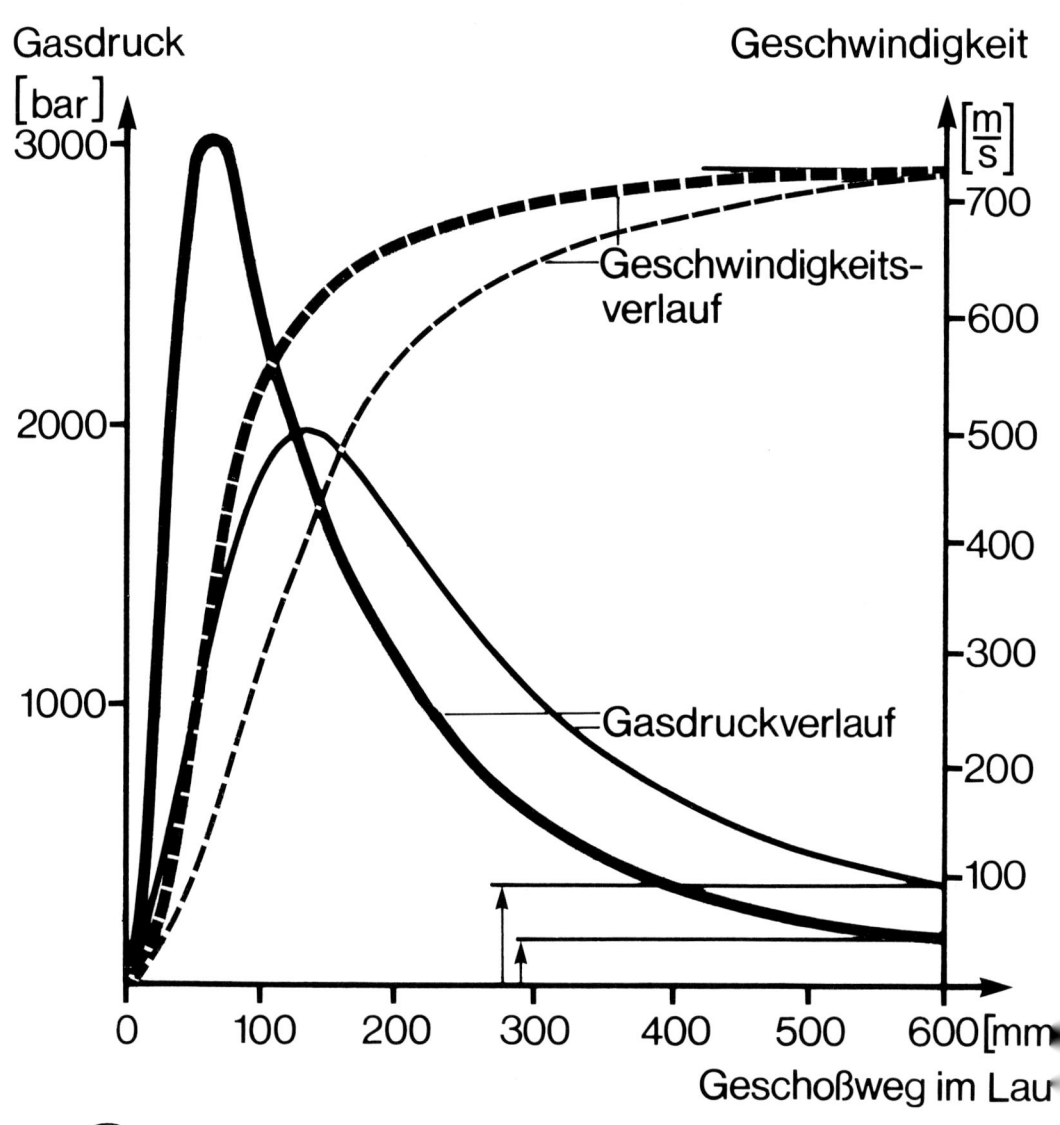

Gasdruck [bar]

Geschwindigkeit

3000

2000

1000

[m/s] 700 600 500 400 300 200 100

Geschwindigkeits-verlauf

Gasdruckverlauf

0   100   200   300   400   500   600 [mm]

Geschoßweg im Lauf

6

Ballistik

6.1 Innenballistik

Die Innenballistik umfaßt alle Vorgänge, die sich innerhalb der Waffe abspielen, also vom Auftreffen des Schlagbolzens auf das Zündhütchen bis zum Austreten des Geschosses oder der Schrotladung aus der Laufmündung.

6.1.1 Waffen mit gezogenen Läufen

Die innenballistischen Vorgänge lassen sich anschaulich darstellen, wenn die einzelnen Phasen der Schußentwicklung nach ihrem zeitlichen Ablauf beschrieben und analysiert werden.

Zündung. Nach der Betätigung des Abzuges schlägt der Schlagbolzen oder das Schlagstück gegen das Zündhütchen und leitet damit durch die Zündung des Zündsatzes die eigentliche Schußentwicklung ein. Kommt es nicht oder erst verspätet dazu, liegt ein Nachbrenner oder Versager vor. Ein *Versager* kann waffenseitig bedingt sein, z. B. durch einen abgebrochenen oder verbogenen Schlagbolzen, eine zu schlappe Schlagfeder oder durch Verschmutzung des Schlosses. Der Schlagbolzeneindruck auf dem Zündhütchen ist in solchen Fällen nicht oder nur sehr schwach ausgeprägt. Ist aber der Schlagbolzeneinschlag normal, hatte der Versager munitionsseitige Ursachen wie z. B. fehlender oder lockerer Zündsatz oder feuchtes bzw. veröltes Pulver. Ein *Nachbrenner* (verzögerte Schußentwicklung) kann sich ergeben, wenn die Zündflamme zu klein ist und das Pulver nicht sofort anbrennt.

Wie kommt es überhaupt zur Zündung? Der Zündsatz besteht aus einem Gemisch des sogenannten Friktionsmittels mit einer brennbaren Substanz. Beim Aufschlag des Schlagbolzens entsteht durch das Friktionsmittel Reibungswärme, die die brennbaren Bestandteile entzündet. Das funktioniert aber nur, wenn der Zündsatz im Bereich des Schlagbolzenaufschlages auf einem Gegenlager aufliegt, weil sonst der Schlag ins Leere ginge und deshalb keine Reibungswärme erzeugt würde. Das Gegenlager besteht bei Zentralfeuerpatronen

aus dem Amboß und bei Randfeuerpatronen (hier ist der Zündsatz im Randwulst eingelagert) aus dem Patronenlagerrand.

Der Zündstrahl gelangt in den Pulverraum und brennt dort das Pulver an. Die bei der Verbrennung freiwerdenden Gase bauen einen Druck auf, der zunächst die Hülse bis zur Anlage an die Patronenlagerwand dehnt und dann das Geschoß aus dem Hülsenhals hinausdrückt. Durch die Dehnung der Hülse und das feste Anpressen an die Patronenlagerwand – man bezeichnet diesen Vorgang auch mit „Lidern" der Hülse – wird ein Zurückströmen der Gase verhindert, die Hülse fungiert also auch als Dichtung.

Treibladungspulver. Doch bevor die Vorgänge weiter verfolgt werden, einige Anmerkungen zum Treibladungspulver. Bei den Nitrozellulosepulvern handelt es sich nicht etwa um ein „Einheitspulver", das gleichermaßen in allen Patronentypen und Kalibern laboriert wird. Es werden vielmehr sehr verschiedenartige Pulversorten geladen, die sich in ihrer Abbrandcharakteristik unterscheiden. Schnellverbrennende Pulver werden als offensiv, langsam verbrennende als progressiv bezeichnet. Die Anwendung richtet sich in erster Linie nach dem Pulverraumvolumen, dem Geschoßquerschnitt und der Geschoßmasse, wobei kleinvolumige Hülsen bei Geschossen mit großem Querschnitt und geringer Geschoßmasse (Kurzwaffenpatronen) offensive Typen erfordern, während in großvolumigen Hülsen mit kleinem Geschoßquerschnitt und großer Geschoßmasse (Büchsenpatronen) progressive Pulver laboriert werden.

Früher wurde für die Beurteilung der Leistungsfähigkeit einer Büchsenpatrone die Pulverladung angegeben. Bei der Fülle von Pulver- und Geschoßtypen ist dieses Verfahren heute nicht mehr anwendbar. Ausschlaggebend sind allein die ballistischen Werte des Geschosses, wobei unbedeutend ist, mit welchem Pulvertyp und welcher Pulvermasse der Antrieb erfolgt. Aus diesem Grunde können Angaben über das Pulver unerwähnt bleiben.

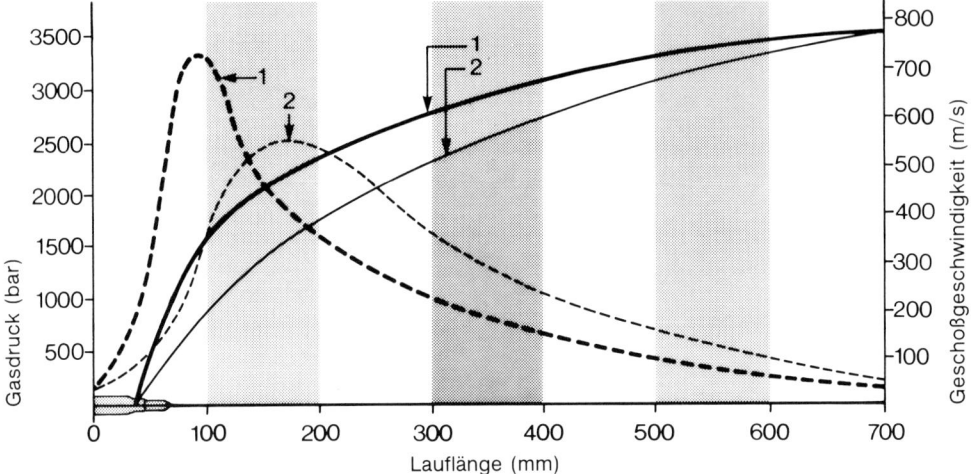

Abb. 92. Gasdruck- und Geschoßgeschwindigkeits-Verlauf bei Treibladungspulvern mit unterschiedlicher Abbrandcharakteristik.

--- Gasdruck   —— Geschoßgeschwindigkeit   1 offensives Pulver   2 progressives Pulver

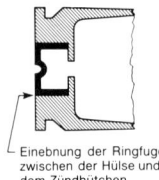

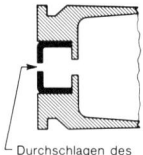

Einebnung der Ringfuge zwischen der Hülse und dem Zündhütchen

Aufkraterung des Schlagbolzeneinschlages

Durchschlagen des Zündhütchens („Durchbläser")

Abb. 93. Merkmale von zu hohem Gasdruck

Für jedes Kaliber ist ein maximal zulässiger Gebrauchsdruck festgelegt (Büchsenpatronen bis zu 3900 bar, Kurzwaffenpatronen bis zu 3200 bar). Die Munitionskomponenten – primär aber Pulvertyp und -masse sowie die Geschoßmasse – sind so aufeinander abgestimmt, daß dieser Druck nicht überschritten wird. Trotz vielfältiger Kontrollen während des Fertigungsprozesses, ist es nicht gänzlich auszuschließen, daß – unter Umständen auch unter Mitwirkung waffenseitiger Einflüsse – der zulässige Gasdruck überschritten wird. Dann allerdings treten an der abgeschossenen Hülse charakteristische Veränderungen auf, die Rückschlüsse auf die Höhe des Gasdruckes zulassen:

– Einebnen der Ringfuge zwischen der Hülse und dem Zündhütchen;

Abb. 94. Schäden an Patronenhülsen. Oben: Zu hoher Innendruck führte zum Aufreißen der Hülse; unten: die Hülse ist durch stark überhöhten Gasdruck verformt worden.

– Kraterbildung im Bereich des Schlagbolzeneinschlages;
– Durchschlagen des Zündhütchens (Durchbläser);
– Aufweitung der Zündglocke (Zündhütchenausfaller);
– Verformung des Hülsenbodens (Abprägung des Auswerferstiftes und der Auszieherkralle, Durchmesservergrößerung).

Während die ersten beiden Anzeichen noch relativ harmlos sind, deuten die anderen auf eine bedrohliche Drucküberhöhung hin. Zeigen sich derartige Merkmale, dürfen die Patronen auf gar keinen Fall weiter verwendet werden, weil die Möglichkeit einer Waffenbeschädigung mit Verletzungsgefahr besteht.

Es gibt aber auch Erscheinungen an abgeschossenen Hülsen, die zwar auffällig, aber unbedenklich sind. Dazu gehört die mehr oder weniger deutlich sichtbare Durchmessererweiterung über dem massiven Bodenteil und die Beschmauchung (Schwärzung) des Hülsenhalses.

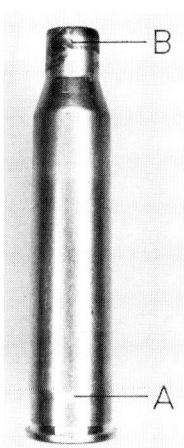

Abb. 95. Die Aufweitung dieser abgeschossenen Hülse (A) und die Beschmauchung des Hülsenhalses (B) sind nicht ungewöhnlich und bieten keinen Anlaß zur Sorge.

Doch zurück zur weiteren Schußentwicklung. Nachdem sich das Geschoß in Bewegung gesetzt hat, gelangt es in den Übergangskegel und anschließend in den gezogenen Teil des Laufes. Obwohl der Jäger diese Vorgänge nicht beeinflussen kann, sollte er wissen, was sich in diesem Abschnitt innenballistisch abspielt.

Übergangskegel. Da der Geschoßdurchmesser immer wenige hundertstel Millimeter größer ist als der größte Laufdurchmesser (Zugdurchmesser), wäre eine Patrone nicht ladefähig, wenn es zwischen dem Patronenlager und dem Lauf nicht eine Übergangszone, den Übergangskegel, gäbe. Die Mindestlänge des Übergangskegels ist festgelegt, die Geschoßlänge variiert aber je nach Geschoßmasse in weiten Grenzen. Durch diese maßlichen Verhältnisse ergeben sich bestimmte Bewegungsabläufe des Geschosses. In diesem Zusammenhang müssen die Begriffe „rotationsloser Geschoßweg" und „Freiflug" erwähnt und erläutert werden. Der *rotationslose Geschoßweg* ist die Strecke, die das Geschoß von seiner Ruhelage in der Hülse bis zur Anlage an die Felder zurücklegt. Dieser Weg muß vorhanden sein, damit der Ausziehwiderstand des Geschosses aus der Hülse und der Einpreßwiderstand des Geschosses in die Felder und Züge nicht zusammenfallen, was zwangsläufig durch Addition der Kräfte zu einer u. U. gefährlichen Gasdrucksteigerung führen kann. Mit *Freiflug* wird der Weg des Geschosses bezeichnet, in dem es ohne Führung im Übergangskegel fliegt. Der Freiflug beginnt, wenn das Geschoß den Hülsenmund verläßt und endet mit dem Eintritt in die Felder und Züge. Dieser führungslose Weg ist grundsätzlich unerwünscht, weil er zu verstärkten Laufschwingungen führt, die sich negativ auf die Schußpräzision auswirken können. Besonders die Übergangskegel der deuschen Standardkaliber sind unsinnig

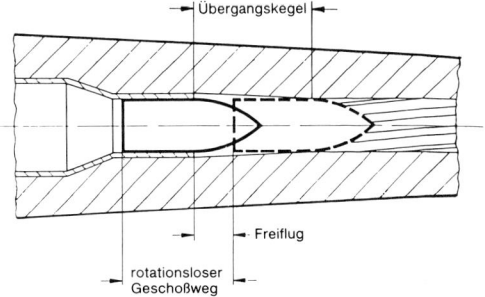

Abb. 96. Darstellung des rotationslosen Geschoßweges und des Geschoß-Freifluges.

lang, und deshalb gibt es in dieser Hinsicht häufig Schwierigkeiten bei leichten, kurzen Geschossen.

Aufgrund der konstruktiven Eigenart (Patronenlager und Lauf sind getrennt) ist bei Revolvern immer Freiflug vorhanden. Trotzdem reagieren diese Kurzwaffen darauf nicht mit übermäßiger Streuung. Gute Revolver sind vielmehr für ihre ausgezeichnete Schußgenauigkeit bekannt. Das Schwingungsverhalten der kurzen, massiven Läufe hat also keine nachteiligen Folgen.

Drall. Beim Eintritt in den gezogenen Teil des Laufes wird das Geschoß verformt. Es nimmt das Innenprofil des Laufes an und muß nun zwangsweise dem wendelförmig verlaufenden Drall folgen, durch den es eine Drehbewegung erhält. Für einen außenballistisch stabilen Flug ist eine gewisse Drehzahl erforderlich, die durch die *Dralllänge* bestimmt wird. Dies ist der Weg, den das Geschoß zurückgelegt hat, wenn es sich im Lauf einmal um 360 Grad gedreht hat. Die Drallängen betragen bei Büchsenläufen etwa 200 bis 350 mm und bei Kurzwaffenläufen bis etwa 500 mm. Die Geschoßdrehzahl wird errechnet, indem die Anfangsgeschwindigkeit (V_0) durch die Dralllänge geteilt wird.

Beispiel: $V_0 = 875$ m/s,
Dralllänge $= 250$ mm
Die Drehzahl ist dann 875 m/s : 0,25 m = 3500 Umdrehungen pro Sekunde oder 210 000 Umdrehungen pro Minute.

Bleigeschosse lassen sich aufgrund der leichten Verformbarkeit dieses Werkstoffes nur bis zu einer V_0 von ca. 500 m/s beschleunigen. Wird dieser Wert überschritten, folgt das Geschoß nicht mehr dem Drall, sondern es „überspringt" die Züge. Die Folgen sind ungenügende Drallstabilisierung und starke Verbleiung des Laufes.

Bevor ein Geschoß die Laufmündung ganz verläßt und damit in den Bereich der Außenballistik übergeht, gibt es noch ein Randgebiet der Innenballistik zu betrachten, nämlich das der Mündungs- oder Übergangsballistik. Darunter fallen Vor-

gänge, die sich mit dem Mündungsfeuer, dem Schußknall und dem Rückstoß befassen.

Mündungsfeuer. Das Mündungsfeuer ist in hohem Maße von dem Pulverabbrand und der Lauflänge abhängig. Ideale Verhältnisse liegen vor, wenn die Pulverumsetzung in Gase und deren Verbrennung gerade beendet ist, wenn das Geschoß die Laufmündung verläßt. Ist die Abstimmung von Pulvertyp und -masse sowie der Lauflänge derart ideal, verläßt lediglich ein heißer Gasstrahl die Mündung, der bei Tageslicht nicht sichtbar ist und erst bei fortgeschrittener Dämmerung als blaßrotes, keilförmiges Mündungsfeuer wahrgenommen wird (Abb. 97).

Werden zur Leistungssteigerung progressivere Pulvertypen laboriert oder ist die Lauflänge für eine vollständige Verbrennung nicht ausreichend, strömen unverbrannte Gase nach dem Geschoß aus dem Lauf. In Verbindung mit dem Luftsauerstoff kommt es dann zu einer explosionsartigen Nachverbrennung, die als hellgelber Feuerball in Erscheinung tritt.

Dieser grelle „*Mündungsblitz*", der sowohl bei Lang- wie auch bei Kurzwaffen auftreten kann, führt in der Dämmerung zu einer kurzzeitigen Blendung des Schützen, wodurch ein Beobachten des Zieles erschwert oder vielleicht sogar unmöglich gemacht wird. Um diesen Nachteil weitgehend zu vermeiden, werden Stutzen nur für Patronen hergestellt, in denen offensivere Treibladungspulver verwendet werden (z. B. Kaliber 7 × 57, .308 Win., 9,3 × 62).

Abb. 97. Mündungsfeuer.

Der *Mündungsknall* entsteht durch die schlagartige Ausdehnung der noch unter hohem Druck stehenden Verbrennungsgase des Pulvers bei Austritt des Geschosses aus der Mündung. Die Druckwelle überträgt sich auf die umgebende Luft und pflanzt sich darin wellenförmig fort. Die Intensität dieses Knalles ist abhängig vom Mündungsgasdruck. Ein Mündungsblitz hat immer eine schalldruckverstärkende Wirkung. Zu dem Mündungsknall tritt unter bestimmten Bedingungen ein weiteres Schallereignis: der Geschoßknall. Da dieser aber nur während des Geschoßfluges entsteht, wird dieses Phänomen im Abschnitt Außenballistik besprochen.

Rückstoß. Für den Rückstoß gelten bestimmte physikalische Gesetzmäßigkeiten, die aber hier nicht näher erläutert werden sollen. Durch die stoßartige Krafteinwirkung auf das Geschoß während der Schußentwicklung erhält die Waffe einen Stoß gleicher Größe, die von der Geschoßmasse und deren Geschwindigkeit abhängig ist. Da die Waffe im Verhältnis zum Geschoß aber eine wesentlich größere Masse hat, reagiert es auf diesen Stoß mit einer vergleichsweise geringen Rücklaufbewegung. Der Rückstoß einer Waffe ist also auch von deren Masse abhängig. Daraus ergibt sich, daß der Rückstoß umso stärker ist, je leichter die Waffe, je schwerer das Geschoß und je höher dessen Geschwindigkeit ist.

Außer diesen Kräften wirkt aber noch eine andere Größe, der Raketeneffekt, rückstoßverstärkend. Entsprechend dem Raketenprinzip erzeugt der mit hoher Strömungsgeschwindigkeit aus der Laufmündung austretende Gasstrahl einen entgegengesetzt gerichteten Schub. Zur Reduzierung und/oder Dämpfung des Rückstoßes können Vorrichtungen eingesetzt werden, die in den Abschnitten 1.6.3 und 1.6.4 beschrieben werden.

Obwohl der Rückstoß berechenbar ist, ist damit eine sichere Aussage über die Wirkung auf den Schützen nicht unbedingt gewährleistet. Dies liegt zum einen an dem zeitlich unterschiedlichen Bewegungsab-lauf, zum anderen an dem von Schütze zu Schütze sehr differenzierten Rückstoßempfinden. Ein Stoß kann bei gleicher Krafteinwirkung einmal schlagartig und einmal mehr schiebend an der Schulter auftreffen. Diese minimalen zeitlichen Differenzen kann der Schütze zwar nicht auflösen, trotzdem aber anders empfinden. Verläßliche Untersuchungsergebnisse gibt es zur Zeit noch nicht, deshalb soll auch gar nicht erst versucht werden, die Frage zu klären, welche der beiden Stoßarten unangenehmer ist.

Ebenso ungeklärt ist das subjektive Rückstoßempfinden. Selbstverständlich spielen hier die körperliche Eigenart, die Bekleidung, der Anschlag sowie die dabei eingenommene Körperhaltung usw. eine wichtige Rolle. Aber auch die nervliche Verfassung, die Situation, in der sich ein Schütze befindet (Jagd oder Schießstand), und nicht zuletzt auch die Einstellung zum Gebrauch der Waffe beeinflussen die Empfindlichkeit gegenüber dem Rückstoß.

Die Angst vor dem Rückstoß kann unter Umständen die Genauigkeit des gezielten Schusses beeinträchtigen, weil sich der Schütze im Augenblick der Schußabgabe verkrampft und dann den Schuß verreißt (muckt) oder die Augen schließt.

6.1.2   Waffen mit glatten Läufen

Die Schußentwicklung vollzieht sich beim Schrotschuß im Prinzip in der gleichen Weise wie beim Büchsenschuß. Aufgrund des Aufbaues der Schrotpatrone und der Eigenart des Schrotschusses ergeben sich allerdings einige Unterschiede.

Der Zündstrahl des in den Bodenpfropfen eingesetzten Zündhütchens gelangt direkt, also nicht durch einen Zündkanal, in den Pulverraum. Wegen des großen Querschnittes der Druckangriffsfläche am Pfropfen, des geringen Öffnungswiderstandes des Hülsenverschlusses und der niedrigen Reibungswiderstände wird die Pulvervorlage (Zwischenmittel und Schrotladung) schon bei relativ niedrigem Druck nach vorn bewegt. Damit vergrößert sich das Volumen des Brennraumes, was wiederum einen Druckabfall zur Folge hat. Nitrozellulosepulver benötigt aber zur vollständigen schnellen Umsetzung in Gase ein bestimmtes Druckniveau. Um dieses zu erreichen, werden in Schrotpatronen ausnahmslos *offensive Pulvertypen* laboriert.

Anders als bei Büchsenpatronen spielen Pulverraumvolumen und Kaliber für die Auswahl des Pulvers eine weniger bedeutende Rolle, ausschlaggebend ist vielmehr die Masse der Schrotladung. Mit zunehmender Masse vergrößert sich naturgemäß auch die Massenträgheit und damit der Widerstand, der dem Ausdehnungsstreben der Verbrennungsgase entgegenwirkt. Daraus ergibt sich die Anwendung der Treibladungspulver: Mit zunehmender Schrotmasse sind progressivere Pulver erforderlich.

Das *Zwischenmittel* (Pfropfen) überträgt den Gasdruck auf die davor eingelagerte Schrotladung oder das Flintenlaufgeschoß. Diese Aufgabe kann es aber nur erfüllen, wenn Gasschlupf weitgehend verhindert wird. Es ist also in erster Linie ein Dichtungselement. Darüberhinaus soll es aber auch eine Pufferfunktion übernehmen, um den schlagartigen Gasstoß zu mildern. Die unterschiedlichen Ausführungsformen der Pfropfen (s. Abschnitt 4.2: Schrotpatronen) erfüllen diese Anforderungen mehr oder weniger vollkommen.

Im Verlauf der weiteren Schußentwicklung lidert die Hülse und schließt so das Patronenlager gegen zurückströmendes Gas ab. Gleichzeitig wird die Schrotladung mit steigendem Druck aus der Hülse geschoben und öffnet dabei den Bördel- bzw. Faltverschluß. Für die ungehinderte Öffnung des Hülsenverschlusses müssen die Patronenlager- und die Hülsenlängen richtig aufeinander abgestimmt sein. Ist die Hülse länger als das Patronenlager, reicht der Hülsenmund in den Übergangskonus hinein und engt damit den Öffnungsquerschnitt ein. Dadurch wird die Vorwärtsbewegung der Schrote erschwert, und es kommt zu einem Gasstau, der eine gefährliche Drucksteigerung bewirken kann. Aus diesem Grunde ist es nicht zulässig, Patronen zu verschießen, deren Hülsen länger sind als das Patronenlager. Eine Ausnahme bilden Patronen mit 67,5 mm langen Hülsen. Diese dürfen sowohl aus 70 mm wie auch aus 65 mm langen Patronenlagern verschossen werden. Unbedenklich hingegen ist die Verwendung von Patronen, die kürzer sind als das Patronenlager.

Durch die sehr hohen Beschleunigungskräfte werden die Schrote aneinander gepreßt und dadurch leicht verformt. Diese Neigung wird durch weiches, ungeeignetes Material begünstigt, und dann können sich sogar aus mehreren Schroten bestehende Klumpen bilden, die in dieser kompakten Form auch den Lauf verlassen und aufgrund ihrer größeren Masse sehr viel weiter fliegen als die übrigen Einzelschrote. Dadurch ergibt sich eine erhöhte Gefähr-

Abb. 98. Verwendung von zu langen Patronen und deren Folgen.
a: Richtige Patrone: Beim Aufbördeln kommen Schlußdeckel und Schrot ohne Zwang in den Lauf.
b: Falsche, zu lange Patrone: Die Patrone mit der 70 mm langen Hülse geht in das 65 mm lange Patronenlager hinein (1)! Bei der Schußentwicklung (2) reicht die Hülse aufgebördelt in den Übergangskegel hinein. Dadurch bleibt der Hülsenmund verengt, der Gasdruck wird erhöht.
1 = vor dem Schuß,
2 = bei der Schußentwicklung

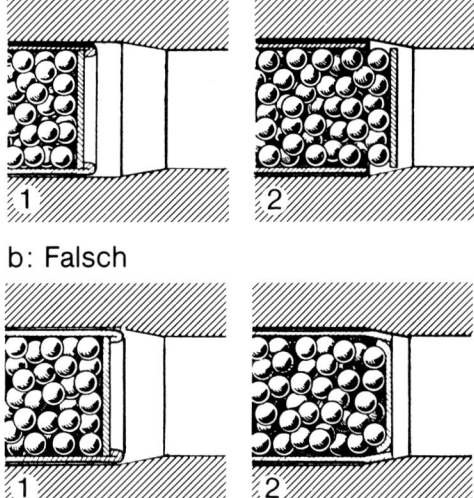

a: Richtig

b: Falsch

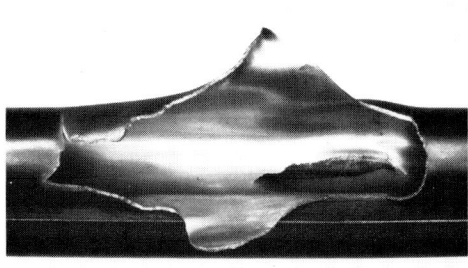

Abb. 99. Oben: Ein Hindernis im Lauf bewirkte diese Sprengung. Unten: Die Sprengung des Patronenlagers der Flinte wurde durch übermäßig hohen Gasdruck verursacht.

dung des in Schußrichtung liegenden Gebietes.

Neben der erwähnten Verformung durch die Pressung werden die außenliegenden Schrote zusätzlich an der Laufwand abgeschliffen, wobei sie teilweise ihre ursprüngliche Kugelform verlieren. Derart unrunde Schrote neigen dazu, sich nach dem Austreten aus der Laufmündung von der Schrotgarbe abzusondern und in den äußersten Randbereich der Garbe zu wandern, was der „Deckung" nicht förderlich ist. Um diesem Nachteil entgegenzutreten, lagert man die Schrotladung in eine Plastikumhüllung (Schrotkorb) ein, wodurch die Schrote nicht mehr mit der Laufwandung in Berührung kommen. Während des Durchganges der Schrotsäule und des Pfropfens durch den Lauf lagern sich unter dem hohen Anpreßdruck an der Laufwand Blei- und Kunststoffteilchen ab. Dadurch verstärkt sich die Oberflächen-

rauhigkeit des Laufes, was wiederum einen vermehrten Abrieb zur Folge hat. Um dies zu vermeiden, sollten Rückstände im Lauf von Zeit zu Zeit entfernt werden. Filzpfropfen haben durch ihren ausgeprägten Wischeffekt eine selbstreinigende Wirkung, so daß Rückstände mit entsprechenden Patronen auch herausgeschossen werden können.

Flintenläufe, die für jagdliche Zwecke und für das Trap-Wurftaubenschießen eingesetzt werden, weisen im Mündungsbereich eine Durchmesserverengung auf, die als *Choke-* oder *Würgebohrung* bezeichnet wird.

Ebenso wie die Düse auf einem Wasserschlauch den Wasserstrahl in seinem Durchmesser und seiner Länge formt, reguliert die Würgebohrung das Ausbreitungsverhalten der Schrote. Dabei ist für die Streuung nicht nur der Grad der Mündungsverengung bestimmend, sondern auch deren Formgebung.

Gelegentlich wird behauptet, *Flintenlaufgeschosse* dürften nicht aus gechokten Läufen verschossen werden, weil dadurch die Mündungen aufgebaucht oder sogar gesprengt würden. Das ist nicht zutreffend! Flintenlaufgeschosse bestehen aus Blei und sind außerdem konstruktiv so ausgebildet, daß sie sich jeder Würgebohrung anpassen, ohne den Lauf zu beschädigen.

Die *Mündungsballistik* des Schrotschusses beschränkt sich weitgehend auf die Rückstoßvorgänge, denn Mündungsfeuer tritt kaum in Erscheinung, und auch ein Mündungsblitz entsteht normalerweise nicht, weil die schnellen „Schrotpulver" bei richtiger Abstimmung schon etwa im vorderen Drittel des Laufes vollständig verbrannt sind. Deshalb gibt es auch keine gravierenden Unterschiede in der Intensität des Mündungsknalles.

Rückstoß. Die physikalischen Gegebenheiten entsprechen denen des Büchsenschusses. Abgesehen von dem Raketeneffekt, der auch beim Schrotschuß vorhanden ist, sind also die Gewehrmasse, die Schrotmasse und deren Geschwindigkeit für den Rückstoß bestimmend. Da aber die

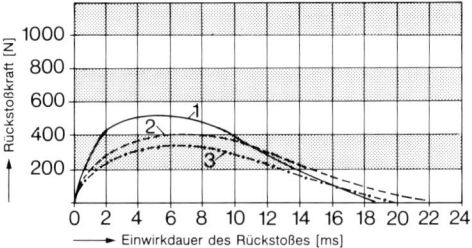

Abb. 100. Einfluß der Schrotmasse auf den Rückstoß.
1 = 42 g; 2 = 36 g; 3 = 28,4 g Schrotladung

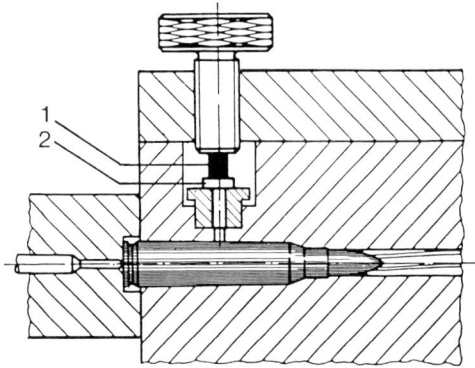

Abb. 101. Prinzip der Gasdruck-Messung nach der Kupferstauchzylinder-Methode.
1 = Kupferstauchzylinder, 2 = Stempel mit Führungsbuchse

Schrotgeschwindigkeit (V_0) bei allen Kalibern, Schrotladungen und Schrotdurchmessern etwa auf einem Niveau liegen, kann vereinfacht davon ausgegangen werden, daß der Rückstoß von der Masse des Gewehres und der der Schrotladung abhängig ist. Bei gleichbleibender Gewehrmasse verstärkt sich der Rückstoß mit zunehmender Masse der Schrotladung. Andererseits wird der Rückstoß schwächer, wenn die Gewehrmasse bei gleichbleibender Schrotladung zunimmt. Aus dieser Wechselbeziehung ist unschwer zu entnehmen, daß der Rückstoß um so stärker ist, je leichter das Gewehr und je schwerer die Schrotladung sind.

Gasdruckmessung. Als Ergänzung zur Innenballistik werden die Methoden zur Messung des Gasdruckes dargestellt. Dieser Abschnitt hat lediglich informativen Charakter und soll der Abrundung der Kenntnisse dienen.

Der Maximalgasdruck entwickelt sich im Pulverraum der Patrone. Deshalb wird der Druck in diesem Bereich gemessen und dazu die Patrone dort angebohrt (Gasentnahmebohrung). Über dieser Öffnung befindet sich im Patronenlager eine Bohrung, die zur Druckübertragung mit Fett gefüllt wird. Darauf ruht mit der Stirnfläche ein Stempel, der in einer Buchse geführt wird. Das eigentliche Meßelement besteht aus einem Kupferstauchzylinder, der auf dem Stempel steht und mit einer Gegenschraube festgelegt wird.

Bei der Schußentwicklung wird der Stempel unter der Druckeinwirkung gegen den Kupferzylinder gedrückt und staucht diesen. Der Grad der Stauchung ist ein Maß für die Höhe des Gasdruckes. Aus Tabellen läßt sich anhand der gemessenen Resthöhe der Druck ablesen. Dieses sogenannte Kupferstauchzylinderverfahren ist (noch) Grundlage für die Beurteilung des Gasdruckes hinsichtlich der in den Rechtsvorschriften festgelegten Druckwerte.

Inzwischen gibt es aber auch elektronische Meßmethoden, die einfacher, genauer und aussagefähiger sind. Anstelle des Stempels oder auch parallel dazu, kann nämlich ein Piezo-Meßaufnehmer eingebaut werden. Dies ist ein elektromechanischer Druckwandler, der bei Druckbeanspruchung eine elektrische Ladung abgibt, die in eine Spannung umgewandelt wird und bei entsprechender Eichung eine direkte Druckmessung ermöglicht. Wird das elektrische Signal auf einen Oszillographen gegeben, erhält man ein Druck-Zeit-Diagramm, das Rückschlüsse über die Vorgänge bei der Schußentwicklung zuläßt.

6.2   Außenballistik

6.2.1   Einzelgeschosse

Hierunter fällt das Verhalten des Geschosses unter Einbeziehung aller Beeinflussungen und Störungen während seines Fluges von der Mündung bis zum Ziel.

Wenn das Geschoß immer dort treffen würde, wohin man zielt, brauchte man sich nicht die geringsten Gedanken darüber zu machen, welche äußeren Einflüsse das Geschoß von der einmal eingenommenen Bahn abbringen können. Teils sind es vorhersehbare, teils unvorhersehbare Störungen, über deren Einfluß der Jäger Bescheid wissen muß.

Luftwiderstand und Erdanziehung (Schwerkraft). Nur im luftleeren Raum, ohne Einwirkung der Anziehungskräfte unserer Erde oder anderer Gestirne, wäre die Geschoßflugbahn gleichzusetzen mit der Verlängerung der Laufachse, sie würde eine Gerade bilden. Dieses Verhalten würde uns, wenn es bei einem Schuß auf der Erde genauso wäre, hinsichtlich guter Treffchancen Vorteile bringen. Hier auf der Erde sorgen jedoch der

Luftwiderstand und die Erdanziehung

dafür, daß die Flugbahn des Geschosses nicht gerade sondern gekrümmt ist. Daraus folgt gleichzeitig, daß auch die Flugweite beschränkt ist.

Obwohl die uns umgebende Luft aufgrund ihres gasförmigen Charakters eine sehr geringe Dichte hat, kann sie für einen sich sehr schnell in ihr bewegenden Körper ein beachtliches Hindernis darstellen. Halten Sie einmal die Hand mit ihrer Breitseite aus einem mit 160 km/h fahrenden Auto. Sie werden feststellen, daß Sie erhebliche Kraft aufwenden müssen, um sie in ihrer Position zu halten.

Diesen Luftwiderstand bekommt auch das abgefeuerte Geschoß zu spüren, es verliert während seines Fluges an Geschwindigkeit. Dieser Geschwindigkeitsverlust ist u.a. abhängig von der Höhe der Ausgangsgeschwindigkeit. Es ist nicht so, daß ein und dasselbe Geschoß bei einer Geschwindigkeit von 800 m/s den doppelten Luftwiderstand gegenüber einer Geschwindigkeit von 400 m/s aufweist. Vielmehr wächst der Widerstand etwa mit dem „Quadrat" der

Geschwindigkeit. Das heißt, eine Verdoppelung der Geschwindigkeit bedeutet ungefähr eine Vervierfachung des Widerstandes, eine auf das Vierfache gesteigerte Geschwindigkeit ergibt einen um annähernd 16mal höheren Luftwiderstand.

Aus dieser Erkenntnis folgert, daß ein Geschoß eine möglichst strömungsgünstige Form aufweisen muß, um den Geschwindigkeitsverlust niedrig zu halten. Je spitzer und schlanker die Form des Geschosses ist, umso „windschlüpfriger" ist es auch. Wie im Kapitel „Zielballistik" noch gezeigt wird, ist eine solche Geschoßform aber ungünstig in Bezug auf die möglichst hohe Energieabgabe im Wildkörper. Der Geschoßhersteller muß also bei der Formgebung einen Kompromiß zwischen niedrigem Widerstandsverhalten und guter Energieabgabe finden.

Wie hoch die Geschwindigkeitsverluste und damit auch der Energieverlust sind, zeigen die willkürlich herausgegriffenen Schußtafelwerte eines 10,5 g Kegelspitz-Geschosses im Kaliber 7 x 64.

Geschwindigkeit	Energie
0 m = 880 m/s	4061 J
nach 100 m = 795 m/s	3316 J
nach 200 m = 720 m/s	2717 J
nach 300 m = 650 m/s	2217 J

Der Luftwiderstand läßt sich also als eine Kraft darstellen, die entgegen der Flugrichtung des Geschosses auf den Geschoßkopf drückt. Hinzu kommt noch die Sogwirkung am Heckteil des Geschosses wegen des dort vorhandenen Unterdruckes.

Die Krümmung der Flugbahn kommt durch die auf das Geschoß wirkende Erdanziehung zustande. Mit Verringerung der Geschoßgeschwindigkeit – also Zunahme der Flugzeit – wird die Fallstrecke des Geschosses pro Zeiteinheit zunehmend größer, die Flugbahn wird zusehends gekrümmter.

Abbildung 102 zeigt den Abfall der Flugbahn unserer Beispiel-Laborierung im Kaliber 7 x 64 bis zu einer Schußentfernung von 300 m bei waagerecht gehaltenem Lauf. Gegenübergestellt sind ein besonders schnelles (Kal. 6,5 x 68, 6,0 g TMS) und ein

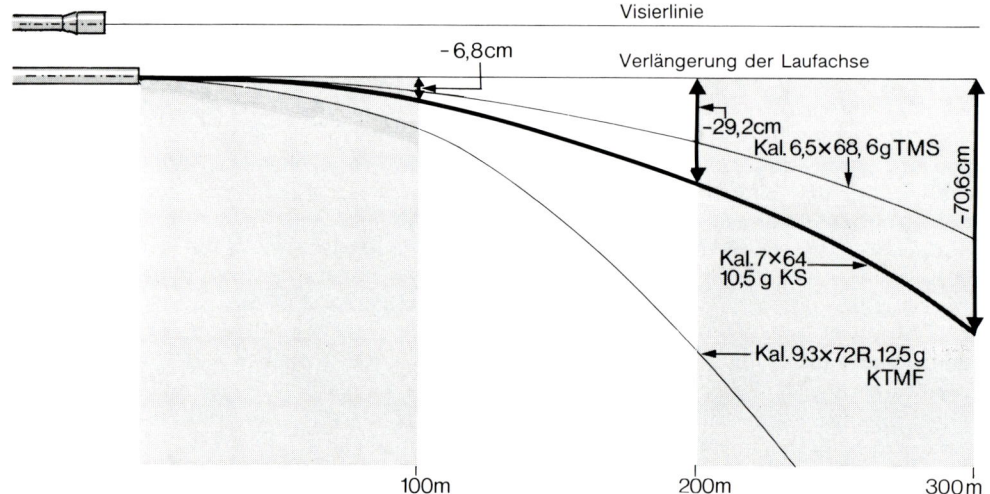

Abb. 102. Abfall der Flugbahn 3er Geschosse (Kaliber 6,5×68, 7×64, 9,3×72R) bei waagerecht gehaltenem Lauf.

ganz besonders langsames Geschoß (Kal. 9,3 x 72 R, 12,5 g KTMF).

Bei einer Anschlagshöhe von 1,60 m würde das 10,5 g KS-Geschoß nach etwa 500 m den Boden erreicht haben. Die Darstellungen in der Skizze zeigen aber auch deutlich, daß mit einer so eingeschossenen Waffe keine guten Treffchancen bestehen, da für jede Schußentfernung ein besonderer Haltepunkt gewählt werden muß.

Um „Blatt" zu schießen, müßte beispielsweise bei einer Schußentfernung von 200 m (Kal. 7 x 64) der Schütze einen Haltepunkt von rund 30 cm über dem gewünschten Treffpunkt wählen. Ein schwieriges Unterfangen, das die Vorteile des Zielfernrohres im Hinblick auf das genaue Anvisieren des Zieles wieder zunichte macht.

Windeinfluß. Vielen Jägern ist nicht bekannt, daß Wind ebenfalls die Geschoßflugbahn beeinflussen kann, und nehmen sie einen Einfluß an, so wird dieser in der Regel viel zu niedrig geschätzt.

So wie ein Personenwagen durch Seitenwind aus seiner ursprünglichen Richtung gelenkt wird, geht es auch dem Büchsengeschoß, wenn es vom Wind angeblasen wird. Es driftet ab. Bei Schußentfernungen über 200 m und in Abhängigkeit der Windstärke ergeben sich beachtliche Abweichungen. In der folgenden Tabelle sind für einige der gebräuchlichsten Kaliber und Geschosse die Windabdriften bei drei verschiedenen Windstärken angegeben. Dabei ist angenommen worden, daß der Wind senkrecht zur Geschoßachse weht.

Für die Praxis ergibt sich dabei allerdings die Schwierigkeit des Abschätzens der Windgeschwindigkeit. Hierzu bedarf es einer gewissen Erfahrung. Ein deutlich vernehmbarer Wind (wie z.B. Windstärke 6) läßt sich sicher gut abschätzen. Dies bedeutet aber gleichzeitig, daß ein sicherer Schuß auf eine größere Entfernung nicht mehr abgegeben werden kann, wie die Zahlen der Tabelle ausweisen. Treffen wäre dann eine Glücksache. Das Schießen muß unterbleiben.

Auch hier gilt: „Wenn der Wind jagt, braucht der Jäger nicht zu jagen".

Einfluß von Regen auf die Geschoßflugbahn. Wird bei starkem Regen geschossen, so stößt das Geschoß auf seiner Wegstrecke mit Wassertropfen zusammen, deren Masse zwar klein ist, aber bei der hohen Geschwindigkeit stellen diese Wassertropfen doch für leichte Geschosse nicht zu unterschätzende Hindernisse dar.

Abdrift von Geschossen durch Windeinfluß

Kaliber, Geschoßmasse, Geschoßtyp	v_0 (m/s)	Abdrift der Geschosse (cm)										
		Seitenwind 1,7 m/s			Seitenwind 3,1 m/s			Seitenwind 4,8 m/s			Seitenwind 10,7 m/s		
		Schußentfernung (m)											
		100	200	300	100	200	300	100	200	300	100	200	300
.22 WMR 2,6 g HoS	615	6	25	43	10	45	79	16	70	120	35	155	272
.222 REM 3,24 g TR	970	2	9	22	3	16	41	5	25	63	12	55	141
7 × 64 10,5 g KS	880	1	4	10	2	8	19	3	12	29	6	28	65
8 × 68 S 14,5 g KS	870	1	5	11	2	9	21	3	13	32	6	30	71
9,3 × 74 R 18,5 g TMR	695	2	8	19	3	14	34	5	21	52	12	47	117

Die Geschosse der Kaliber .22 lfB und .22 WMR bis hin zum Kaliber .22 Hornet reagieren ganz deutlich mit einer vergrößerten Streuung, wenn mit ihnen bei starkem Regen geschossen wird. So vergrößerte sich beim Kaliber .22 Hornet die Streuung auf 100 m Schußentfernung von 2,6 cm (ohne Regen) auf 5,6 cm (mit Regen).

Bei starkem Regen sollten Waffen, die mit diesen Kalibern ausgestattet sind, nicht eingeschossen werden. Auch in der jagdlichen Praxis ist Vorsicht geboten. Bei größeren Kalibern ist kein Einfluß festzustellen.

Hindernisse in der Flugbahn. Durch Hindernisse in der Flugbahn können besonders gravierende Störungen der Geschoßflugbahn eintreten. Bei hohen Geschoßgeschwindigkeiten stellen auch kleine Hindernisse in Form von Getreide, dichtem Gras und dünnen Ästchen ernstzunehmende Widerstände dar, die das Geschoß aus der Bahn lenken und auch dessen Zerlegung und Deformierung einleiten können. Besondere Aufmerksamkeit muß man daher eventuellen Hindernissen in Mündungsnähe widmen. Bedingt durch den Abstand des Zielfernrohres vom Lauf und der Unschärfe im Nahbereich ist ein Ast

vor der Kanzel schnell übersehen. Das Geschoß wird abgelenkt und erreicht nicht das Ziel, oder es ergeben sich Treffer, die das beschossene Wild nicht töten.

Im allgemeinen wird der Ablenkungswinkel, der sich ergibt, wenn Büchsengeschosse kleine Hindernisse streifen, erheblich überschätzt. In einer umfangreichen Untersuchung konnten wir nachweisen, daß der Ablenkungswinkel im Durchschnitt 1 Grad betrug (gemittelt über alle Jagdbüchsenkaliber), wenn Äste mit einem Durchmesser von 12 mm vom Geschoß gestreift werden. Das darf aber nicht darüber hinwegtäuschen, daß das abgelenkte

Abb. 103. Ein kleiner Ast wird durch das Zielfernrohr übersehen, das Geschoß verändert durch Anstreifen seine Flugbahn.

Geschoß, wenn es größere Strecken zurücklegt, dann doch so große Abweichungen von der ursprünglichen Flugbahn hat, daß der Sicherheitsbereich weit überschritten wird und Gefahr entsteht.

Einfluß der Höhenlage und des Schußwinkels auf die Flugbahn. Mit zunehmender Höhe wird die Flugbahn gestreckter, weil die Luftdichte und damit der Luftwiderstand geringer werden. Das Geschoß wird weniger abgebremst. Bei je 1000 m Höhenzunahme kann mit einer Abnahme des Luftwiderstandes von 10% gerechnet werden. Dies ist von praktischer Bedeutung.

In der Regel ist die Waffe eines Jägers, der im Hochgebirge jagen will, in relativ niedriger Höhe eingeschossen worden. Wird mit dem Gewehr beispielsweise in einer Höhe von 2000 m geschossen, ergibt sich bei einer Schußentfernung von 300 m ein Hochschuß, je nach Kaliber, in der Größenordnung von 3-6 cm.

Es ist daher unumgänglich, in der Höhenlage, in der auch gejagt wird, Kontrollschüsse abzugeben, damit gegebenenfalls eine Treffpunktlagenkorrektur vorgenommen werden kann.

Eine weitere Besonderheit ergibt sich im Gebirge beim Schießen bergauf oder bergab.

Bei waagerechtem oder annähernd waagerechtem Schuß wirkt die Schwerkraft senkrecht zur Geschoßachse und führt so zu der maximal möglichen Krümmung der Flugbahn. Unter einem Winkel geschossen, ist es nur noch ein bestimmter Anteil der

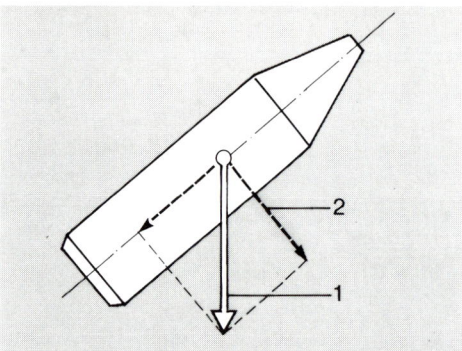

Abb. 104. Bei steilem Schuß krümmt nur noch ein Teil der Erdbeschleunigung die Flugbahn; sie wird deshalb gestreckter.
1 = Größe und Richtung der Erdbeschleunigung
2 = Bei schrägem Schießen wird der Erdbeschleunigungsanteil, der für die gekrümmte Flugbahn verantwortlich ist, geringer

Schwerkraft, der die Krümmung hervorruft. Sie wird nämlich entsprechend der Abbildung 104 in zwei Kräfte zerlegt, die in Richtung der Längsachse und senkrecht zu ihr wirken.

> Je steiler der Winkel bergauf oder bergab, um so gestreckter wird aus diesen Gründen die Flugbahn.

Im Sonderfall des senkrecht nach oben abgefeuerten Schusses ergibt sich überhaupt keine Krümmung der Flugbahn mehr, weil die Schwerkraft mit ihrem gesamten Betrag in Richtung der Längsachse des Geschosses wirkt.

Treffpunktlageänderung in cm beim Schuß im Hochgebirge (Winkelschuß)

Patronen	Abschuß-winkel	Entfernung m					
		50	100	150	200	250	300
6,5 × 57 (R) VM, TMS	15°	0	0	0,5	1,0	1,5	2,0
6,5 × 68 (R) HMP	30°	0	1,0	2,0	3,5	6,0	8,5
.270 Win. VM, HMK	45°	0,5	2,0	4,5	8,0	13,0	19,0
.30–06 TMS	60°	0,5	3,0	7,5	13,0	22,0	32,0
7 × 57 (R) TMR	15°	0	0,5	1,0	1,5	2,5	4,0
6,5 × 54 M.-Sch. TMR	30°	0,5	1,5	3,5	6,5	10,0	16,0
8 × 57 JS (JRS), TMR	45°	0,5	3,0	7,5	14,0	23,0	34,0
9,3 × 62 (74 R) VM, TMR	60°	1,0	5,5	13,0	24,0	39,0	58,0

Der steile Schuß, zudem noch auf eine größere Entfernung, stellt daher besondere Anforderungen an den Schützen, weil er eine entsprechende Haltepunktkorrektur vornehmen muß, die abhängig ist vom Schußwinkel, der Schußentfernung und natürlich von dem verwendeten Kaliber.

Die vorstehende Tabelle zeigt, mit welchen Treffpunktlageänderungen in Abhängigkeit des Winkels, der Schußentfernung und des Kalibers gerechnet werden muß.

Weiterhin muß der Schütze bedenken, daß er das Wild beim Winkelschuß aus einer anderen Blickrichtung sieht. Der Schuß, der durch lebenswichtige Organe gehen soll, liegt ja an einer anderen Stelle, als dies bei waagerechtem Schuß der Fall ist.

Das heißt: Beim Schuß von unten nach oben muß wegen des zu erwartenden Hochschusses ein tiefer Haltepunkt gewählt werden, damit beim schrägen Schuß durch den Wildkörper das Herz getroffen wird. Beim Schuß von oben nach unten darf trotz des Ausgleichens des winkelbedingten Hochschusses nicht zu tief angefaßt werden, sonst verläuft der Schußkanal zu sehr im Randbereich des getroffenen Stückes.

Die Faustregel: „Bergauf- und bergunter halt immer drunter" gilt eigentlich nur für den Ausgleich des winkelbedingten Hochschusses. Unter Beachtung des Schußkanals im Wildkörper sollte man beim Schuß von oben nach unten nicht zu tief halten.

Der Jäger muß über die ballistischen Eigenschaften seines Kalibers Bescheid wissen. Diese Werte findet er in den ballistischen Daten (Schußtafeln) der Munitionshersteller. Auszugsweise ist aus der Sammlung ballistischer Daten aus dem Fertigungsprogramm der Firma Dynamit Nobel das Kaliber 7 x 64 mit dem 10,5 g KS-Geschoß wiedergegeben (Abb. 106).

Es bedarf hierzu keiner weiteren Erläuterungen. Ein Lesebeispiel der Flugbahnwerte soll dem besseren Verständnis dienen. Wenn die Waffe mit Zielfernrohr auf eine Schußentfernung von 200 m „Fleck" eingeschossen werden soll (Schußtafelsymbol ⊕), so gelten folgende Daten:

Schußentfernung (m)	Treffpunktlage in cm bezogen auf die Visierlinie
50 m	+ 2,0 cm
100 m	+ 5,5 cm
150 m	+ 4,5 cm
200 m	± 0
300 m	− 23 cm

Abb. 105. Schußkanäle im Wildkörper bei steilen Schüssen.
1 = Einschuß, 2 = Wirbelsäule, 3 = Rippen, 4 = Wildkörper, 5 = Herz

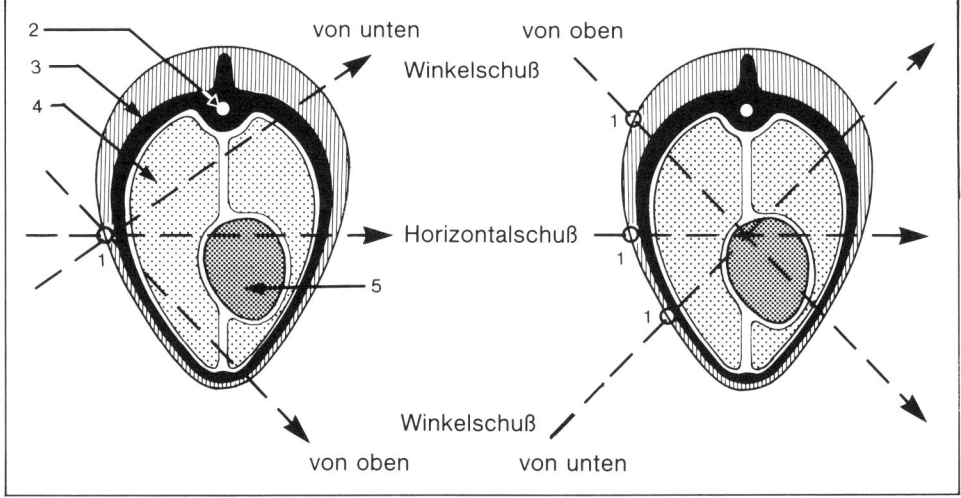

7 x 64 KS							
Geschoßgewicht [g]	10,5	v₁₀ [m/s]	870				

Left data block:

7 x 64 KS		
Geschoßgewicht [g]	10,5	v ₁₀ [m/s] 870
Geschoßlänge [mm]	30	Lauflänge [mm] 650
		Laborierungs-Nr. 300
Geschoßtyp: Kegelspitze		Höchstzulässiger Gebrauchsgasdruck [bar] 3.600

Ballistische Daten:

Entfernung [m]	0	50	100	150	200	300
Geschwindigkeit [m/s]	880	835	795	755	720	650
Energie [J]	4.061	3.659	3.316	2.992	2.717	2.217
Flugzeit [ms]	0	58	120	184	252	399

Treffpunktlage in cm zur Visierlinie durch Zielfernrohr:

	50	100	150	200	300
bei verschiedenen Fleckschußentfernungen ⊕	– 1,0	⊕	– 3,5	– 11	– 39
	+ 0,5	+ 2,0	⊕	– 6,0	– 32
	+ 2,0	+ 5,5	+ 4,5	⊕	– 23
	+ 5,5	+ 13	+ 16	+ 15	⊕
bei G.E.E. 180 m	+ 1,5	+ 4,0	+ 2,5	– 2,5	– 27
über Visier und Korn 100 m	+ 0,5	⊕	– 5,0	– 14	– 45

Abb. 106. Auszug aus einer Schußtafel.

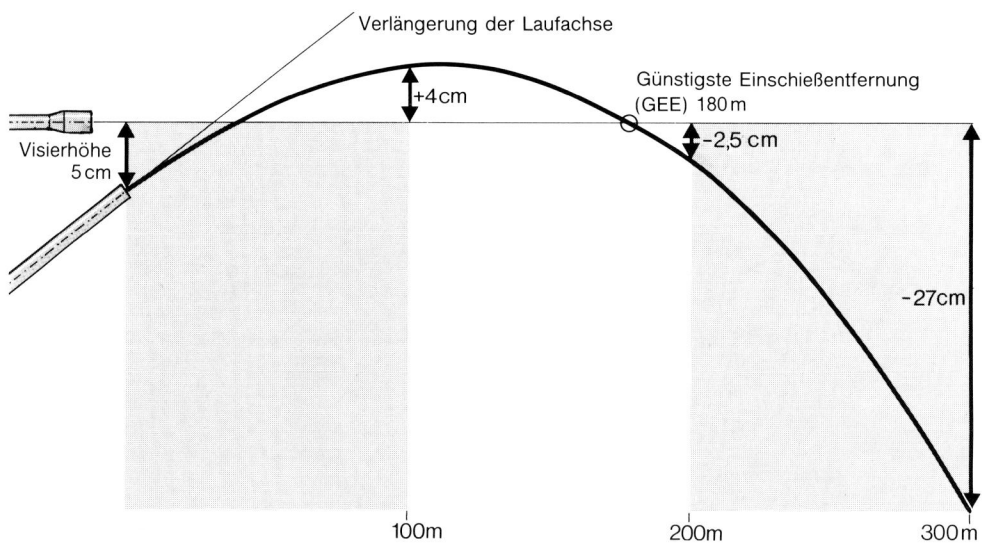

Abb. 107. Die „Günstigste Einschießentfernung" (GEE) am Beispiel des Kalibers 7 × 64, 10,5 g KS-Geschoß, Darstellung der Flugbahn.

Eine positive Zahl bedeutet eine Treffpunktlage über der Visierlinie, negativ bedeutet unterhalb der Visierlinie.

Die Munitionsfirmen stellen diese Daten gerne zur Verfügung. In letzter Zeit gehen einige Firmen dazu über, den Flugbahnverlauf für die GEE-Entfernung auf die Patronenschachtel zu drucken, so daß sie im Bedarfsfall sofort greifbar ist.

Die günstigste Einschießentfernung (GEE). Für die Praxis ist deshalb ein Einschießverfahren nötig, bei dem ohne Haltepunktänderung auf eine möglichst große Entfernung geschossen werden kann. Dieser Forderung wird entsprochen, wenn das Gewehr auf die GEE, die günstigste Einschießentfernung, eingeschossen wird.

Abbildung 107 zeigt, was darunter zu verstehen ist. Dem Verfahren liegt die Überlegung zugrunde, daß eine gewisse Abweichung des Treffpunktes des Geschosses vom Haltepunkt oder Zielpunkt zugelassen werden kann. Gemessen an der Größe eines Rehherzens ist es ohne weiteres möglich, eine Abweichung von Treffpunkt zu Haltepunkt von etwa 4 cm zuzulassen, der Treffer wäre immer tödlich.

Aus der Abbildung 107 ist zu ersehen, daß die Verlängerung der Laufachse und die Visierlinie gegenüber der Abbildung 104 nicht mehr parallel verlaufen, sondern in einem Winkel zueinander stehen, der, wegen des besseren Verständnisses, stark übertrieben gezeichnet wurde. Weiterhin ist zu erkennen, daß sich die Geschoßflugbahn teils unterhalb, teils oberhalb der Visierlinie bewegt. Die Geschoßflugbahn schneidet zweimal die Visierlinie.

Die GEE ist nun die Schußentfernung, bei der das Geschoß zum zweiten Mal die Visierlinie schneidet. Gleichzeitig ist aber damit die wesentliche Bedingung verknüpft, daß die Geschoßflugbahn bei keiner Schußentfernung die Visierlinie um mehr als die oben erwähnten 4 cm überschreitet. Erst wenn diese Bedingungen erfüllt sind, entspricht die Entfernung des zweiten Schnittpunktes der Visierlinie mit der Geschoßflugbahn von der Mündung aus gerechnet der „günstigsten Einschießentfernung".

> Die GEE ist die Entfernung bis zu der geschossen werden kann, ohne Haltepunktänderungen vornehmen zu müssen.

Streng genommen kann diese Entfernung noch ausgedehnt werden bis zu dem Punkt, an dem das Geschoß nicht mehr als 4 cm *unter* die Visierlinie abgefallen ist. Diese Entfernung wird „Jagdliche Treffgrenze" genannt. Bei dem hier gezeigten Kaliber 7 x 64 beträgt die günstigste Einschießentfernung 180 m, die Jagdliche Treffgrenze 210 m.

Bei welcher Entfernung hat die Flugbahn die maximal zulässige Erhöhung von 4 cm? Diese Schußentfernung liegt bei etwa 100 m. Das kommt den praktischen Gegebenheiten sehr zugute. Da die jagdlichen Büchsen-Schießstände eine Länge von 100 m haben, wird das Einschießen einer Waffe auf die GEE sehr vereinfacht.

Der Jäger, der seine Waffe einschießen will, muß sein Zielfernrohr so einstellen, daß die Schüsse bei dieser Entfernung 4 cm über dem Haltepunkt liegen. Damit ist auf die GEE eingeschossen.

Eine gewisse Rolle spielt dabei die Visierhöhe, d.h. das Maß von Zielfernrohrmitte bis Laufachse gerechnet. In den balli-

stischen Tabellen (Schußtafeln) der Munitionshersteller wird dazu ein Wert von 5 cm festgelegt, der als Durchschnittswert anzusehen ist. Wird er über- oder unterschritten, ändert sich die GEE.
Beispiel: Visierhöhe 37 mm: GEE = 170 m
Visierhöhe 75 mm: GEE = 196 m

Prüfungserfahrung. Einem sehr hohen Prozentsatz der Jägerprüfungskandidaten ist die Definition der GEE und ihre praktische Bedeutung nicht bekannt. An dieser Stelle wird der Auffassung vieler Kandidaten widersprochen, daß es sich dabei um ballistisches Spezialwissen handeln soll.

Für ein treffsicheres Schießen ist es unumgänglich, daß der Jäger über den Flugbahnverlauf des von ihm verwendeten Geschosses Bescheid weiß, und daß er vor allem in der Lage ist, ohne Mithilfe eines anderen (z.B. Büchsenmacher), seine Waffe auf die GEE einzuschießen. Deshalb müssen diese Zusammenhänge beherrscht werden.

Das Kurzwaffengeschoß. Bei den aus Kurzwaffen verschossenen Einzelgeschossen gelten die gleichen außenballistischen Gesetzmäßigkeiten wie bei Büchsengeschossen. Da die Schußentfernungen jedoch so gering sind, maximal 25 m, bedarf es hierzu keiner weiteren Ausführungen.

Das Flintenlaufgeschoß. Innerhalb der Gruppe der Einzelgeschosse stellt das Flintenlaufgeschoß einen Sonderfall dar. Da überwiegend das Brenneke-Flintenlaufgeschoß verwendet wird, sollen sich die nachstehenden Ausführungen darauf beziehen.

Das Flintenlaufgeschoß wird aus Flintenläufen verschossen und ist nicht drallstabilisiert. Seine Flugstabilität erhält es aufgrund seiner Kopflastigkeit (Pfeilprinzip). Der Filzpfropfen ist als Zwischenmittel mit dem Geschoß verschraubt und dient der Verbesserung der Präzision.

Fälschlicherweise wird häufig angenommen, daß die schrägen Führungsrippen am Umfang des Geschosses durch den Einfluß des Luftwiderstandes eine Rotation in Gang setzen sollen, die so hoch ist, daß ein drallähnlicher Stabilisierungseffekt eintritt.

Untersuchungen zeigen jedoch, daß die Rotation im Mittel 20 Umdrehungen pro Sekunde beträgt. Dies reicht für eine Drallstabilisierung nicht aus, hat sogar bei dem Konstruktionsprinzip des Geschosses einen eher nachteiligen Einfluß.

Das Geschoß hat, wegen des flachen Kopfes, eine ballistisch ungünstige Form und verliert daher schnell an Geschwindigkeit. Die folgende Übersicht gibt Auskunft über den Geschwindigkeitsverlauf in Abhängigkeit der Schußentfernung. Diese Geschwindigkeiten gelten für die Kaliber 12 – 16 – 20.

Schußentfernung	Geschwindigkeit (m/s)
0 m	430 m/s
25 m	370 m/s
50 m	320 m/s
75 m	285 m/s
100 m	255 m/s

In den letzten Jahren ist die Präzision der Flintenlaufgeschosse ständig verbessert worden. Dennoch sollte man sich auf Schußentfernungen von nicht mehr als 50 m beschränken.

Es ist nicht sinnvoll, Angaben über die Präzision des Flintenlaufgeschosses zu machen, da dies von Waffe zu Waffe erheblich schwanken kann. Daher muß durch Probeschüsse untersucht werden, ob sich aus der eigenen Waffe eine ausreichend gute Präzision ergibt. Weiterhin kann nicht davon ausgegangen werden, daß die Treffpunktlage des Flintenlaufgeschosses mit der des Schrotschusses übereinstimmt. Auch das muß durch Probeschüsse festgestellt werden.

6.2.2   Der Schrotschuß

Im Gegensatz zum Büchsenschuß, bei dem auf weite Entfernungen geschossen wird, sind es beim Schrotschuß viele kleine Einzelgeschosse auf kurze Entfernung, möglichst gleichmäßig und dicht auf einer Fläche verteilt. Damit ist das Anwendungsgebiet des Schrotschusses festgelegt: Schießen auf bewegliche Ziele (Niederwild) bis höchstens 30-35 m Entfernung. Die Streu-

ung der Einzelgeschosse (Schrote) sorgt für die erforderliche Treffchance.

Außenballistisch ist daher das Flugverhalten des einzelnen Schrotes, wie auch der gesamten Schrotgarbe, von Interesse. Während man beim Büchsenschuß den Flugbahnverlauf bei bekannten Geschoß- und Geschwindigkeitsdaten berechnen kann, ist das Berechnen der Schrotgarben-Flugbahn zwar möglich, wenn auch unbedeutend für die kurzen Schußentfernungen.

Rein zufällig und ohne Möglichkeit einer vorhergehenden Berechnung gestaltet sich jedoch die *Verteilung* der Schrote in der Garbe. Wie noch gezeigt wird, ist aus zielballistischen Gründen eine möglichst gleichmäßige Verteilung der Schrote auf dem Ziel (z.B. Hasen) gefordert.

Auf den ersten Blick könnte man annehmen, daß die Schrotkugeln, so wie sie den Lauf verlassen, auch weiterfliegen und sich damit gleichmäßig verteilen. Die den Lauf verlassenden Schrote sind jedoch alles andere als rund. Beim Antrieb der Schrotladung im Lauf treten so hohe Beschleunigungen auf, daß sich die Schrote gegenseitig deformieren, da Blei als Werkstoff keinen sehr großen Widerstand bietet. Auch beim Durchgang durch die Würgebohrung erhalten insbesondere die außenliegenden Schrote erhebliche Deformationen. Jedes Schrot wird also zum „Vieleck". Während des Fluges bieten sie so dem Luftwiderstand immer wieder unterschiedliche Querschnittsflächen an. Die Folge: In der gesamten Schrotgarbe ändert sich der Flugbahnverlauf des einzelnen Schrotes ständig. Dadurch kommt es zu Zusammenstößen der Schrote untereinander, was den geordneten Flug noch weiter stört. Ein Trefferbild auf 25 m sieht daher ganz anders aus als eines auf 35 m.

Die unterschiedlichen Luftwiderstände der Schrote führen auch zu unterschiedlichen Abbremsungen. Daraus folgt, daß mit zunehmender Schußentfernung Schrote mit unterschiedlichem Geschwindigkeitsniveau in der Garbe fliegen. Die Garbe zieht sich dadurch in die Länge. Begünstigt wird die Längenausdehnung auch noch durch unterschiedliche Massen der Schrote.

Eine Schrotgarbe hat eine Breiten- und Längenausdehnung!

Die Breitenausdehnung (radiale Streuung) und Längenausdehnung (axiale Streuung) wird im wesentlichen durch die Würgebohrung des Laufes beeinflußt. Anteil hat aber auch der Aufbau der Patrone (Schrotbeutel oder Filzpfropfen). Die Breitenstreuung der Schrotgarbe in Abhängigkeit zur Schußentfernung und Schrotdicke zeigt nachfolgende Skizze. (Abb. 108)

Im Hinblick auf die Sicherheit des Hintergeländes muß die enorme Breitenstreuung bei großer Flugweite beachtet werden.

Soll die Entwicklung der Längenausdehnung in Mündungsnähe erfaßt werden, so können mit Hochgeschwindigkeits-Kameras von der fliegenden Garbe Fotos hergestellt werden. Die nachstehenden Fotos (Abb. 109) zeigen die Garbenentwicklung in Abhängigkeit der Verengung der Würgebohrung (Zylinder- und Vollchoke-Lauf) einer Schrotpatrone, laboriert mit 2 mm-Schrot, 2 m vor der Mündung. Unverkennbar ist der Einfluß der Vollchoke-Bohrung. Die Garbe hat schon weit mehr Längenausdehnung als aus dem Zylinderlauf.

Abb. 109. Längenausdehnung der Schrotgarbe, fotografiert 2 m vor der Mündung. Oben: Schuß aus dem Lauf mit Zylinderbohrung; unten: Schuß aus dem Lauf mit Vollchoke.

Abb. 108. Breitenstreuung der Schrotgarbe in Abhängigkeit von der Schußentfernung, dargestellt für Schrote mit 2,5 mm und 3,5 mm Durchmesser. Mit Zunahme der Flugweite nimmt die Breitenstreuung progressiv zu.

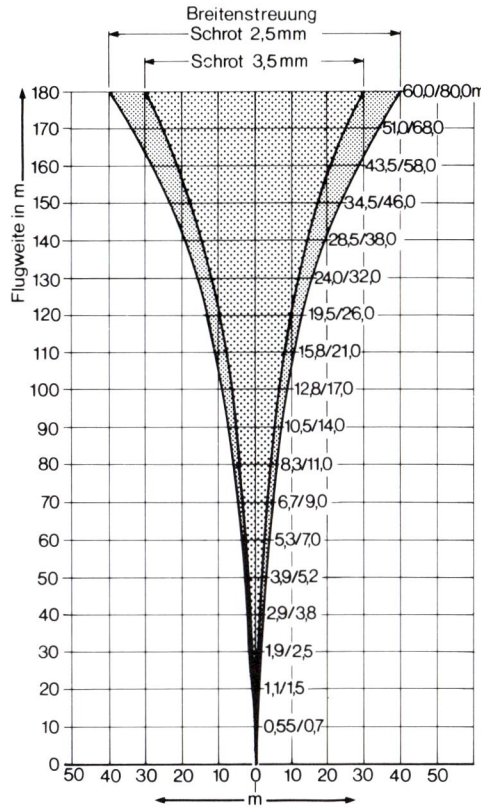

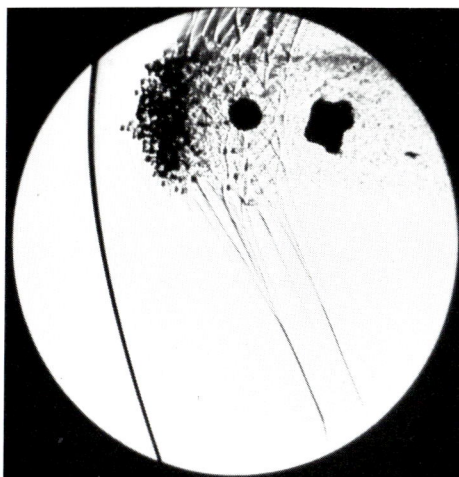

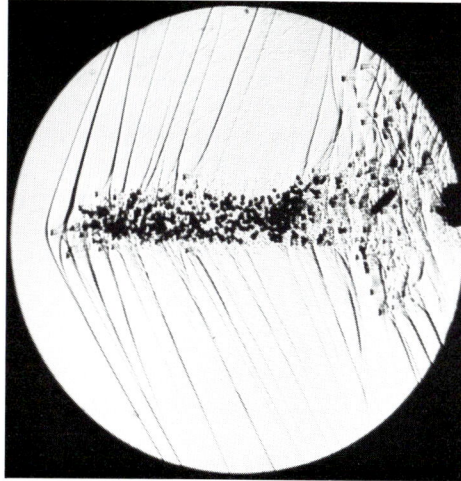

Deutlich zu erkennen ist auch, daß sich das Zwischenmittel (Filzpfropfen) bereits von den Schroten getrennt hat. Die Schlierenbildung auf den Fotos entsteht durch den unterschiedlichen Brechungsindex der verdichteten Luft (Kopfwellen der mit Überschall fliegenden Schrote). Stellenweise ist auch sehr gut die Wirbelbildung hinter den Schroten zu erkennen.

> **Faustregel für die Längenausdehnung der Schrotgarbe: 10% der Schußentfernung**

Bei 30 m Schußentfernung hat die Garbe eine Gesamtlänge von etwa 3 m (Zigarrenform).

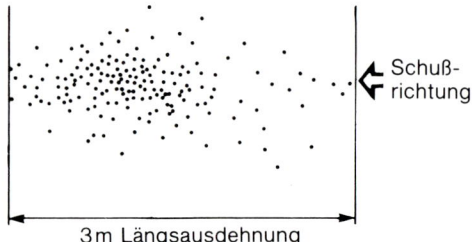

Abb. 110. Längenstreuung der Schrotgarbe. Längsschnitt einer fliegenden Garbe Schrot von 3,5 mm; Entfernung 30 m; Kaliber 16/70; Chokebohrung mit mittlerer Verengung.

Fluggeschwindigkeit der Schrote. Die Geschwindigkeit der Schrote muß so groß sein, daß bei den Schußentfernungen, bei denen die Schrote noch eine genügend dichte Verteilung haben, auch ausreichend Energie vorhanden ist. Gemessen wird die Schrotgeschwindigkeit 12,5 m vor der Laufmündung. Anhaltswerte der Geschwindigkeit für die verschiedenen Schrotdurchmesser sind bei der Meßentfernung:

2,5 mm-Schrot = 300 m/s
3,0 mm-Schrot = 310 m/s
3,5 mm-Schrot = 320 m/s

Bei einer Schußentfernung von 50 m ist die Geschwindigkeit des 2,5 mm-Schrotes auf 145 m/s und die des 3,5 mm-Schrotes auf 180 m/s abgesunken.

Flugbahnverlauf der Schrotgarbe. Ist ein Gewehr auf 35 m Schußentfernung „Fleck" bzw. mit „10 cm Hochschuß" eingeschossen, ergeben sich die folgenden Flugbahnen:

„Fleck"	*„10 cm Hochschuß"*
10 m = + 0,5 cm	+ 3,5 cm
20 m = + 2,0 cm	+ 7,5 cm
35 m = Fleck	+ 10,0 cm
40 m = − 2,5 cm	+ 9,5 cm
45 m = −5,5 cm	+ 8,0 cm
50 m = −10,0 cm	+ 6,0 cm

Diese Abweichungen gehen allerdings vollkommen in der Streuung der Schrote unter.

> **Im Gegensatz zum Büchsenschuß bedarf es daher beim Schrotschuß keiner Haltepunktänderung!**
> **Dies gilt auch für das Schießen in großen Höhen und beim Schuß mit steilem Winkel.**

Windabdrift der Schrote. Wegen ihrer geringen Masse sind Schrote ausgesprochen seitenwindempfindlich. In Bodennähe halten sich die Windgeschwindigkeiten in Grenzen, so daß bei dem Schuß auf den Hasen oder das Kaninchen keine Probleme auftreten. Anders ist es, wenn in freiem Gelände und bei stürmischem Wetter auf hohe Fasanen geschossen wird. Dann können sich schon beachtliche Abweichungen ergeben, wie es die folgende Übersicht zeigt.

Windge-schwindigkeit	*Schußentfernung: 35 m*	
	3,5 mm	*2,5 mm Schrot*
5 m/s	15 cm	20 cm
10 m/s	30 cm	40 cm

Kompensiert wird diese Abdrift teilweise dadurch, daß auch das beschossene Wild durch den Wind in die gleiche Richtung wie die Garbe abgetrieben wird. Bei einem ruhenden Ziel (Eichelhäher in einem hohen Baum) kann die Abdrift von Bedeutung sein.

6.3 Zielballistik

6.3.1 Einzelgeschosse

Das Büchsengeschoß. Die Zielballistik beschreibt das Verhalten des Geschosses beim Auftreffen auf das Ziel und bei dessen Durchdringen, sowie die Auswirkungen der vom Geschoß abgegebenen Energie auf das Ziel. Zielballistisch muß das Geschoß folgende Forderungen erfüllen:

1. Bestmögliche Umwandlung seiner Bewegungsenergie in „Tötende" Energie beim Durchschlagen des Wildkörpers.
2. Begrenzung der Zerstörung auf das Innere des Wildes zur Schonung des Wildbrets (z. B. Hämatombildung auf der Einschußseite bei schnellen Geschossen).
3. Bei ungünstigem Treffersitz muß die Möglichkeit der Nachsuche bestehen, wenn das beschossene Stück flüchtig geworden ist. Das Geschoß soll demzufolge einen Ausschuß liefern, damit genügend Schweiß für den Hund vorhanden ist.

Aus Gründen der Jagdethik und des Tierschutzes (Vermeidung von Schmerzen) ist dem ersten Punkt die größte Bedeutung beizumessen.

Grundsätzlich scheiden *Vollmantelgeschosse* – von einigen Ausnahmen abgesehen – für die jagdliche Verwendung aus, weil sie *nicht* schnell genug töten.

Sicherlich kommt das von einem Vollmantelgeschoß getroffene Stück Schalenwild bei einigermaßen gutem Treffersitz zur Strecke. Aber außer den rein mechanischen Zerstörungen im unmittelbaren Schußkanalbereich hat das Geschoß keine weiteren Beeinträchtigungen der Lebensfunktion bewirkt. Es verläßt mit noch hoher Energie den Wildkörper. Das Wild verblutet innerlich, aber in einem Zeitraum, der weit über das hinausgeht, was unter schnellem Töten verstanden werden muß.

Neben *direkten*, mechanischen Zerstörungen (Zerreißen von Blutgefäßen, Nerven, Gewebe) zeigen die *Teilmantelgeschosse* auch noch indirekte Wirkungen, die auf Stoß- und Druckwellen basieren.

Innerhalb der Gruppe der Teilmantelgeschosse gibt es, bezogen auf ihr Verhalten im Ziel, zwei unterschiedliche Geschoßtypen:
1. die Zerlegungsgeschosse
2. die Deformationsgeschosse

Wie der Name schon sagt, sind die Zerlegungsgeschosse (typischer Vertreter: H-Mantel-Geschoß) so konstruiert, daß sich das Geschoß ganz oder teilweise im Ziel zerlegt. Da der Wildkörper bei der hohen Geschoßgeschwindigkeit extrem hart ist, werden vom Geschoß reichlich Blei- und Mantelsplitter abgetrennt und in das um den Schußkanal liegende Gewebe und die Blutgefäße geschossen. Die Tiefenwirkung ist allerdings begrenzt, da die Geschoßsplitter nur eine geringe Masse haben und daher schnell abgebremst werden. Einen wesentlichen Wirkungsfaktor stellen diese Splitter nicht dar.

Im Zuge weiterer Forschungen hat sich jedoch gezeigt, daß sich die Wirkung noch verbessern läßt. Es entstand das Deformationsgeschoß (typische Vertreter: KS-Geschoß, ABC-Geschoß, SFS-Geschoß, Nosler-Geschoß). Das Verhalten dieses Geschoßtyps im Ziel ist dadurch gekennzeichnet, daß es sich durch den auf den Geschoßkopf wirkenden Zielwiderstand staucht („aufpilzt") und so seinen Querschnitt beachtlich vergrößert (siehe auch Deformation von Geschossen, Abb. 75). Dabei gibt das Geschoß keine oder nur wenig seiner Masse in Form von Splittern ab.

Der biologische Wirkungsmechanismus der Zerlegungs- und Deformationsgeschosse ist äußerst kompliziert. Er soll hier kurz erläutert werden.

Trifft das Geschoß auf den Wildkörper auf, wird diesem ein erheblicher Stoß vermittelt, der abhängig ist von der Auftreffgeschwindigkeit und dem Geschoßquerschnitt. Daher besteht die Forderung, daß sich der Geschoßkopf schon früh aufpilzen soll, damit eine möglichst große Fläche den Stoß übertragen kann. Die durch den Stoß angeregte Stoßwelle pflanzt sich mit großer Geschwindigkeit im stark wasserhaltigen Gewebe fort. Sie erschüttert das periphere Nervensystem so, daß es zu schockartigen Lähmungserscheinungen bis hin zum Schocktod kommen kann.

Neben dem Entstehen der Stoßwelle tritt noch ein weiterer indirekter Wirkungsfaktor auf. Durch den Stoß angeregt, wird das wasserhaltige Gewebe senkrecht zur Schußrichtung beschleunigt (hydrodynamische Wirkung des Geschosses), so daß eine Wundhöhle entsteht, die ein Vielfaches vom Geschoßdurchmesser beträgt. Aufgrund der Elastizität des Gewebes bleibt die Wundhöhle aber in dieser Form nicht bestehen. Sie fällt wieder in sich zusammen. Damit ist aber die Bewegungsenergie, die dem Gewebe vermittelt wurde, nicht aufgebraucht, die Wundhöhle entsteht noch einmal.

Dieser Vorgang wiederholt sich mehrfach. Sind die Bewegungen zum Stillstand gekommen, bleibt ein Schußkanal zurück, wie wir ihn vorfinden, wenn das Stück aufgebrochen wird.

Es sind diese wiederholten Hohlraumbildungen („temporäre Wundhöhle"), die für eine nachhaltige, weit in den Körper hineinreichende Schädigung des gesamten Nerven- und Gefäßsystems sorgen.

Sehr häufig kann beim Aufbrechen von Schalenwild beobachtet werden, daß die Leber voller Einrisse ist, obwohl das Geschoß die Kammer weit vorne durchschlagen hat, ohne das Zwerchfell zu beschädigen. Dies ist sicherlich die Fernwirkung der pulsierenden Wundhöhle.

Die Wirkungsmechanismen eines Jagdbüchsengeschosses (Deformationsgeschoß) lassen sich wie folgt zusammenfassen:

1. Direkte mechanische Zerstörungen von Gewebe und Blutgefäßen im unmittelbaren Bereich des Schußkanals.
2. Entstehung einer Stoßwelle, angeregt durch den Stoß beim Auftreffen des Geschosses auf den Wildkörper. Diese Stoßwelle pflanzt sich mit einer Geschwindigkeit von 1450 m/s in den Körper fort und erschüttert das periphere Nervensystem.

Folge: Ausfallerscheinungen bis hin zum Tod.
3. Gewebebeschleunigung mit pulsierender Wundhöhle. Diese beachtlichen Volumenänderungen stören und zerstören über den Schußkanal hinaus die Funktion von Organen, Gefäßen und Nerven erheblich.

Die physikalischen und biologischen Vorgänge beim Durchschlagen eines Geschosses sind so komplex und die Wirkung ist von so vielen Faktoren abhängig, daß nicht erwartet werden kann, von Schuß zu Schuß immer ein gleiches Ergebnis zu bekommen, d.h. unmittelbares Verenden des Wildes, selbst bei bestem Sitz des Treffers nicht.

Man hüte sich also davor, das Wirkungsverhalten eines Geschosses nur anhand von 2 oder 3 Abschüssen zu beurteilen. Dieser Fehler wird von den Jägern allzu häufig begangen. Die Folge davon ist ein ständiger Wechsel der Patronen- oder Geschoßtypen, wie auch immer dann das Gewehr damit schießt.

Wichtigste Voraussetzung für die Auswahl eines Patronenfabrikates ist es, aus der jeweiligen Waffe eine gute Präzision zu erzielen.

Laboruntersuchungen. Es wäre dem Wild gegenüber unverantwortlich, Geschoß-Neuentwicklungen vom Reißbrett weg in der Praxis zu erproben. Zuerst werden deshalb umfangreiche Laboruntersuchungen vorgenommen. Hierzu muß das tierische Gewebe in irgendeiner Form nachgebildet werden, damit das Energieabgabeverhalten des Geschosses möglichst der Wirklichkeit entsprechend untersucht werden kann. Als Zielmedium eignet sich dafür am besten eine Mischung aus Gelatine und Wasser, die zu Beschuß-Blöcken gegossen wird.

Ein solcher Block hat einen Querschnitt von etwa 17 x 17 cm und eine Länge von etwa 35 cm. Wird in den Block geschossen, laufen die gleichen Vorgänge ab wie im Wildkörper. Aufgrund der hydrodynamischen Vorgänge kommt es auch beim Gela-

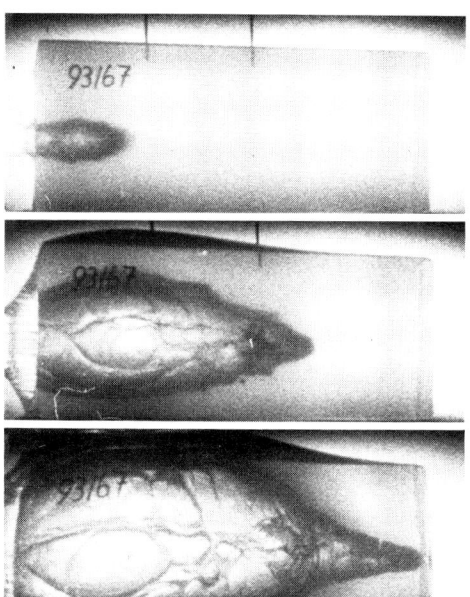

Abb. 111. Zeitlupenaufnahme eines Schusses durch einen Gelatineblock. Deutlich ist die Aufblähung (temporäre Wundhöhle) zu sehen.

Technische Daten:

Munition:	8 × 68 S, T-Mtl., 12,7 g
Medium:	20%ige Standardgelatine
V_{Ziel}:	910 m/s
Zielentfernung:	15 m
Bildfrequenz:	18 000 Bilder/s
Maßstab:	ca. 1:7

tineblock zu pulsierenden Kavernen beim Geschoßdurchgang (Abb. 111).

Diese Hohlraumbildung hinterläßt Einrisse um den Schußkanal. Es ist einleuchtend, daß die Länge dieser Einrisse für das Leistungsvermögen des Geschosses herangezogen werden können, da sie ja ein Abbild der temporären Wundhöhle sind.

Gleichzeitig wird beim Beschuß die Geschwindigkeit des Geschosses beim Eintritt – und falls es Ausschuß gibt – auch beim Austreten gemessen. Hieraus läßt sich die Energie berechnen, die das Geschoß an den Gelatineblock abgegeben hat.

Dieses Verfahren hat sich als außerordentlich nützlich für die labormäßige Untersuchung des Wirkungsverhaltens von Geschossen erwiesen.

Das Kurzwaffengeschoß. Die Kurzwaffe wird vom Jäger für den Fangschuß verwendet. Für Schüsse auf den Träger von Schalen- oder Kleinwild in der Falle werden an das zielballistische Verhalten des Geschosses keine hohen Anforderungen gestellt. Ob Vollmantel- oder Teilmantelgeschoß, die Wirkung wird immer zufriedenstellend sein.

Bei den niedrigen Geschoßgeschwindigkeiten der üblichen Kurzwaffengeschosse (Kal. .22 lfB – 7,65 mm – .38 Spezial) treten ohnehin keine nennenswerten Deformationen der Geschosse auf, die eine Verbesserung der Wirkung hervorrufen könnten. Wird allerdings der Fangschuß in den Kammerbereich des kranken Stückes abgegeben, muß unbedingt auf deformationsfähige Geschosse (Teilmantel, Vollblei) zurückgegriffen werden. Hierfür ist der Revolver im Kaliber .357 Magnum das Gegebene.

Das Flintenlaufgeschoß. Das Flintenlaufgeschoß erfährt beim Aufschlag auf den Wildkörper wegen seiner niedrigen Geschwindigkeit kaum Deformationen. Da sein Querschnitt aber von Haus aus eine beachtliche Größe hat (z.B. Kal. 12 = 18 mm Durchmesser), beruht die Wirkung dieses Geschoßtypes auf massiven Zerstörungen von Gewebe und Blutgefäßen. Der große Querschnitt sorgt auch für eine schnelle Abbremsung im Zielkörper und damit gleichzeitig für effektive Energieabgabe.

Nicht nur wegen der nachlassenden Treffgenauigkeit, auch die schnell abnehmende Energie sollte Veranlassung sein, mit dem Flintenlaufgeschoß nicht weiter als 40–50 m zu schießen.

6.3.2 Der Schrotschuß

Das zielballistische Verhalten der Schrote ist aus ganz anderem Blickwinkel zu sehen als das der Einzelgeschosse. Die Einzelgeschosse dringen aufgrund ihrer Geschwindigkeit und ihrer Masse in den Wildkörper ein und durchschlagen ihn auch in den meisten Fällen.

Bei Schroten ist der Vorgang differenzierter! Im Nahbereich (bis 15 m, je nach Streuung der Schrote) werden auch noch erheblich Zerstörungen von Gewebe und Knochen hervorgerufen.

Aus absoluter Nähe geschossen, ist die Schrotladung noch so kompakt zusammen, daß sie den Hasen oder Fasan glatt durchschlagen würde. Die Addition der Energie der einzelnen Schrote ist in diesen Schußbereichen immer noch so groß, daß weitaus mehr Energie zur Verfügung steht als für einen sofortigen Tod erforderlich wäre.

Bei größeren Schußentfernungen (25–35 m) erreicht das Wild nur noch ein geringer Prozentsatz der in der Garbe fliegenden Schrote. Aber auch mit diesen wenigen Schroten tritt in aller Regel der augenblickliche Tod ein.

Zerstörungen der Blutgefäße oder Zerreißungen des Gewebes können es nicht sein, denn bei einer Untersuchung des Stückes wird man feststellen, daß die Schrote direkt unter dem Balg oder dem Federkleid sitzen. In den Organen wird man kaum Schrote finden und wenn, so können sie niemals diese Augenblickswirkungen hervorrufen.

Mechanische Zerstörungen, wie wir sie vom Einzelgeschoß her kennen, scheiden aus. Vielmehr muß die Wirkung so erklärt werden:

Das unmittelbare Aufschlagen mehrerer Schrote, verteilt über einen großen Teil der Fläche des Wildkörpers, ruft eine erhebliche Erregung des im äußeren Bereich liegenden Nervensystems hervor, die blitzschnell und schockartig stattfindet.

Das Ergebnis: Schlagartige Fehlregulationen des zentralen Nervensystems und Kreislaufes, Stillstand des Herzens.

Voraussetzung für diese Wirkung ist das gleichzeitige Auftreffen einer Mindestanzahl von Schroten. Sonst reicht der übertragene Impuls nicht aus.

Die DEVA hat vor dem Kriege umfangreiches Zahlenmaterial ausgewertet und kommt zu folgenden Mindesttreffern für die einzelnen Wildarten:

4 Treffer Schrot 2,5 mm für das Rebhuhn,
5 Treffer Schrot 3,0 mm für den Fasan und die Ente,
6 Treffer Schrot 3,5 mm für den Hasen.

Zusammen mit der notwendigen Trefferzahl darf die Energie des Einzelschrotes nicht zu weit absinken, d.h. die Schußentfernungen beim Schrotschuß sind von daher auf 40–50 m beschränkt.

Wegen der geringen Treffchance wird der verantwortungsbewußte Jäger jedoch nicht auf solche Entfernungen schießen, auch wenn es seine Flinte zulassen würde.

7
Prüfung von Waffen und Munition

In diesem Abschnitt wird erläutert, was und wie geprüft wird. Mit Ausnahme einiger Untersuchungen, für die Spezialgeräte erforderlich sind, kann der Jäger seine Jagdwaffen und die Munition, bei einigem handwerklichen Geschick und etwas Talent zum Schießen auch selbst prüfen. Geringfügige Mängel, wie Schaftbeschädigungen oder Fehlstellen an der Brünierung sowie von außen vorzunehmende Abzugskorrekturen, können selbst erledigt werden. Keinesfalls sollte der Jäger an dem Schloßwerk und der Sicherung manipulieren. Für solche Arbeiten ist ein Büchsenmacher zuständig.

7.1   Langwaffen

Bevor eine Waffe einer weiteren Prüfung unterzogen wird, muß zunächst einmal festgestellt werden, ob diese überhaupt den waffenrechtlichen Bestimmungen entspricht, d.h. die Kennzeichnung und die Beschußzeichen müssen kontrolliert werden (s. Abschnitte 5: Beschußwesen und 8: Handhabung).

7.1.1   Zustand

Zur Beurteilung des allgemeinen Gebrauchszustandes gehört in erster Linie die Prüfung der Außenteile der Waffe. Alle Stahlteile sind durch *Rost* gefährdet, und hier gilt die besondere Aufmerksamkeit speziell den dünnwandigen Flintenläufen von älteren Waffen. Hat der Rost schon tiefe Gruben gebildet, kann eine weitere Benutzung gefährlich sein (Laufsprengung). In Zweifelsfällen sollte ein Fachmann zu Rate gezogen werden.

Wie man weiß, werden leider auch die Laufbohrungen vom Rost befallen. Bei Flintenläufen kann sich wiederum ein Sicherheitsrisiko ergeben. Büchsenläufe reagieren darauf mit drastisch veschlechterter Schußpräzision, wenn die Korrosion so weit fortgeschritten ist, daß das Geschoß nicht mehr einwandfrei geführt wird. Dies gilt insbesondere für den Mündungsbereich (Vorweite).

Wird der Büchsenlauf durch eine Sichtprüfung kontrolliert, sollte man auch auf die gelblich oder rötlich erscheinenden Geschoßablagerungen achten und diese, wenn erforderlich, mit chemischen Mitteln beseitigen (s. Kapitel 9: Pflege von Waffen und Optik). Blei- und Kunststoffablagerungen in in Flintenläufen beeinträchtigen kaum die Trefferleistung, doch es ist zweckmäßig, auch diese Rückstände von Zeit zu Zeit zu entfernen.

Die *Lötverbindungen* von mehrläufigen Gewehren können sich durch sehr häufi-

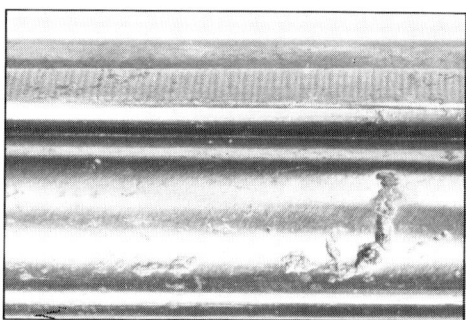
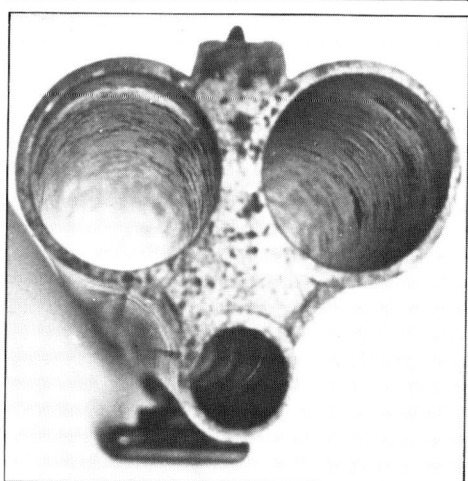

Abb. 113. Durch die starken Rostanfressungen ist die Haltbarkeit der Läufe nicht mehr gewährleistet.

gen Gebrauch (Wurftaubenflinten) oder – was häufiger auftritt – durch ungeeignete Brünierverfahren lösen. Bei letzterem wird dies gut sichtbar durch das Hervortreten einer weißen, pulvrigen Substanz aus den Lötnähten (Zinnfraß). Dies kann übrigens bei allen Weichlötverbindungen auftreten, wie z. B. den Zielfernrohr-Montagesockeln. Sofern ein Lösen der Verbindungen nicht durch abstehende Laufschienen oder ähnlichem offensichtlich ist, wird eine Prüfung vorgenommen, indem mit dem Fingerknöchel von verschiedenen Seiten gegen das Laufbündel geklopft wird. Ist die Verbindung nicht mehr vollständig, vernimmt man dabei ein schepperndes Geräusch. Lassen Sie sich aber nicht durch eventuellen lockeren und dann klappernden Riemenbügel täuschen.

Risse im Schaft, vornehmlich im Bereich des Pistolengriffes, können zu ernsten Handverletzungen führen, wenn der Schaft bei der Schußabgabe bricht. Darüberhinaus wirkt sich ein durch einen Schaftriß gelockertes Verschlußgehäuse einer Kipplaufwaffe oder eine nicht festsitzende Verschlußhülse einer Repetierbüchse immer negativ auf die Schußpräzision aus.

Da die *Schäftung* ein häufig anzutreffender Schwachpunkt sowohl bei Repetierbüchsen als auch bei Kipplaufwaffen ist, gehört deren Kontrolle bei der DEVA zu den obligatorischen Arbeiten im Rahmen einer Schußleistungsprüfung. Ist nämlich die Waffe nicht richtig eingeschäftet, muß von vornherein mit einer unbefriedigenden Schußpräzision gerechnet werden.

Bei Kipplaufwaffen kommt es zu Schwierigkeiten, wenn der Hinterschaft nicht fest mit dem Verschlußgehäuse verbunden ist. Eine Schaftverbindungsschraube kann hier Abhilfe schaffen. Die Schäftung von Repetierbüchsen ist komplizierter, denn dort kann sowohl die Verschlußhülse verspannt sein als auch der Lauf unter mehr oder weniger starkem Anpreßdruck am Vorderschaft anliegen. Eine Verspannung der Hülse erkennt man sehr einfach durch wechselseitiges Lösen der Befestigungsschrauben. Die Hülse darf dabei ihre Lage im Schaft nicht verändern.

Sollte dies der Fall sein, kann der Mangel durch Ausgießen der Auflageflächen mit einer druckfesten Kunstharzmasse behoben werden. Da mit einem Repetierbüchsenlauf in der Regel nur dann eine gute Schußleistung zu erzielen ist, wenn dieser frei schwingen kann, ist der Luftspalt zwischen Lauf und Schaft mit einem ca. 0,5 mm dicken Kartonstreifen zu prüfen. Läßt sich dieser nicht leicht bis zum Patronenlager hin durchziehen, muß das Laufbett entsprechend nachgearbeitet werden.

Die Kontrolle der *Verschlußfestigkeit* von Kipplaufwaffen ist wegen der Auswirkungen auf die Schußleistung ebenfalls ein wichtiger Punkt bei der Überprüfung eines Gewehres, denn mit einem klapprigen Verschluß braucht man eine Schußleistungsprüfung gar nicht erst zu beginnen. Die Überprüfung ist einfach: Das Gewehr wird bei abgenommenem Vorderschaft am Verschlußgehäuse in einen mit Korkbacken versehenen Schraubstock gespannt. Legt man die Fingerspitzen leicht auf die Berührungskanten von Lauf und Verschlußgehäuse und bewegt dann den Lauf an der Mündung in horizontaler und vertikaler Richtung, wird man selbst geringste Bewegungen spüren. Sollte die Verbindung nicht absolut fest sein, kann nur ein versierter Büchsenmacher eine fachgerechte Reparatur ausführen.

Es ist einleuchtend, daß selbst die beste Büchse nicht gut schießen kann, wenn die Verbindung zwischen dem Gewehr und dem Zielfernrohr nicht einwandfrei ist. Deshalb wird die *Zielfernrohrmontage* besonders sorgfältig untersucht. Fehler können bei jeder Montageart vorliegen, doch werden an Suhler-Einhakmontagen am häufigsten Mängel festgestellt. Es würde den Rahmen dieses Buches sprengen, wenn ausführlich die Prüfung einer Zielfernrohrmontage beschrieben werden sollte. Deshalb hier nur einige Fehler, die besonders oft aufgetreten sind: Spiel der Montagefüße in den Fußplatten, Höhen- und Seitenverspannung des Zielfernrohres, Verriegelungsschieber zieht nicht an, mangelhafte Befestigung der Montagesockel auf der Waffe.

Eine oberflächliche Fehlererkennung ist auch für den Jäger möglich, indem er das Gewehr wiederum einspannt, einen Finger unter leichtem Druck an Fußplatte und Montagefuß legt und dann das Zielfernrohr quer zur Längsachse kräftig hin- und herbewegt. Ist dabei eine Bewegung festzustellen, kann die Verbindung nicht fest sein. Abhilfe ist bei Montagen, die keine Nachstellvorrichtung haben, nur durch einen Büchsenmacher möglich.

Im Zusammenhang mit der Überprüfung der Zielfernrohrmontage wird auch das Zielfernrohr auf seine Schußfestigkeit und Parallaxefreiheit untersucht (s. Kapitel 3: Jagdoptik).

7.1.2   Funktion

Einige Bauteile können nicht nur die Gebrauchsfähigkeit einer Waffe einschränken, sie stellen darüberhinaus auch ein Sicherheitsrisiko dar, wenn ihre Funktion nicht einwandfrei ist. Deshalb müssen diese Baugruppen unbedingt in eine Überprüfung einbezogen werden.

Da ist zunächst das *Schloßwerk* mit Stecher und Sicherung, das wegen der möglichen Sicherheitsrisiken eine Sonderstellung einnimmt. Mangelhaft ausgeführte oder verschlissene Rasten in den Schlagstücken sowie zu „spitz" eingestellte Stecher können schon bei geringer Stoßbelastung zu einer unbeabsichtigten Schußauslösung führen. Andererseits kommt es bei

zu hohen *Abzugswiderständen* leicht zu einem Verreißen des Schusses. Zur Vermeidung dieser Gefahren bzw. Nachteile sollte sich ein Stecher erst nach Überwindung eines deutlich spürbaren Widerstandes auslösen lassen. Die Abzugswiderstände bei Flinten sollen 15 bis 20 Newton (1,5–2,0 kp) betragen. Ein sorgfältig eingestellter, bzw. gearbeiteter Abzug geht „trocken", d. h., der Weg von seiner vorderen Ruhelage bis zum Ausrasten ist möglichst gering. Geht ein Abzug zu schwer oder hat er einen langen Vorzug, kann nur ein erfahrener Büchsenmacher eine Nachbesserung vornehmen.

Daß eine *Sicherung* zuverlässig arbeiten muß, ist selbstverständlich. Man muß bei der Funktionsprüfung aber auch darauf achten, daß die Endstellung des Schiebers oder Hebels klar definiert ist, so daß man nicht im Unklaren darüber gelassen wird, ob die Waffe nun gesichert ist oder nicht.

Die Mechanik von Selbstladebüchsen, häufiger noch von Selbstladeflinten, ist besonders anfällig gegen Störungen durch starke Verschmauchung sowie durch Fremdkörper, die von außen in die Ladevorrichtung gelangen und dort Funktionsstörungen verursachen.

Manche Selbstladeflinten funktionieren nicht bei der Verwendung von Patronen mit geringer Schrotmasse, weil dabei der Rückstoß so schwach ist, daß der Repetiervorgang nicht vollständig erfolgt. Die Hülsen werden dann entweder gar nicht aus

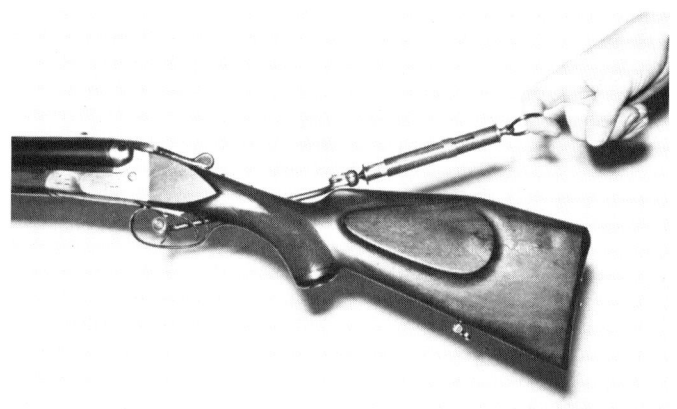

Abb. 114. Messung der Abzugswiderstände einer Doppelflinte mit einer Federwaage.

dem Patronenlager herausgezogen oder sie verklemmen sich in der Ladeöffnung. Um die letztgenannten Schwierigkeiten von vornherein zu erkennen und damit auszuschließen, wird empfohlen, auf dem Schießstand ein Probeschießen mit den Patronen vorzunehmen, die man später bei der Jagd oder beim Übungschießen verwenden will.

Mit der Mehrladevorrichtung von Repetierbüchsen gibt es kaum Probleme, ebenso nicht mit Patronenausziehern. Lediglich automatische Hülsenauswerfer (Ejektoren) müssen daraufhin geprüft werden, ob der Zeitpunkt des Auswerfens richtig abgestimmt ist und ob die Hülsen zuverlässig ausgeworfen werden (Kontrolle mit Pufferpatronen oder abgeschossenen Hülsen).

7.1.3 Schußleistungsprüfung

Eine Prüfung der Schußleistung wird erst vorgenommen, wenn Mängel, sofern sie die Schußpräzision beeinflussen können, nicht vorliegen. Für die Ermittlung der Schußgenauigkeit sind einige Grundvoraussetzungen zu beachten:

1. die Schußentfernung beträgt generell 100 m,
2. die Sichtverhältnisse müssen ein einwandfreies Zielen zulassen, die Luftbewegung darf nicht zu stark sein (s. Windabdrift),

3. die Gewehrauflage muß ein sicheres Abkommen gewährleisten,
4. der Lauf und das Patronenlager müssen entölt sein,
5. die zeitliche Reihenfolge der Schüsse und die Reihenfolge der Läufe sind zu beachten.

Bemerkungen zu Ziffer 1. und 2. erübrigen sich, da die Schußentfernung eindeutig festgelegt ist und wohl niemand auf die Idee kommen wird, bei Nebel, Schneetreiben, Sturm oder starkem Regen die Schußleistung seiner Waffe prüfen zu wollen. Die anderen Prüfbedingungen bedürfen vor allem auch deshalb einer Erläuterung, weil wir wissen, daß gewisse Voraussetzungen nicht genügend beachtet werden.

Die *Gewehrauflage* am Vorderschaft muß nachgiebig sein, darf aber nicht federn, da sonst Treffpunktlageabweichungen gegenüber den bei der Jagd üblichen Anschlagarten auftreten können. Ein nicht zu fest gestopfter Sandsack erfüllt die Anforderungen in optimaler Weise. Um die Schützenstreuung einzuengen, ist es zweckmäßig, den Hinterschaft ebenfalls auf einen Sandsack oder ein Filzpolster aufzulegen. Noch ein Hinweis: Beim Schießen berührt die freie Hand (linke Hand eines Rechtsschützen) niemals den Lauf oder das Zielfernrohr, weil auch dies zu einer Verfälschung des Schießergebnisses führen kann.

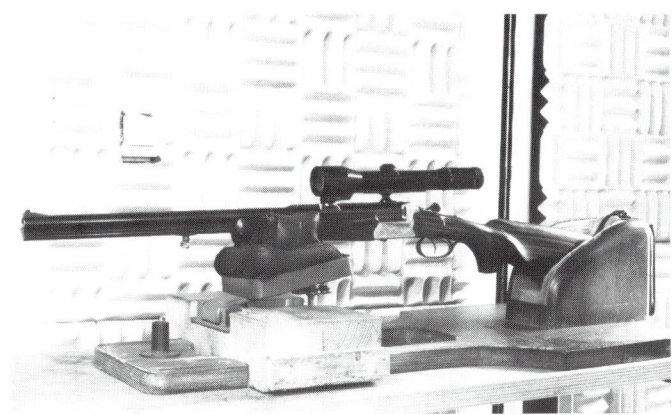

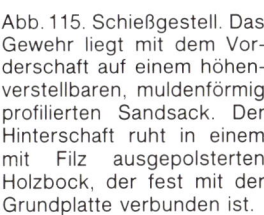

Abb. 115. Schießgestell. Das Gewehr liegt mit dem Vorderschaft auf einem höhenverstellbaren, muldenförmig profilierten Sandsack. Der Hinterschaft ruht in einem mit Filz ausgepolsterten Holzbock, der fest mit der Grundplatte verbunden ist.

Da *Öl und Reinigungsmittel im Lauf* und im Patronenlager die Trefferlage in nicht vorausbestimmbarem Ausmaß beeinflussen können, ist ein Entfetten erforderlich. Dazu werden spezielle Waffenentfetter angeboten, es eignen sich aber auch andere fettlösende Mittel, wie z.B. Azeton, Äther und Alkohol. Das Durchwischen mit einem trockenen Wergbausch oder Leinenlappen genügt nicht, weil immer noch ein dünner Ölfilm zurückbleibt. Dieser bewirkt aber bereits eine Änderung der Reibungsverhältnisse zwischem dem Geschoß und dem Lauf sowie zwischen der Patronenhülse und dem Patronenlager und damit des Schwingungsverhaltens des Laufes, das letztlich für die Treffpunktlage und auch für die Schußpräzision maßgebend ist. Wegen der ungewissen und individuell unterschiedlichen Reaktion eines Laufes auf Ölrückstände, ist es für den Jagderfolg von ausschlaggebender Bedeutung, sich durch wiederholte Kontrollschüsse Kenntnis davon zu verschaffen, welche Lage der Ölschuß zum anvisierten Zielpunkt hat. Durch entprechende Änderung des Haltepunktes können dadurch Fehlschüsse vermieden werden.

Werden aus einem Büchsenlauf mehrere Schüsse in schneller Folge abgegeben, ergeben sich aus der thermischen Belastung Konsequenzen, auf die in dem Abschnitt 1.3 eingegangen wird. Dies betrifft zwar in erster Linie kombinierte Waffen mit fest verlöteten Läufen, der Wärmeeinfluß kann sich aber auch bei anderen Bauarten auswirken und u. U. zu einer Verfälschung von Prüfergebnissen führen. Aus diesem Grunde sind bei einer Schußleistungsermittlung bestimmte Regeln zu beachten.

> Bei folgenden Gewehren wird ein Schuß jeweils nur aus dem *kalten* Lauf abgegeben:
> 1. Gewehre mit einem Büchsenlauf (z.B. einläufige Büchsen, Drillinge, Bockbüchsflinten)
> 2. Gewehre mit mehreren Büchsenläufen *unterschiedlicher* Kaliber (Bergstutzen, Bockdrillinge, Vierlinge).

Die Prüfung von Läufen der zweiten Waffenkategorie erfolgt also jeweils für sich allein, d. h., es werden nicht der klein- und der großkalibrige Lauf in schneller Folge nacheinander abgefeuert.

Die *Dauer der Abkühlung* nach einem Schuß (Erreichen der Ausgangstemperatur) ist von der Umgebungstemperatur abhängig. Bei ruhender Luft sollten im Sommer ca. 10 und im Winter ca. 5 Minuten nicht unterschritten werden.

Damit der Jäger eine Vorstellung von der Größenordnung des „Klettermaßes" bekommt, hier die Ergebnisse eines Versuches, der an 150 Drillingen und Bockbüchsflinten durchgeführt wurde: Bei einer Schußfolge von 15 bis 20 Sekunden ergab sich nach dem 2. Schuß eine Höhendifferenz von ca. 15 cm und nach dem 3. Schuß von 23 cm (bezogen auf die Trefferlage bei einem Schuß aus dem kalten Lauf).

Die Läufe von Gewehren mit mehreren Läufen *gleicher* Kaliber (z. B. Doppelbüchsen, Bockbüchsen, Doppelbüchsdrillinge) werden demgegenüber entsprechend ihrer Anwendung (Drückjagden) in bestimmter Reihenfolge und zeitlichem Abstand geschossen. Während bei quer angeordneten Läufen (z. B. Doppelbüchse) immer der rechte Lauf zuerst geschossen wird, schießt man bei vertikal zusammengefügten Läufen (z. B. Bockbüchse) grundsätzlich den unteren Lauf zuerst. Eine Umkehrung der Reihenfolge führt zu Treffpunktverlagerungen in einer Größenordnung, die die jagdliche Brauchbarkeit zumindest in Frage stellt.

Die Läufe dieser Gewehre sind, unabhängig von ihrer Bauart, so zusammengefügt, daß sich ein Zusammenschuß bei 100 m Entfernung ergibt, wenn die zeitliche Folge zwischen den Schüssen etwa 8 bis 10 Sekunden beträgt. Wird von diesem Zeittakt abgewichen, müssen mehr oder weniger große Treffpunktlagendifferenzen einkalkuliert werden, weil auch diese Waffen ein unberechenbares Eigenleben führen. Das bedeutet wiederum: Probeschießen!

Bislang sind nur die waffenseitig relevanten Einflüsse auf die Schußpräzision behandelt worden. Bei diesen Betrachtungen darf die Munition aber keineswegs unberücksichtigt bleiben, denn deren Abstimmung auf die Waffe kann von entscheidender Bedeutung sein.

Wegen der individuellen Eigenarten eines Laufes wird nicht jedes Geschoß gleich gut „verdaut". Mehrere Gewehre des gleichen Kalibers, Herstellers und Modells – also äußerlich völlig identische Waffen – können mit einer Laborierung stark voneinander abweichende Ergebnisse liefern. Bei einer anderen Laborierung kann sich das Bild aber wandeln. Ähnliches kann sich auch bei unterschiedlichen Fertigungsserien der Munition innerhalb einer Laborierung ergeben. Dabei können Differenzen sowohl im Streukreisdurchmesser als auch in der Trefferlage auftreten. Aus diesen Erkenntnissen ergeben sich wichtige Konsequenzen:

1. Die Schußleistung eines Gewehres bzw. Laufes kann nicht anhand eines Schußbildes beurteilt werden.
2. Bei einem Wechsel der Munitionslaborierung und der Fertigungsserie ist ein Kontrollschießen erforderlich.
3. Ist die mit einer Waffe optimal harmonierende Munition ermittelt worden, sollte davon ein größerer Vorrat angeschafft werden.

Zu Punkt 2 wäre noch anzumerken, daß dies in besonderem Maße für Waffen mit mehreren Büchsenläufen gilt (z. B. Doppelbüchsen, Bergstutzen). Die Läufe dieser Gewehre werden vom Hersteller für eine ganz bestimmte Laborierung und Fertigungsserie zusammengefügt. Wird dann andere Munition verwendet, ist ein Zusammenschießen der Läufe nicht mehr gewährleistet.

Eine Schußleistungsprüfung kann nur richtig interpretiert werden, wenn man die Zusammenhänge kennt. Natürlich werden vordergründig der Streukreisdurchmesser und die Trefferlage beurteilt. Dazu muß man aber zunächst wissen, wie der Streukreis ermittelt wird und wie eine Schußgruppierung entsteht.

Der Kreis verläuft durch die Mittelpunkte der äußeren Schußlöcher, wobei der Ölschuß nicht berücksichtigt wird. Der Mittelpunkt des Streukreises ist der mittlere Treffpunkt, dessen Lage nach Höhe und Seite vom Haltepunkt leicht auszumessen ist.

Die Schußgenauigkeit eines Laufes kann nicht für sich allein betrachtet werden, weil sich der Streukreisdurchmesser aus mehreren Einzelstreuungen zusammensetzt, deren Gesamtheit als *Revierstreuung* bezeichnet wird.

1. Der Streuung der kompletten Waffe einschließlich Visierung,
2. Der Munitionsstreuung,
3. Der Schützenstreuung.

Da alle drei unabhängig voneinander sind, können sie sich addieren oder, was in der Praxis leider nicht vorkommt, gegenseitig aufheben. Die Lage der Schüsse einer Schußgruppe ergibt sich also rein zufällig. Und dies erklärt auch, warum unter gleichen Bedingungen kein Schußbild dem anderen gleicht. Weder die Gruppierung der Schüsse, noch der Streukreisdurchmesser, noch die mittlere Treffpunktlage stimmen bei mehreren Schußbildern völlig überein. Es ist deshalb unsinnig, die Abnahme einer Waffe wegen einer geringfügigen Überschreitung eines geforderten Streukreisdurchmessers abzulehnen. Das nächste Schußbild könnte die Bedingungen erfüllen.

Die Zufälligkeit der Schußgruppierung muß aber auch in einem anderen Zusammenhang erwähnt werden, nämlich bei der Anzahl der Schüsse je Schußbild. Nach einer von uns vorgenommenen statistischen Auswertung von sehr vielen Schußbildern zeigte sich, daß sich die Streuung um 40% vergrößert, wenn statt drei Schüssen fünf abgegeben werden. Aber auch fünf Schüsse reichen noch nicht für die repräsentative Aussage über die Schußleistung einer Waffe aus. Dazu sind wenigstens zehn Schüsse erforderlich, doch lassen fünf Schüsse immerhin schon eine recht deutliche Tendenz erkennen. Grundsätzlich gilt:

1. Mit Erhöhung der Schußzahl nimmt die Aussagefähigkeit zu.
2. Ein Schußbild mit vielen Schüssen ist aussagefähiger als viele Schußbilder mit jeweils wenigen Schüssen.

Nachdem nun bekannt ist, wie ein Schußbild einzuschätzen ist, stellt sich die Frage, welche Anforderungen an die Schußleistung gestellt werden können und müssen.

Trotz aller Zufälligkeiten und Negativeinflüsse wird ein Streukreisdurchmesser von 4 cm bei fünf Schüssen als Wert angesehen, der von modernen Gewehren in Verbindung mit qualitativ hochwertiger Munition ohne weiteres erreicht werden kann. Für normale Anforderungen genügen aber bereits 5 cm. Nur für die Jagd im Hochgebirge und in Feldrevieren, wo große Schußentfernungen oft nicht vermieden werden können, sind 4 cm gerechtfertigt. Für Jagdgewehre sind weitergehende Forderungen überzogen!

Es ist zwar nicht gerade schmeichelhaft für die Jäger, aber die wenigsten sind unter Revierbedingungen in der Lage, eine derart gute Schußpräzision auszunutzen. Vielmehr dürfte bei der Mehrzahl von ihnen die eigene Streuung größer sein als die von Waffe und Munition zusammen ausgehende.

Es ist verständlich, daß an Waffen mit mehreren Büchsenläufen nicht so hohe Anforderungen hinsichtlich der Gesamtstreuung aller Läufe gestellt werden können. Der Durchmesser des Streukreises sollte aber trotzdem bei allen Gewehrbauarten 10 cm bei 5 Schüssen je Lauf nicht überschreiten. Berücksichtigt man den Einsatzbereich z. B. von Doppelbüchsen, so ist dieser Wert ausreichend. Für die einzelnen Läufe von Bergstutzen usw. gelten allerdings die zuvor erwähnten schärferen Bedingungen.

7.1.4   Trefferleistungsprüfungen

Unter diesem Stichwort wird die Prüfung der Leistung von Flintenläufen verstanden. Die Prozedur bei der Durchführung der Prüfung ist weit weniger kompliziert als bei Büchsenläufen. So braucht man sich keine Gedanken über den Wärmeeinfluß bei schneller Schußfolge und die Laufreihenfolge zu machen. Und auch der Ölschuß ist von untergeordneter Bedeutung, weil die unter Umständen auftretenden Unregelmäßigkeiten wegen der kurzen Schußentfernung und der ohnehin vorhandenen Streuung der Schrotgarbe nicht ins Gewicht fallen. Dennoch werden bei unseren Trefferleistungsprüfungen die Läufe vorher beschossen, um auch diesen, wenn auch geringen, Unsicherheitsfaktor auszuschließen.

Nach dem Wannseer Beurteilungsverfahren werden alle Läufe, gleichgültig mit welcher Mündungsverengung, auf einer Schußentfernung von 35 m geprüft. Das Gewehr sollte am Vorderschaft auf eine weiche, ebene Auflage gelegt werden, so daß die seitliche Auslenkung beim Schuß nicht behindert wird.

Um die quantitative Erfassung der dreidimensionalen Schrotgarbe zu ermöglichen, wird eine ebene Fläche beschossen, dadurch erhält man eine zweidimensionale Projektion der Garbe.

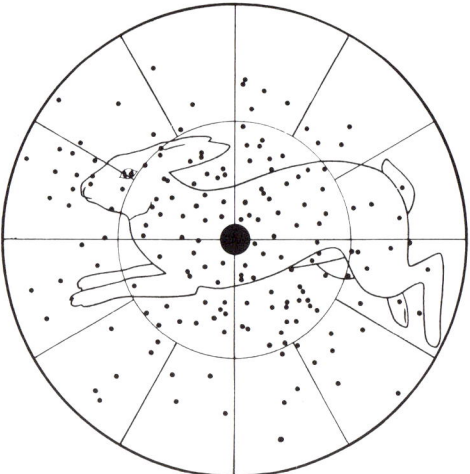

Abb. 116. Mit der 16-Felderscheibe wird die Trefferleistung von Flintenläufen bzw. Schrotpatronen geprüft.
Außenring-Durchmesser = 75,0 cm, 12 Felder,
Innenkreis-Durchmesser = 37,5 cm, 4 Felder

Als Zielmedien dienen Papier, Plastik-folien, mit Farbe bestrichene Stahltafeln oder Scheiben, die bereits mit der soge-nannten 16-Felderscheibe bedruckt sind. Diese ist Grundlage für die *Wannseer Schrotschußbeurteilung*.

Aus dieser Beurteilungsnorm sollen hier nur die wichtigsten Beurteilungskriterien erläutert werden. Es werden die Mittel-werte aus mindestens fünf Schüssen pro Lauf und Patronensorte herangezogen.

Als *Gesamttrefferzahl* wird die Anzahl der Schrote bezeichnet, die auf die Prüfflä-che mit einem Durchmesser von 75 cm ge-langt. Diese Zahl gibt Aufschluß über das radiale Ausbreitungsverhalten der Schrotgarbe nach dem Verlassen des Lau-fes, mithin also über dessen Mündungsver-engung (s. Abschnitte 6.2 und 6.3: Ballistik des Schrotschusses). Das Verhältnis der Gesamttrefferzahl zu der Anzahl der in ei-ner Patrone enthaltenen Schrotkugeln wird häufig in Prozenten angegeben. Werden die prozentualen Ergebnisse mehrerer Läufe verglichen, ist dies nur mit Patronen mit gleicher Schrotzahl zulässig, da sich sonst Verfälschungen ergeben.

Die *Deckung* beschreibt die Anzahl und Verteilung der Schrote in den 16 Feldern der Prüffläche. Ein Feld gilt als gedeckt, wenn – in Abhängigkeit von der Schrot-dicke – eine bestimmte Anzahl von Schro-ten darin enthalten ist. Die Deckung ist umso besser je gleichmäßiger die Schrote über die gesamte Prüffläche verteilt sind und je mehr Felder gedeckt sind.

Die *Regelmäßigkeit* gibt die Abweichun-gen der Gesamttrefferzahl der einzelnen Schüsse einer Prüfreihe vom Mittelwert an. In den Beurteilungstabellen wird die Re-gelmäßigkeit in Abhängigkeit von der Schrotdicke bewertet.

Anhand der Gesamttrefferzahl wird ei-nem Lauf eine bestimmte *Eignung* zuge-ordnet und zwar mit der Klassifizierung Nahschuß-, Normal- und Weitschuß-zwecke.

Wer sich ausführlich mit dem Schrot-schuß und dessen Beurteilung befassen will, sollte dies anhand der Fachliteratur tun (s. Literaturhinweise).

Für einen Büchsenlauf wird vorausge-setzt, daß dessen *Treffpunktlage* mit dem Haltepunkt möglichst gut übereinstimmt, also „Fleckschuß" vorliegt. Die gleichen Bedingungen gelten aber auch für den Flintenlauf. Wegen der Streuung des Schrotschusses ist dieser für das Schießen auf sich bewegende Ziele bestimmt. Ein punktgenauer Schuß ist dabei kaum mög-lich, aber auch nicht erforderlich. Trotz-dem muß die Schrotgarbe natürlich zumin-dest annähernd dort auftreffen, wohin man zielt. Nicht nur bei billigen Flinten wurden bei unseren Prüfungen immer wieder Treff-punktlagenabweichungen festgestellt, die das zulässige Maß überschreiten. Deshalb ist eine Kontrolle erforderlich.

Zu diesem Zweck beschießt man auf 35 m Entfernung eine Scheibe oder Tafel, auf der ein gut sichtbarer Zielpunkt ange-bracht ist. Gezielt wird über die Lauf-schiene und Korn, wobei man das Korn auf der Baskule (Verschlußgehäuse) aufsit-zen läßt, also keine Schiene sieht. Bei die-ser Zielweise sollen die Läufe Fleckschuß haben, wobei das Zentrum der Garbe zu-grunde gelegt wird. Wegen fertigungsbe-dingter Toleranzen ist die Idealtrefferlage nicht immer einzuhalten. Erfahrungsge-mäß wird die Brauchbarkeit einer Waffe aber nicht nennenswert eingeschränkt, wenn folgende Abweichungen vom Halte-punkt eingehalten werden:

Höhenabweichung: Tiefschuß maximal 5 cm, Hochschuß maximal 10 cm, Diffe-renz der Läufe zueinander maximal 10 cm.

Seitenabweichung: Rechts- bzw. Links-schuß maximal 10 cm, Differenz der Läufe zueinander maximal 10 cm.

Sollten darüber hinausgehende Abwei-chungen festgestellt werden, kann man u. U. mit einer anderen Patronenmarke eine Verbesserung erreichen. Werden auch dann die Anforderungen noch nicht erfüllt, müssen die Läufe umgelötet werden.

Die Prüfung der Schußgenauigkeit von Flintenlaufgeschoßpatronen erfolgt eben-falls auf 35 m Entfernung mit fünf Schüs-sen je Lauf. Die Präzision kann als ausrei-chend gelten, wenn der Streukreis jedes einzelnen Laufes etwa 20 cm nicht überschreitet. Problematisch ist der Zusammenschuß der Läufe. Die Treffpunktlage mit Flintenlaufgeschossen gegenüber dem Schrotschuß muß nicht identisch sein. Trotz modernster Fertigungsmethoden ist es bislang nicht gelungen, die Läufe so herzurichten, daß sowohl die Schußpräzision wie auch die Treffpunktlagen den geforderten Ansprüchen gerecht werden. Aus diesem Grunde weisen die namhaften deutschen Jagdwaffenhersteller in einem Merkblatt darauf hin, daß für Flintenlaufgeschosse geeignete Läufe extra bestellt werden müssen und nur gegen Aufpreis geliefert werden sowie eine Gewährleistung für das Zusammenschießen der Läufe nicht übernommen wird. Ferner behalten sich die Hersteller vor, das jeweils bestgeeignete Geschoß, und bei Doppelläufen den bestgeeigneten Lauf zu wählen.

7.2 Kurzwaffen

Pistolen und Revolver sind in der Hand des Jägers Jagdwaffen, deren Zustand, Funktion und Schußleistung geprüft wird.

7.2.1 Zustand und Funktion

Im Prinzip wird bei der Prüfung des allgemeinen Gebrauchszustandes und des Pflegezustandes einer Kurzwaffe ebenso verfahren wie bei den Langwaffen. Dabei kann man sich auf die Feststellung von Rost an den Außenflächen, in der Laufbohrung und den Trommelkammern beschränken. Ferner sollte das Magazin daraufhin untersucht werden, ob Beulen oder Dellen vorhanden sind und ob die Magazinlippen Verformungen aufweisen.

Vor einer Funktionsprüfung sind eventuell vorhandene Bleiansätze an der Trommelstirnseite und dem Laufmundstück zu entfernen. Bei Pistolen müssen feste Schmauchansätze an der Stoßbodenfläche, dem Laufmundstück, dem Patronenaufstieg sowie dem Patronenzubringer im Ma-

gazin und dem gesamten Bereich der Auswerferöffnung beseitigt werden.

Zum Funktionsschießen der Selbstladepistole wird das Magazin ganz gefüllt. Der Schlitten darf beim Zurückziehen nicht haken und muß beim Vorschnellen die erste Patrone aus dem Magazin einwandfrei in das Patronenlager einführen. Dabei ist zu beachten, daß der Schlitten am Laufmundstück anliegt (Masseverschluß), bzw. der Verschluß vollständig verriegelt ist. Das Magazin wird ganz leergeschossen, wobei die Schußfolge beliebig gewählt werden kann. Folgende Funktionsstörungen können auftreten:

– Versager,
– Hülse wird nicht ganz ausgeworfen und verklemmt sich in der Auswurföffnung,
– Schlitten bewegt sich nicht weit genug zurück, so daß die neue Patrone im Magazin nicht erfaßt wird,
– Patrone verkantet sich beim Repetiervorgang.

Bei derartigen Störungen sollte ein Büchsenmacher aufgesucht werden. Selbstverständlich wird auch die Sicherungseinrichtung auf ihre Funktion und Leichtgängigkeit hin überprüft.

Wird bei der Jagdausübung ein Revolver geführt, handelt es sich fast ausnahmslos um Modelle mit Spannabzug (double action). Die Funktionsprüfung konzentriert sich auf den Abzugs- und Trommelmechanismus, weil eigentlich nur in diesem Bereich Mängel auftreten können. Zur Kontrolle des Bewegungsablaufes (Timing) bremst man die Trommel mit einem Finger leicht ab und zieht dann den Hahn langsam bis in die Endstellung des Double Action-Schießens zurück. In dieser Position muß der Umsetzhebel die Trommel so weit gedreht haben, daß die Sperrklinke eingerastet ist, d.h., die Trommel muß arretiert sein. Die geladene und eingeschwenkte Trommel muß leicht drehbar sein und die abgeschossenen Hülsen sollen sich mit dem Auswerferstern ohne großen Kraftaufwand ausstoßen lassen. Ein Mangel, der allerdings nur sehr selten auftritt, besteht in einer ungenügenden Zentrierung der Trommel. In diesem Fall stimmen die

Laufachse und die Kammerachsen nicht überein. Zu erkennen ist dies an den einseitigen Bleiablagerungen des Laufmundstükkes und der Kammerstirnflächen.

7.2.2 Schußleistungsprüfung

Die Kurzwaffe wird im Jagdbetrieb nur ausnahmsweise und in ganz wenigen Bereichen eingesetzt: für den Fangschuß, die Fallenjagd und den Selbstschutz. In keinem Fall werden besondere Anforderungen an die Schußleistung gestellt, weil die Schußentfernungen fast immer unter 10 m liegen, und das ist hinsichtlich der Präzision selbst für wenig anspruchsvolle Pistolen- oder Revolverausführungen kein Problem.

Trotzdem sollen hier einige grundsätzliche Anmerkungen zum Präzisionsschießen von Kurzwaffen gemacht werden.

Vor dem Schießen wird der Lauf trockengewischt (Entfettung ist nicht erforderlich). Geschossen wird auf eine handelsübliche Präzisionsscheibe auf 25 m Entfernung. Als Auflage für das Griffstück dient ein Sandsack. Um die Schützenstreuung einzuengen, schießt man beidhändig (Achtung, Verletzungsgefahr! s. Abschnitt 10.4), und es ist zum genaueren Zielen zweckmäßig, eine Diopterbrille zu verwenden. Eine bestimmte Schußfolge braucht nicht eingehalten zu werden, da sich die Lauferwärmung nicht negativ auswirkt. Für exakte Schußleistungsermittlungen benutzt man Schießmaschinen, in die die Waffen eingespannt werden.

Die Auswertung von Schußbildern (mit jeweils mindestens fünf Schüssen) erfolgt ebenso wie beim Büchsenschuß. Entsprechend dem Anwendungszweck für Gebrauchswaffen ist ein Streukreisdurchmesser von Bierdeckelgröße völlig ausreichend. Es versteht sich von selbst, daß an Kurzwaffen für das jagdliche Übungs- und Wettkampfschießen nach der DJV-Schießvorschrift höhere Anforderungen zu stellen sind.

7.3 Munition

Abgesehen von der Ermittlung der bestschießenden Munition aus einer bestimmten Waffe umfaßt die Untersuchung der Munition durch den Jäger lediglich eine Prüfung des äußeren Zustandes.

Patronen, die nicht ordnungsgemäß gelagert werden, können an den Metallteilen korrodieren (Büchsen- und Kurzwaffenpatronen: Grünspan, Schrotpatronen: Rost an der Bodenkappe). Papphülsen von Schrotpatronen quellen zudem bei feuchter Lagerung. Starker Korrosionsansatz beeinträchtigt aber die Ladefähigkeit, ebenso gequollene Hülsen. Deshalb sollten derartige Patronen einem Büchsenmacher übergeben werden, der sie auf geeignete Weise vernichtet.

Bei Büchsenpatronen, die häufig repetiert worden sind, oder die Rückstoßbelastungen in Magazinen ausgesetzt waren, können die Geschoßspitzen verformt sein. Wegen der negativen Auswirkung auf die Schußpräzision sollten diese Patronen nicht mehr für die Jagd, sondern als „Ölschußpatronen" verwendet werden. Will ein Jäger die Maßhaltigkeit, den Gasdruck und die Geschoßgeschwindigkeit seiner Munition prüfen lassen, kann er damit ein Beschußamt oder die DEVA beauftragen.

Diesem Kapitel sollte der Leser seine besondere Aufmerksamkeit widmen. Um die Jägerprüfung bestehen zu können, und um später ein guter Jäger zu sein, ist es einerseits erforderlich, ein fundiertes Wissen zu haben, andererseits überflüssig, sich von Anfang an mit nicht benötigtem Spezialwissen zu überladen. Die Bücher dieser Buchreihe machen deutlich, was verlangt wird.

Ist der Jäger im Ansprechen des Wildes, beim Führen des Hundes, in wildbiologischen Fragen unsicher, so kann er gravierende Fehler machen. Der Abschuß eines jungen, sehr gut veranlagten Hirsches ist sicher eine höchst unangenehme Angelegenheit. Er steht aber in keinem Verhältnis zu Unsicherheiten beim Umgang mit der Jagdwaffe und den daraus entstehenden Folgen, wie dem Verletzen oder Töten eines Menschen. Daher muß der Jäger, der das Recht hat, jegliche Handfeuerwaffen zu führen, auch damit umgehen können, und zwar in jeder Situation so sicher, daß er immer die Übersicht behält und nicht kopflos handelt. Der Leser wird sicherlich schon festgestellt haben, daß in der Presse meist nur dann über den Jäger berichtet wird, wenn er negativ aufgefallen ist. Handelt es sich dabei gar um einen Schaden, gleich welcher Art, den er mit seiner Waffe verursacht hat, dann wird leicht der Stab über die gesamte Jägerschaft gebrochen.

In diesem Kapitel wird aufgezeigt, wie man eine Waffe korrekt handhabt und in der Praxis sicher damit umgeht. Da bei den Prüfungen nach mehr oder weniger gleichem Ritual die sichere Handhabung der Waffen durch den Kandidaten geprüft wird, werden natürlich auch die besondere Prüfungssituation und der Ablauf der Prüfung beleuchtet.

Wir können uns aufgrund der vielen Gutachten, die wir in den letzten Jahrzehnten zu Jagdunfällen erstellt haben, ein umfassendes Bild von den Fehlleistungen des Jägers mit der Waffe machen und wollen die daraus gewonnenen Erkenntnisse auch an dieser Stelle weitergeben.

Das gleiche gilt für die Durchführung der Jägerprüfungen. Durch Gutachten zu Widerspruchsverfahren zu Jägerprüfungsergebnissen und weiterer in Zusammenhang stehender Gutachten wissen wir, wo die Prüflinge der Schuh drückt.

Aber – und das muß ebenfalls an dieser Stelle gesagt werden – auch der eine oder andere Prüfer hat so seine Schwierigkeiten bei der Beurteilung, ob der Prüfling seine Waffe nun richtig gehandhabt hat oder nicht.

Das Buch wird also zu einer Vereinheitlichung des Niveaus für die Durchführung der Jägerprüfung beitragen können.

Unsere Erfahrung ist, daß die Handhabung der Waffen in den Vorbereitungen zur Jägerprüfung „gedrillt" wird, d. h., der Prüfungsanwärter muß nach einem bestimmten Schema so lange mit der Waffe üben, bis er diese Folge von Handhabungen sicher beherrscht.

In der Prüfung zeigt sich aber sofort die Schwäche dieses Ausbildungsprinzips. Sobald man als Prüfer den Prüfling beim „Abspulen" seiner Handhabungsfolge unterbricht, um sich etwas Bestimmtes zeigen zu lassen, was etwas von dem abweicht, was der Prüfling sich in vielen Übungsstunden an Handgriffen angeeignet hat, bekommen viele Prüflinge Schwierigkeiten und werden nervös. Sie wissen nämlich nicht richtig, was sie mit der Waffe gemacht haben und warum sie es gerade so und nicht anders vorgeführt haben.

Gewiß, die Übungen mit der Waffe müssen in Fleisch und Blut übergehen. Wir wollen aber an dieser Stelle so viele Erklärungen und Erläuterungen geben, daß jeder in der Lage ist, die sichere Handhabung der Jagdwaffen auch logisch und verstandesbewußt nachzuvollziehen.

Wenn der Prüfling genau weiß, warum er bestimmte Handgriffe gerade so und nicht anders ausführen muß, kann der Prüfer in allen Phasen so oft unterbrechen und zwischenfragen wie er will. Den Prüfling ficht es nicht an, er ist sich in jeder Situation über den Zustand der Waffe im klaren.

Unbestritten ist, daß der mündlich-praktische Teil der Jägerprüfung, was die Waffenhandhabung angeht, allgemein als

„Horror-Fach" gilt. Hierbei dürfte es wohl die meisten Ausfälle geben, zumal in allen Bundesländern die Prüfung hierbei wenigstens mit „ausreichend" absolviert werden muß. In den anderen Fächern kann man sich schon ein- oder zweimal „mangelhaft" erlauben, ohne gleich durchzufallen.

Hinzu kommt noch, daß im Umgang mit den Waffen Handfertigkeit, um nicht zu sagen, ein Minimum technischen Geschicks erforderlich ist. Wir werden manchmal kompliziert anmutende Handhabungen „entschärfen", sie einleuchtend erklären und die folgerichtige Ausführung verdeutlichen.

Weil das abstrakte Darstellen der Handhabungen schnell eintönig und langweilig werden kann, wollen wir das Thema dadurch anschaulich und lebendig halten, daß wir die erforderliche Handhabung beim Umgang mit den Waffen anhand des Verlaufs einer Jägerprüfung darstellen, also so, wie sie sich abspielen könnte und in der Regel auch abspielt.

Zuerst stellt sich die Frage: Muß ein Prüfling alle Jagdwaffen sicher handhaben können oder genügen aus der Sicht der Prüfung nur einige repräsentative Waffenkonstruktionen? Der erste Teil der Frage läßt sich schnell und überzeugend beantworten: Es ist unmöglich, von einem Prüfling zu erwarten, daß er alle Waffenfabrikate und -modelle, die marktüblich sind, handhaben kann. Dies wäre das gleiche, als wollte man von einem Sportflieger verlangen, daß er alle Sportflugzeugtypen, die er aufgrund seiner Lizenz fliegen darf, auch ohne vorherige Einweisung beherrscht. Das geht natürlich nicht!

Ebenso ist es beim Jäger!

Während seiner Ausbildung wird der angehende Jäger verschiedene Waffentypen kennenlernen und handhaben müssen. Idealerweise sollten sich dazu Ausbilder und Prüfer einigen, welche Waffen das sein werden. Es darf keinesfalls so sein, daß bei der Prüfung andere Waffen vorliegen, als dies während der Ausbildung der Fall war.

Die Auswahl wird von Prüfungskommission zu Prüfungskommission je nach vorhandenem Waffenbestand zwar verschie-

den sein; aber folgende Waffen sollen vorliegen, und diese müssen Sie auch handhaben können. Dies sind zwar nur Empfehlungen; es wäre aber im Interesse vergleichbarer Prüfungen wünschenswert, hier zu Übereinstimmungen zu kommen.

– *Repetierbüchse.* Die klassische Waffe für das Erlernen der Handhabung einer Büchse, also eines Gewehres für den Kugelschuß, ist hierbei immer noch das mit dem Mauser-System 98. Es gibt eine große Anzahl von Waffen verschiedener Hersteller, die mit diesem Verschlußsystem ausgestattet sind: Ein Prüfling sollte es sicher handhaben können. Die Zeit ist aber nicht stehengeblieben, und so gibt es heute eine Reihe moderner System-Varianten. Sie sind alle mehr oder weniger ähnlich zu handhaben, aber doch abweichend von dem Ursprungs-98er (z. B. wegen verriegelter Kammer bei gesicherter Waffe).

Daher sollte der Prüfling mit wenigstens zwei Repetierbüchsenkonstruktionen sicher umgehen können: mit dem Mauser-System 98 und einer neueren Entwicklung.

– *Doppelflinte oder Bockflinte.* Von den in Frage kommenden Jagdwaffen wird die Doppelflinte oder die Bockflinte wohl am meisten geführt. Auf dem Wurftaubenstand und bei der Niederwildjagd muß mit den Flinten sicher umgegangen und zuverlässig getroffen werden. Der Kandidat muß daher in der Jägerprüfung die Handhabung dieser Waffe beherrschen.

– *Drilling.* Soweit wir wissen, verliert der Drilling als Erstausrüstung zwar immer mehr an Bedeutung. Da aber ein sicherer Umgang mit diesem Gewehrtyp besondere Anforderungen stellt, ist eine Ausbildung und Prüfung am Drilling erforderlich.

Der Anteil der Drillinge mit der sogenannten „separaten Kugelspannung" nimmt erfreulicherweise zu. Das begünstigt die Sicherheit im Umgang mit dieser Waffe. Sie sollte deshalb nur noch damit ausgerüstet werden. Daraus ergibt sich, daß der Prüfling an einer solchen (modernen) Waffe ausgebildet und geprüft werden soll.

Empfehlung: Optimal ist es, wenn man mit der Handhabung beider Versionen des Drillings (mit und ohne separater Kugelspannung) vertraut gemacht wird, denn beide Konstruktionen begegnen uns im Jägerleben und müssen in der Prüfung sicher beherrscht werden.

Die in der vorstehenden Aufzählung genannten Langwaffen muß ein Kandidat bei der Jägerprüfung sicher handhaben können.

Sicherlich kommt an dieser Stelle von dem einen oder anderen Prüfer oder Ausbilder die Frage, warum in dieser Aufzählung die Selbstladeflinte oder -büchse nicht enthalten ist. Zugegeben, auch diese Gewehrart erfordert besondere Kenntnis zu ihrer sicheren Handhabung, ist sie doch nach Abgabe eines Schusses aufgrund ihrer selbsttätigen Ladevorgänge sofort weiter schußbereit und damit gefährlich. Ihre Verbreitung im jagdlichen Betrieb ist jedoch so gering, daß sie nicht als „Prüfungswaffe" eingeführt werden sollte, wenngleich man in der Ausbildung die Eigenart dieser Selbstladegewehre und die gebotene besondere Vorsicht beim Umgang mit ihnen deutlich darstellen muß. Das gleiche gilt für Hahngewehre.

Wer sich nach der Prüfung dennoch mit diesem oder jenem anderen, in der vorstehenden Aufzählung nicht enthaltenem Waffentyp ausrüsten will, dem sei nur dringend empfohlen, sich durch den Verkäufer gründlich in die Handhabung einweisen zu lassen, zu Hause dann noch intensives „Handhabungs-Trockentraining" zu absolvieren und schließlich die Fertigkeit im Umgang mit diesem Gewehr durch regelmäßiges Schießen auf einem Schießstand zu festigen.

Immer wieder läßt sich beobachten – und vielleicht werden Sie das einmal bestätigen –, daß sich das Handhaben einer ungeladenen Waffe ohne Schwierigkeiten bewerkstelligen läßt. Sobald aber der Lauf mit einer Patrone geladen ist, werden die Handgriffe vorsichtiger, um nicht zu sagen verkrampfter, weiß doch derjenige, der in diesem Moment mit der Waffe umgeht, daß sich bei einer Unvorsichtigkeit der Schuß lösen kann. Wie später noch ausgeführt wird, ist dies besonders beim Umgang mit der Kurzwaffe festzustellen. Daher: Ständiges Umgehen mit der „scharfen" Waffe auf dem Schießstand baut die Hemmungen und die Unsicherheiten ab.

Da vom Jäger neben der Langwaffe auch die Pistole und der Revolver geführt werden darf, muß er auch damit in der Prüfung sichere Handhabung nachweisen.

– *Selbstladepistole.* Die Auswahl eines Selbstlade-Pistolenmodells für Ausbildung und Prüfung ist nicht schwierig. Grundsätzlich sollten es dem Stand der Technik entsprechende Modelle mit außen- oder innenliegendem Hahn sein. Die wesentlichen Funktionen, auf die es bei der Handhabung ankommt, sind bei allen Modellen gleich. Sicherlich gibt es Varianten, wie Waffen mit oder ohne Signalstift, Entspannhebel etc. Aber wer eine Selbstladepistole prinzipiell richtig zu handhaben gelernt hat, der wird sich schnell auf jedes Modell einstellen können. Da der Jäger seine Kurzwaffen zu reinigen hat, muß er auch imstande sein, die Waffen zu zerlegen und wieder zusammenzusetzen.

– *Revolver.* Die konstruktiven Unterschiede zwischen den verschiedenen Revolver-Modellen sind so geringfügig, daß es letztendlich unerheblich ist, welches Modell zum Ausbilden und Prüfen herangezogen wird. Wichtig ist nur, daß es sich um eine Konstruktion mit Spannabzug handelt.

Bevor nun Einzelheiten besprochen werden, soll die wichtigste Regel im Umgang mit einer Waffe, sei es bei der Jägerprüfung, im Jagdbetrieb oder bei anderer Gelegenheit, vorangestellt werden. Diese Regel und Forderung steht als Grundsatz an der Spitze aller anderen Handhabungsvorschriften:

Der Lauf einer Waffe muß in jeder Situation in eine Richtung zeigen, in der sich nach menschlichem Ermessen beim

Abb. 118. So sollte die Waffe nicht getragen werden!

unbeabsichtigten Lösen eines Schusses kein Unfall ereignen kann.

Das Beherzigen dieser Regel ist der entscheidende Handhabungsgrundsatz überhaupt. Sie können an Ihrer Waffe noch so viel falsch machen, zeigt der Lauf aber dabei in eine ungefährdete Richtung, so kann nichts Schlimmes passieren. Es ließen sich viele Beispiele anführen, wie oft und in welcher Form gegen diese Hauptregel verstoßen wird. Eine typische Situation mag stellvertretend für alle stehen (Abb. 118).

Sie ist zwar nachempfunden, aber bei Gesellschaftsjagden keine Seltenheit. Wie oft ist zu sehen, daß Gewehre so getragen werden! Man kann noch so sicher sein, daß das Gewehr soeben entladen worden ist und daß nun wirklich nichts passieren kann, der andere aber, der ungewollt in die Mündung Ihres Laufes sieht, kann das nicht wissen, und für ihn ist es mehr als ein ungutes Gefühl. Und irgendwann einmal – ein besonderer Umstand hat Sie daran gehindert, das Gewehr zu entladen, obwohl Sie es vorhatten – ist doch noch eine Patrone im Lauf, und dann kann es passieren.

Wie heißt es doch so hintergründig: Die meisten Schießunfälle passieren mit entladenen Waffen.

Bei allen Situationen, die nachfolgend besprochen werden, wird immer unterstellt, ohne daß noch einmal darauf hingewiesen wird, daß der Lauf bei allen Handhabungen in eine nicht gefährdete Richtung weist!

8.1 Handhabung der Langwaffen

Lassen Sie uns jetzt mit einer mündlich-praktischen Jägerprüfung in dem Fach „Jagdwaffenkunde" beginnen.

Aufforderung zum Handhaben einer Waffe. In aller Regel findet die Prüfung in einem geschlossenen Raum statt, die Prüflinge sitzen einzeln oder zu mehreren vor den Prüfern. Die Waffen, die zu handhaben sind, liegen auf Tischen oder stehen in Gewehrständern.

Häufig gibt es bei dem Prüfling die ersten Unsicherheiten, wenn er vom Prüfer aufgefordert wird, eine der Waffen aufzunehmen und sie zu handhaben. Dies wird dann nur äußerst zögerlich gemacht oder rundweg abgelehnt, weil befürchtet wird, die Waffe könnte von dem Prüfer in einen Zustand versetzt worden sein, der das Aufnehmen zu einem schweren Sicherheitsverstoß werden läßt. Mit auf dem Rücken verschränkten Armen steht der Prüfling dann vor der Waffe, schaut sie sich von allen Seiten her an, um zu ergründen, ob sie vielleicht gestochen ist – aber aufnehmen will er sie nicht.

In welchem Zustand die Waffe auch sein mag, Sie können sie ohne Bedenken aufnehmen, wenn dabei beachtet wird, daß die Finger nicht in die Nähe der Abzüge gehören und der Lauf beim Hochnehmen nicht in Richtung der Prüfer oder anderer Personen im Raum zeigt. Wenn dies beachtet wird, kann Ihnen nicht der geringste Vorwurf gemacht werden – selbst wenn, wie es leider häufig gemacht wird, die Waffe zuvor vom Prüfer eingestochen wurde. Das Ablegen eingestochener Waffen ist und bleibt ein so grober Sicherheitsverstoß, der in einer Jägerprüfung nur damit begründet werden kann, daß man das Verhalten des Prüflings in einer solchen Situation feststellen will. Da man aber einem Stecher nicht ohne weiteres ansehen kann, ob er eingestochen ist, muß man das Gewehr schon in die Hand nehmen, um den Stecher überprüfen zu können.

Des weiteren fühlen sich viele Prüflinge irritiert, wenn sie in einem geschlossenen Raum mit scharfer Munition (das ist ja die Annahme bei der Prüfung) hantieren. Sie finden keine Ecke, in die sie den Lauf halten könnten, ohne daß nicht Gefahr besteht, daß beim Lösen eines Schusses Schaden entsteht.

Hierzu gilt grundsätzlich, daß Sie sich darüber keine Gedanken machen sollten. Der Raum als solcher ist für den Prüfling nicht existent, es ist bei den Handhabungen ausschließlich auf die Prüfer, eventuelle weitere Prüflinge und in den Raum eintretende Personen zu achten.

Weiter ist noch die Frage zu klären, was wohl passiert, wenn nun doch auf dem Tisch oder im Gewehrständer Waffen vorhanden sind, die nicht den zuvor geschilderten Empfehlungen entsprechen und die der Prüfling noch nie in Händen hatte. In einem solchen Fall muß der Prüfling kla-

ren Kopf behalten und sich folgendes vor Augen führen:

Kein Prüfer kann einen Prüfling durchfallen lassen, weil er eine Waffe nicht handhaben kann, die er noch nicht in seinen Händen hatte. Der Prüfer kann lediglich solche Waffe dazu verwenden, um das sichere Verhalten eines Prüflings zu beobachten und zu beurteilen. Aus der Sicht des Prüflings betrachtet heißt das: Er nimmt nach Aufforderung die Waffe an sich. Stellt er fest, daß es sich hier um eine Konstruktion handelt, die er nicht kennt, sollte er auf keinen Fall versuchen, alle Hebel und Schieber zu betätigen, um nun die Funktion der Waffe herauszufinden. Bei diesen unbedachten Handlungen, womöglich noch mit dem Finger am Abzug, ist ein Fehlverhalten vorprogrammiert und ein Durchfallen unvermeidlich.

Wie verhält sich der Prüfling also richtig?

Sobald er merkt, daß ihm das Waffenmodell nicht bekannt ist, sollte er sich davor hüten, auch nur irgendeinen Handhabungsversuch vorzunehmen. Vielmehr teilt er dem Prüfer mit, daß er die Waffe nicht kennt und demzufolge auch ihre Benutzung nicht demonstrieren kann. Wichtig ist nur, daß er sie so an sich nimmt, daß keine Gefährdung eintritt und keine unbedachten Handhabungen vorgenommen werden.

8.1.1 Handhaben der Repetierbüchse

Der Prüfer fordert den Prüfling auf, eine Repetierbüchse vom Tisch oder aus dem Gewehrständer zu nehmen, um sich damit auf einen Rehbock schußfertig zu machen. Wie ist hier vorzugehen?

Aufnehmen der Waffe – Ausgangszustand herstellen. Das Gewehr wird vom Prüfling an sich genommen und mit dem Lauf schräg nach oben gehalten. Zunächst muß er feststellen, in welchem Zustand sich die Waffe befindet. Ist der Verschluß geöffnet, kann er sofort überprüfen, ob die Waffe eingestochen ist. Hierzu wird bei Abzugs-

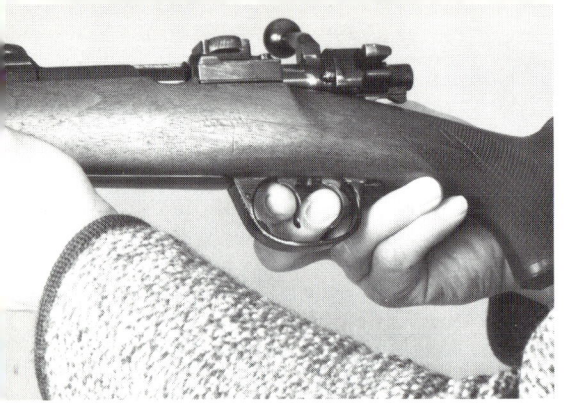

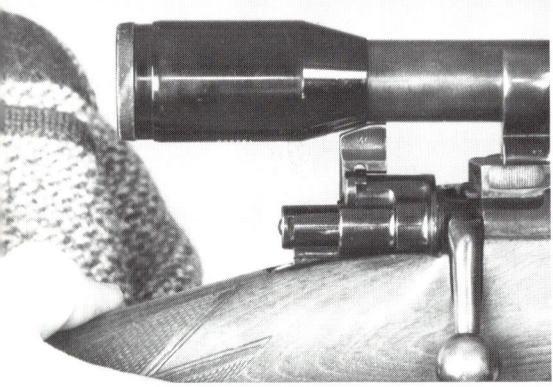

Abb. 119. Mittel- und Zeigefinger kontrollieren beim deutschen Stecher, ob die Waffe eingestochen ist.

Abb. 120. Die Schlagbolzenmutter ist fast nicht zu sehen: das Schloß ist entspannt.

Abb. 121. Die Schlagbolzenmutter steht deutlich hervor: das Schloß ist gespannt.

Abb. 122. ~~Oben~~ *Unten* im Bild ist die Hülse einer Patrone im Kaliber 7 × 65R zu sehen, die aus einer Waffe im Kal. 7 mm Rem. Mag. abgefeuert wurde. ~~Unten~~ *Oben*: Kal. 7 mm Rem. Mag., Mitte: Kal. 7 × 65R.

Abb. 123. Zur Kontrolle der Laufbohrung wird der Verschluß herausgenommen.

systemen mit deutschem Stecher mit dem Mittelfinger auf den hinteren Abzug ein leichter Druck ausgeübt, während der Zeigefinger den vorderen Abzug durchzieht (Abb. 119). War er gestochen, wird sofort ein Knacken vernehmbar sein. Der Druck auf den hinteren Abzug garantiert ein leises und schonendes Entstechen, falls der Abzug gestochen war.

Bei Repetierbüchsen mit Rückstecher wird der Abzug zwischen Daumen und Zeigefinger genommen und vorsichtig nach hinten gezogen. War er gestochen, wird sofort ein vernehmliches Knacken zu hören sein.

Ist der Verschluß der aufgenommenen Repetierbüchse geschlossen, muß festgestellt werden, ob die Waffe ge- oder entspannt ist. Der Fachmann sieht das an der mehr oder weniger aus der Kammer hervorstehenden Schlagbolzenmutter. Kontrollieren läßt sich dies hingegen einfach durch Betätigung der Sicherung (Abb. 120 und 121). Wenn sich das Gewehr nicht sichern läßt, ist die Waffe entspannt. In diesem Zustand wird der Verschluß geöffnet und die oben beschriebene Stecherüberprüfung vorgenommen.

Bei gespanntem Verschluß ist zu sichern! Danach wird der Stecher überprüft. Systeme, die sich in gesichertem Zustand öffnen lassen (z. B. Mauser 98, Sicherungsflügel senkrecht), werden nach dem Sichern erst geöffnet, um dann die Überprüfung des Stechers vorzunehmen.

Falls nötig, wird nach diesen Handhabungen der Verschluß geöffnet und kontrolliert, ob die Waffe auch entladen ist.

– *Anmerkung zum System 98.* Bei Handhabungen an Gewehren mit dem Mauser-System 98 ist zu beachten, daß der Sicherungsflügel drei Stellungen hat. Wenn er, vom Schützen aus gesehen, nach links umgelegt wird, ist die Waffe entsichert. Senkrecht gestellt bedeutet: Waffe gesichert, Verschluß läßt sich öffnen. Flügel nach rechts umgelegt: Waffe gesichert, Verschluß läßt sich nicht öffnen.

Wissen muß man hierbei, daß die Funktion der Sicherung bei Mittelstellung und bei nach rechts umgelegtem Flügel absolut gleich ist. Aus Widerspruchsverfahren ist uns bekannt, daß einige Prüfer der Auffassung sind, daß die Mittelstellung des Flügels auch eine verminderte Sicherungsfunktion bedeutet, weil sich dabei noch der Verschluß öffnen läßt. Dies ist nicht korrekt. In beiden Stellungen erfüllt die Sicherung ihre Aufgabe ohne Einschränkungen.

Feststellung des Beschußzeichens und des Kalibers. Nach den Bestimmungen des Waffengesetzes darf eine Schußwaffe, die kein gültiges Beschußzeichen trägt (siehe Kapitel 5), nicht geführt werden. Es wird daher vom Prüfling in der Prüfung erwartet, daß er sich darüber informiert, ob das Gewehr gültige Beschußzeichen trägt

und welches Kaliber es hat, da auch dies mit der vorhandenen Munition verglichen werden muß.

Folglich ist dafür Voraussetzung, daß der Prüfling die beschußrechtlichen Kennzeichnungen des deutschen Beschusses kennt.

In den letzten Jahren wird das Beschußdatum verschlüsselt mit Buchstaben angegeben. Das Entschlüsseln ginge über das Niveau der Jägerprüfung hinaus. Die Identifizierung ausländischer Beschußzeichen kann ebenfalls nicht Gegenstand der Jägerprüfung sein.

Weiterhin muß das Kaliber der Waffe anhand der eingeschlagenen Kaliberbezeichnung mit der vorhandenen Munition verglichen werden, denn aus einer Waffe darf nur Munition des Kalibers verschossen werden, für das die Waffe eingerichtet ist: eine Selbstverständlichkeit.

Denken Sie aber einmal an das Kaliber 8×57 I und 8×57 IS. Bei oberflächlicher Betrachtung kann es sehr schnell zur Verwechslung kommen. Wird dann aus einer Waffe im Kaliber 8×57 I eine Patrone des Kalibers 8×57 IS verschossen, können sich wegen des größeren Geschoßdurchmessers des „IS"-Kalibers Gasdrucksteigerungen ergeben, die so hoch werden, daß die Haltbarkeit der Waffe in Frage gestellt ist.

Wer hier nicht sorgfältig auf übereinstimmende Kaliber achtet, darf sich nicht wundern, wenn er plötzlich feststellt, daß er aus seiner Büchse ein völlig falsches Kaliber (hoffentlich ohne Schaden!) verschossen hat (Abb. 122).

Überprüfung der Laufbohrung. Eine Gefahrenquelle stellen Hindernisse in der Laufbohrung dar. Wenn das abgefeuerte Geschoß auf ein solches Hindernis trifft, staucht es sich und baucht oder reißt dabei den Lauf auf. Deshalb gehört eine Überprüfung der Laufbohrung zu den Notwendigkeiten bei der Handhabung und natürlich auch in der Praxis.

Hierzu wird aus der Waffe der Verschluß genommen (Abb. 123), die Laufbohrung gegen hellen Hintergrund gehalten

und hindurchgesehen. Sie muß in ihrem gesamten Bereich frei von Fremdkörpern sein.
- *Prüfungserfahrungen*: Was hier als gefahrbringendes Hindernis zu betrachten ist, darüber bestehen bei den Prüflingen zum Teil erhebliche Unkenntnisse. Nach deren Auffassung können in der Laufbohrung „Gesteinsbrocken", Spinnweben, Äste, Wassertropfen und noch so manches andere sein.

In vielen Fällen hat der Prüfer zuvor darauf hingewiesen, daß unterstellt werden solle, daß die Waffe aus dem Gewehrschrank entnommen worden sei. Daraus ergibt sich eigentlich zwingend, daß Gesteinsbrocken, Äste etc. ja als Hindernis wohl nicht in Frage kommen können. Auf das Naheliegendste, daß es sich bei den Hindernissen um Reinigungswerg- oder Reinigungsfilz-Rückstände handeln könnte, kommen die wenigsten.

„Hindernisse" in Form von Wasser- oder Öltropfen, Staubpartikeln, können keine Ursache von Laufaufbauchungen oder Sprengungen sein.

Erst massivere Gegenstände in Form von steckengebliebenen Geschossen, Geschoßresten, Erde, Reinigungsmitteln (Werg, Filz) bergen die Gefahr von Laufbeschädigungen.

Der Prüfling sollte an dieser Stelle darauf hinweisen, daß er nach dieser Sichtkontrolle Lauf- und Patronenlager trocken durchwischen wird, um den Einfluß des Waffen-Konservierungsmittels auf die Treffpunktlage des ersten Schusses zu beseitigen.

Laden der Waffe. Nachdem diese vorbereiteten Handhabungen abgeschlossen sind, wird in aller Regel davon ausgegangen, daß nunmehr der Prüfling im Revier sei und auf ein Stück Schalenwild ansitzt.

Das Gewehr muß jetzt geladen werden! Vielfach werden jetzt dem Prüfling einige Patronen bzw. Pufferpatronen vorgelegt, und er muß die aussuchen, die dem Kaliber der Waffe entsprechen. Damit lädt er das Magazin, schließt den Verschluß und sichert. Durch das Schließen des Verschlusses wird gleichzeitig eine Patrone in das Patronenlager eingeführt.
- *Prüfungserfahrungen*: Bei Repetierbüchsen mit dem Mauser 98-System, die kein herausnehmbares Magazin haben, wird oftmals versucht, die Patrone auf das Magazin zu legen, um sie dann in den Lauf zu repetieren. Bei diesem Vorgehen kann die Auszieherkralle aber nicht in die Auszieherrille am Hülsenboden greifen. Die Patrone läßt sich nicht laden (Abb. 124 und 125), und es besteht die Gefahr, daß die Auszieherkralle abbricht, wenn durch Kraftaufwendung die Patrone in das Lager geschoben werden soll. Es ist daher zwingend erforderlich, die Patrone zunächst ins Magazin zu drücken.

Das Gewehr ist jetzt geladen, der Verschluß geschlossen und gespannt, gesichert, entstochen.

Fertigmachen zum Schießen. Im weiteren Prüfungsverlauf wird jetzt davon ausgegangen, daß das zu schießende Wild ausgetreten ist.

Der Prüfling darf nun keineswegs ver-

Abb. 124. Falsch! Die Patrone ist nicht ins Magazin gedrückt worden, die Auszieherkralle greift nicht in die Auszieherrille.

Abb. 125. Richtig! Die Patrone muß zuerst in das Magazin gedrückt werden, damit die Auszieherkralle richtig fassen kann.

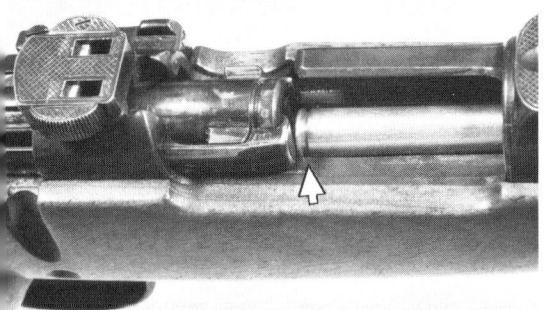

gessen, den Prüfer darüber zu informieren, daß er, nachdem er das Stück angesprochen hat, nicht eher schießen wird, bis er sich davon überzeugt hat, daß das Hintergelände einen gefahrlosen Schuß zuläßt.

Entsichern des Gewehres. Das Gewehr ist nun zu entsichern! Es stellt keinen Verstoß gegen die Sicherheit dar, wenn die Waffe entsprechend der Abbildung 126 in dieser Position entsichert wird.

Abb. 126. Zulässig! Das Gewehr darf in dieser Position entsichert werden!

Abb. 127. Das Entsichern im Anschlag ist verkrampft.

Abb. 128. Abzugssystem mit gespanntem Schlagbolzen, Abzug nicht gestochen.

Abb. 129. Der Abzug wird betätigt. Das Abzugsblatt (Stecherblatt) drückt gegen den Abzugsstollen, der Schuß wird ausgelöst.

Abb. 130. Die gleichen Bewegungsabläufe ergeben sich bei Betätigen des hinteren Abzuges, wenn dieser wie ein Rückstecher betätigt wird. Der Schuß löst sich.

Sitzt man auf einer Kanzel oder einem Hochsitz, wird nur entsichert, wenn die Waffe auf der Brüstung liegt.
– *Prüfungserfahrungen*:
Von vielen Prüfern wird gefordert, daß die Waffe prinzipiell im Anschlag zu entsichern und zu sichern ist.

Wie Abbildung 127 zeigt, ist dies bei einer Repetierbüchse mit dem Mauser 98-System und aufgesetztem Zielfernrohr schon ein unübersichtliches Hand-

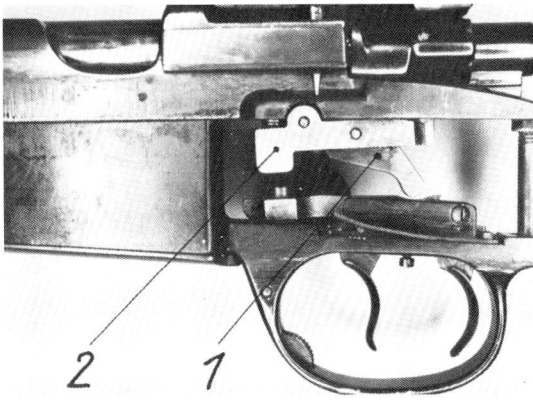
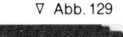
△ Abb. 128   ▽ Abb. 129

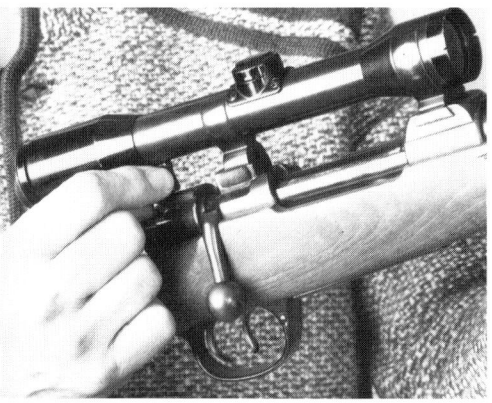

△ Abb. 126   ▽ Abb. 127   ▽ Abb. 130

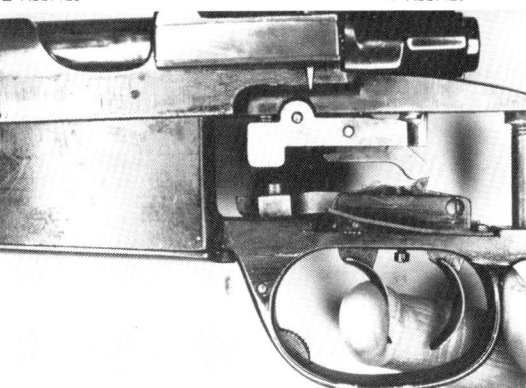

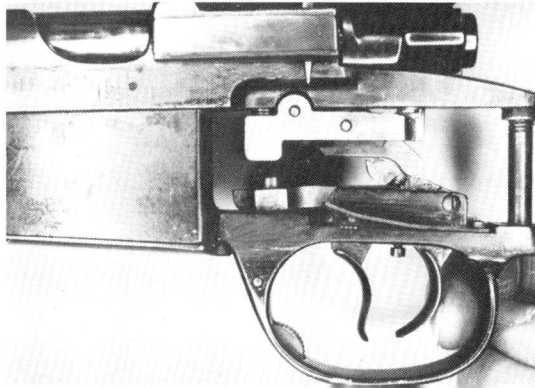

haben. Das Sichern oder Entsichern im Anschlag dient keineswegs der Erhöhung der Sicherheit im Umgang mit einer Waffe. Die Handgriffe, die vorgenommen werden müssen, sollen nicht nur „erfühlt" sondern auch mit den Augen verfolgt werden.

Stechen der Büchse. Die Büchse wird jetzt auf das Wild gerichtet (angeschlagen) und eingestochen.

Hier hängt es wieder vom Waffenfabrikat ab, welche Art von Stecher eingebaut ist. Büchsen, vornehmlich neuerer Konstruktionen (z. B. Sauer, Blaser), haben einen Rückstecher. Dieser wird jetzt mit dem Daumen in Schußrichtung gedrückt.

Bei Büchsen mit dem sogenannten „Deutschen Stecher" (z. B. Mauser 98) wird der hintere Abzug gezogen, bis ein knackendes Geräusch zu hören ist. Der Stecher ist jetzt eingerastet, die Waffe ist gestochen.

– *Prüfungs- und Praxiserfahrungen*:

Sowohl in der Prüfung als auch in der jagdlichen Praxis sind durch falsches Bedienen des „Deutschen Stechers" Schüsse ausgelöst worden.

Wird der „Deutsche Stecher" mit dem „Französischen Rückstecher" verwechselt, kommt es zur sofortigen Schußauslösung (Abb. 129–130).

Wenn auch in der Prüfung in aller Regel der eingestochene Abzug nicht betätigt wird, so ist doch hier der Hinweis angebracht, daß ein zuverlässiges Auslösen des Schusses beim Rückstecher nur dann erreicht wird, wenn der Abzug nicht mit seitlichem Druck nach hinten bewegt wird. Der Finger muß den Abzug in Längsrichtung der Waffe betätigen (Abb. 131 und 132).

Das Wild springt ab. Damit festgestellt werden kann, wie der Prüfling mit einer entsicherten und gestochenen Waffe umgeht, läßt der Prüfer in dieser Situation das Wild abspringen.

Wie jetzt zu verfahren ist, hängt wieder sehr vom Waffenmodell ab.

> *Hier noch einmal der eindringliche Hinweis*:
> Bei den jetzt folgenden Handhabungsschritten muß der Lauf unter allen Umständen in eine Richtung gehalten werden, in der bei unbeabsichtigter Schußauslösung kein Schaden entstehen kann.

Entstechen der Repetierbüchse mit Mauser 98-System. Die Büchse muß gesichert und der Kammerstengel angehoben werden! Dazu wird sie soweit abgesetzt, daß diese Handhabungen bequem vorgenommen werden können (Sicherungsflügel senkrecht). Zulässig ist aber auch, die Waffe zu sichern und sofort zu entstechen, ohne sie vorher zu öffnen.

Auf dem Hochsitz oder auf der Kanzel bleibt sie auf der Brüstung liegen, und man kann aus dem Anschlag gehend sichern.

Zum Entstechen wird bei Abzugssystemen mit deutschem Stecher mit dem Mittelfinger der hintere Abzug durchgezogen und festgehalten. Der Zeigefinger zieht den

Abb. 131. Wird der eingestochene Abzug (Rückstecher) mit seitlichem Druck nach hinten gezogen, wird der Schuß nicht ausgelöst.

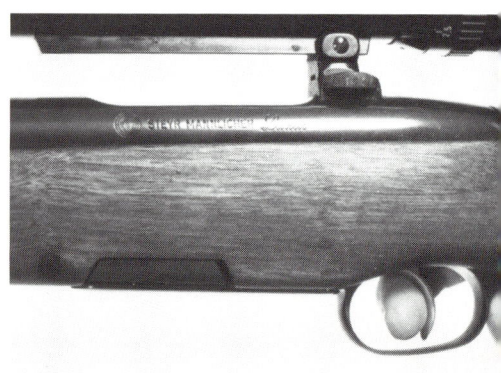

Abb. 132. Der Druck des Fingers muß von vorne auf den gestochenen Abzug kommen, damit sich der Schuß löst.

vorderen Abzug durch und hält ihn ebenfalls fest. Jetzt läßt der Mittelfinger den hinteren Abzug wieder frei, anschließend der Zeigefinger den vorderen.

Das alles hört sich kompliziert an, geht aber nach einiger Übung in Fleisch und Blut über.

Soll der Ansitz fortgesetzt werden, wird der Verschluß der Waffe wieder geschlossen.

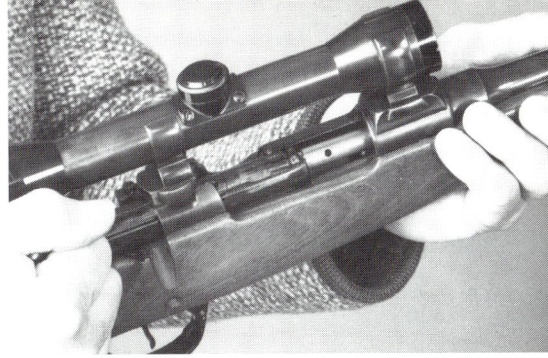

Abb. 133. Zuerst wird die Patrone aus dem Lager gezogen ...

– *Prüfungserfahrungen*: Eine Vielzahl von Prüfern hält es für unbedingt erforderlich, daß die gestochene Waffe noch am Kopf gesichert werden muß. Wie schon bei der Beschreibung des „Entsicherns" gesagt, ist dies beim 98er in stehender Haltung ein ungelenkes Hantieren, zumal wenn das Zielfernrohr aufgesetzt ist. Deshalb sollte die Waffe heruntergenommen werden, dann geht das Sichern besser und auch sicherer.

Entstechen anderer Waffenkonstruktionen. Bei einer Reihe von Fabrikaten läßt sich in gesichertem Zustand der Verschluß nicht öffnen, hier muß bei gesicherter und ungeöffneter Waffe entstochen werden. Bei den Modellen „Sauer 80", „Sauer 90" und „Mauser 77" beispielsweise ist man aller Sorgen enthoben. Hier hebt man einfach den Kammerstengel an und der Abzug wird bei diesem Vorgang selbsttätig entstochen.

Waffe entladen. Der Prüfer läßt in der Regel nach dem Entstechen der Büchse auch den Ansitz beenden. Es muß entladen werden!

– *Repetierbüchsen mit Mauser 98-System*: Die Waffe ist gesichert (Sicherungsflügel senkrecht). Vielfach läßt sich so der Verschluß nicht öffnen, weil das Zielfernrohr im Wege ist. Deshalb ist man gezwungen, die Büchse für das Entladen zu entsichern (Sicherungsflügel links). Zuerst wird die im Patronenlager befindliche Patrone herausrepetiert. Danach können die Patronen einzeln herausrepe-

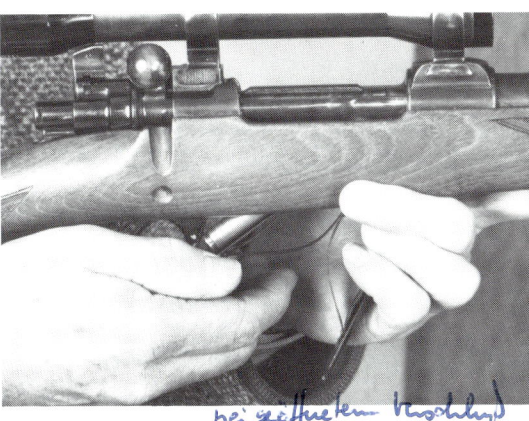

Abb. 134. ... dann werden die Patronen aus dem nach unten aufklappbaren Magazin entnommen.

Abb. 135. Das Einsteckmagazin wird nach unten herausgenommen.

tiert oder bei einem nach unten aufklappbaren Magazin entnommen werden.

– *Repetierbüchsen anderer Konstruktionen*: Hier überwiegt das herausnehmbare Magazin. Zuerst wird die im Patronenla-

ger vorhandene Patrone durch Öffnen des Verschlusses herausgezogen, dann das Magazin entfernt. Waffe und Magazin bleiben getrennt (Abb. 135).

Entspannen des Verschlusses. Bei den meisten Konstruktionen ist der Schlagbolzen des geöffneten Verschlusses gespannt. Das Entspannen wird so vorgenommen:

Die entsicherte Büchse in die rechte Hand nehmen und mit dem Zeigefinger den (vorderen) Abzug durchziehen, mit der freien Hand den Verschluß schließen (Abb. 136). Vereinfacht wird diese Handhabung dadurch, daß man die Waffe nach links schwenkt, damit nicht übergegriffen werden muß. Zusätzlich kann sie in der Hüfte abgestützt werden.

Auch das einhändige Entspannen ist möglich (Abb. 137). Der Zeigefinger zieht den Abzug durch, der Daumen drückt den Kammerstengel nach unten.

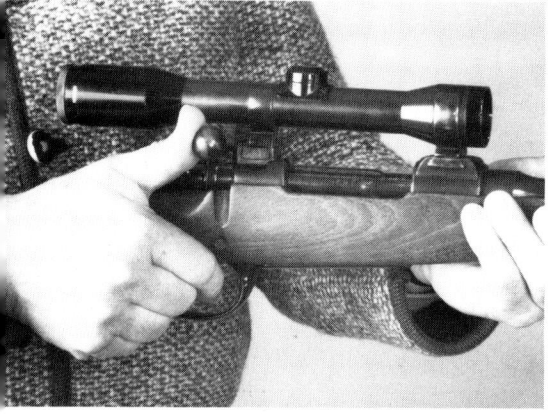

8.1.2 Handhabung der Doppelflinte – Bockflinte

Das Handhaben der jetzt noch zu beschreibenden Waffenkonstruktionen ist in vielen Punkten vergleichbar mit der zuvor beschriebenen Handhabung der Repetierbüchse. Deshalb kann das eine oder andere kürzer gefaßt werden.

Aufnehmen der Flinte, Ausgangszustand herstellen. Die Flinte ist nach dem Aufnehmen, bei dem die linke Hand sie um den Vorderschaft ergreift, falls erforderlich, zu sichern und zu öffnen.

Feststellen des Beschußzeichens und des Kalibers. Anders als bei der Repetierbüchse sind die Beschußzeichen meist am Laufbündel unterhalb der Patronenlager

Abb. 136. Zweihändiges Entspannen der Repetierbüchse.

Abb. 137. Einhändiges Entspannen der Repetierbüchse.

Abb. 138. Beim Schließen der Flinte darf der Finger nicht am Abzug liegen.

Abb. 139. So wird die Flinte korrekt geschlossen.

eingeschlagen. Es muß daher zunächst die Verriegelung des Vorderschaftes gelöst und dieser abgenommen werden, bevor das Laufbündel aus der Basküle gehoben wird. Hier kann die Kaliberbezeichnung stehen, es muß aber nicht so sein, denn es gibt eine ganze Reihe Fabrikate, bei denen die Kaliberangabe schräg oben am Laufbündel, ähnlich wie bei Repetierbüchsen, zu finden ist.

Überprüfen der Laufbohrung. Bei den großen Durchmessern der Schrotläufe ist natürlich die Wahrscheinlichkeit, daß ein Hindernis in die Laufbohrung gelangt, größer als bei den kleinkalibrigen Büchsenläufen. Deshalb ist die Sichtkontrolle der Laufbohrungen wichtig.

Fertigmachen zum Schießen. Die Flinte wird nach vorherigem Vergleich der Kaliber von Waffe und Patronen (Pufferpatronen) geladen, geschlossen und mit schräg nach oben gerichtetem Lauf gehalten.

– *Prüfungs- und Praxiserfahrungen.* Die Handhabung der Flinte ist nicht schwierig, dennoch werden eine Reihe von Fehlern gemacht:

1. Beim Schließen der Flinte wird der Schießfinger (Zeigefinger) am Abzug gehalten (Abb. 138). Das führt häufig zur Schußauslösung, weil durch das Festhalten der Waffe beim Schließvorgang allzuleicht der Finger gekrümmt wird. Bei einer gesicherten Flinte, wie im vorliegenden Fall, wird diese Situation nicht eintreten. Dennoch hat der Finger nichts am Abzug verloren. Beim Schießen auf dem Wurftaubenstand wird die Flinte nicht gesichert (allerdings wird sie auch erst unmittelbar vor dem Schuß geschlossen!). Hierbei ist dieser Grundsatz, daß der Finger beim Schließen der Waffe nicht an den Abzug gehört, unbedingt zu beachten. Die vielen Schußlöcher auf den Schützenständen der Wurftaubenschießstände zeigen, wie oft gegen diesen Grundsatz verstoßen wird.

Grundsätzlich wird beim Schließen die Flinte so gehalten, wie das in Abb. 139 dargestellt ist.

2. Die Flinte wird mit weit vernehmbarem „Krachen" geschlossen.
Folge: Bei einem fehlerhaften Abzugssystem kann sich durch diese Erschütterungen ein Schuß lösen, und auf Dauer gesehen beeinträchtigt dieses heftige Zuschlagen die Haltbarkeit des Verschlusses. Er wird undicht, und ein neuer Scharnierstift muß eingepaßt werden. Deshalb muß die Flinte gefühlvoll geschlossen werden.

3. Nach dem Schließen der Flinte überzeugt sich der Prüfling oder Jäger nicht davon, daß der Oberhebel auch wirklich in Längsachse oder annähernd Längsachse des Laufbündels steht.
Folge: Durch kleinste Fremdkörper im Verschluß klappt das Laufbündel nicht vollständig an, und der Oberhebel kann sich nicht schließen. Bei den meisten Waffenfabrikaten ist aber doch noch eine Schußauslösung möglich. Wie Unfälle zeigen, kippt dann beim Lösen des Schusses das Laufbündel ab, und die Patronenhülse wird dem Schützen an den Kopf, ja ins Auge geschleudert. Neue Flinten sind in ihrem Verschluß noch etwas schwergängig, und der Oberhebel schließt sich nicht immer vollständig. Man muß es sich daher zur Regel machen, die Stellung des Oberhebels nach dem Schließen der Flinte zu kontrollieren; Ein kurzer Blick oder leichtes Nachdrücken verschaffen Gewißheit.

Schießen. Sollte der Prüfer den Prüfling zum Schießen auffordern, so ist die Waffe vor dem Anschlagen zu entsichern. Der Finger darf erst unmittelbar vor der Aufwärtsbewegung der Waffe an den Abzug gelegt werden.

Flinte entladen und entspannen. Nach dem Schießen wird die Flinte aus der Anschlaghaltung gesenkt und sofort geöffnet. Ein vorheriges Sichern ist nicht erforderlich. Die Hülse und die nicht abgeschossene Patrone bzw. beide Hülsen werden der Waffe entnommen, sofern sie nicht durch einen Ejektor ausgeworfen werden. Das Entspannen der Schlosse hängt von der Konstruktion der Waffe ab.

1. *Flinten mit Patronenausziehern und Doppelabzügen*: Beide Abzüge werden bei gleichzeitigem Schließen der Flinte durchgezogen.

2. *Flinten mit Ejektoren und Doppelabzügen*: Hier muß man unterscheiden zwischen den „Feder-Ejektoren" und den Ejektoren der Bauart „Holland & Holland". Das Entspannen der Flinten mit Feder-Ejektoren läßt sich wie bei Flinten mit Patronenausziehern durchführen. Bei den Holland & Holland-Ejektoren soll die Flinte nur durch das Abschlagen der Schlosse entspannt werden, um die Rasten an den Ejektoren nicht zu beschädigen. Dies wird grundsätzlich mit Pufferpatronen durchgeführt.

3. *Flinten mit Einabzug*: Es ist schon kompliziert genug, wenn zwischen Feder-Ejektoren und Holland & Holland-Ejektoren unterschieden werden muß. Zusätzlich muß man noch zu unterscheiden lernen zwischen dem Einabzug, bei dem durch Betätigung des Abzuges auf den zweiten Lauf umgeschaltet wird oder dem Einabzug, bei dem der Rückstoß des ersten Schusses die Umschaltung vornimmt („dynamische Umschaltung").

Im ersten Fall läßt sich die Flinte nach dem Laden von Pufferpatronen und zweimaligem Betätigen des Abzuges entspannen. Wer seine Flinte, die mit einer dynamischen Umschaltung der Abzüge ausgestattet ist, entspannen will, muß die Läufe mit Pufferpatronen laden. Durch Betätigung des Abzugs läßt sich ein Schloß abschlagen. Durch einen kräftigen Schlag mit der Hand auf die Schaftkappe (Erzeugung eines Rückstoßes) wird auf den zweiten Abzug umgeschaltet, der jetzt auch betätigt werden kann. Sollte der Schlag mit der Hand für eine Umschaltung nicht ausreichen, so bleibt nichts anderes übrig, als die Flinte mit der Schaftkappe auf den Boden (Teppichboden) zu stoßen, damit die

Umschaltung erfolgt. Danach läßt sich der Abzug zum Abschlagen des zweiten Laufes betätigen.

4. *Flinten mit automatischer Sicherung*: Hierbei kann man die Schlosse nur entspannen, wenn die Waffe nach dem Schließen entsichert und abgeschlagen wird (Pufferpatronen nicht vergessen!).

– *Prüfungserfahrungen*. Das Abstellen nicht entspannter Flinten ist einige Male als grober Sicherheitsverstoß gewertet worden. Das ist es nicht!

Bei falsch dimensionierten Schlagfedern kann allenfalls eine Erlahmung der Schlagkraft des Schlagbolzens oder des Schlagstückes eintreten, wenn die Flinte längere Zeit gespannt im Schrank steht. Bei den heutigen modernen Fertigungsmethoden und hochwertigen Federwerkstoffen ist dies aber nicht zu befürchten.

8.1.3   Handhabung des Drillings

Wegen seiner vielfältigen Bedienungsmöglichkeiten stellt der Drilling die größten Anforderungen an die Handhabungssicherheit von Langwaffen.

Aufnehmen des geschlossenen Drillings, Ausgangszustand herstellen. Der Prüfling ergreift den Drilling mit der linken Hand um den Vorderschaft und der rechten zunächst um den Kolbenhals und öffnet ihn durch Abkippen des Laufbündels. Vorher ist zu sichern. Er muß prüfen, ob die Waffe entladen und entstochen ist. Der Wahlschieber für die Umstellung „Schrot"/„Kugel" wird in Stellung „Schrot" gebracht, falls noch nicht geschehen.

Bei Drillingen mit separater Kugelspannung wird durch Niederdrücken des Knopfes auf dem Spannschieber und dessen Zurückgleiten das Kugelschloß entspannt.

Ob der Drilling gestochen ist, wird überprüft, indem man den vorderen Abzug zwischen Daumen und Zeigefinger nimmt und zurückzieht. War er gestochen, so wird man ein Knacken vernehmen – der Abzug ist entstochen (Abb. 140).

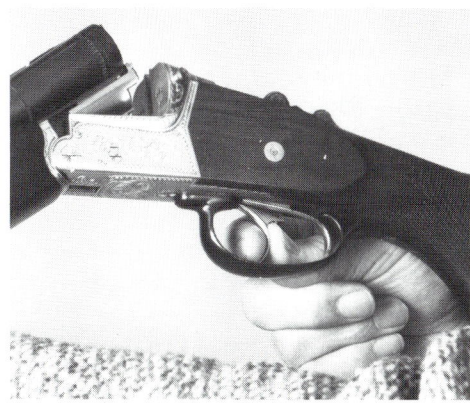

Abb. 140. Der Drilling wird überprüft, ob er gestochen ist.

Feststellung des Beschußzeichens und der Kaliber, Überprüfung der Laufbohrungen.

Dabei muß so verfahren werden, wie bei der Handhabung der Flinte beschrieben, also Drilling schließen, Vorderschaft abnehmen und nachschauen.

Laden des Drillings. Dies gestaltet sich nach den Vorgaben des Prüfers. In unserem Beispiel werden alle drei Läufe geladen. Nach dem Schließen des Drillings muß er folgenden Zustand aufweisen: geladen – gespannt - auf „Schrot" gestellt bzw. separate Kugelspannung entspannt – gesichert – entstochen.

Fertigmachen zum Schießen. Mit der Vorgabe, daß ein Stück Schalenwild geschossen werden soll, sind der Reihe nach folgende Handgriffe nötig:
Schieber für die Umstellung von „Schrot" auf „Kugel" nach vorne schieben.

Abb. 141. Der Spannschieber der separaten Kugelspannung wird betätigt (nach vorne schieben = Spannen des Schlosses).

Entsichern. Beim Standarddrilling wird jetzt entsichert, beim Drilling mit separater Kugelspannung der Spannschieber nach vorne gedrückt, bis er einrastet (Abb. 141).
Die Schrotläufe bleiben gesichert!

Nach dem Ansprechen des Wildes und der Beurteilung des Hintergeländes den Drilling anschlagen und stechen (Abb. 142).
– *Prüfungserfahrungen.* Um festzustellen, wie sich die Kandidaten in bestimmten Situationen verhalten, werden an dieser Stelle von Prüfern besondere Situationen vorgegeben.

Zum Beispiel läßt der Prüfer jetzt den Bock abspringen und in 25 m Entfernung einen Fuchs auftauchen, auf den geschossen werden soll. Da es sich hier um eine ideale Schrotschußentfernung handelt, wird vom Kanditaten erwartet, daß er den Drilling auf Schrot umstellt oder bei separater Kugelspannung den Büchsenlauf entspannt und die Schrotläufe entsichert. Dann kann mit dem gestochenen Abzug für den rechten Schrotlauf auf den Fuchs geschossen werden. Wesentlich ist hierbei: Es stellt keinen Verstoß gegen die Sicherheit dar, wenn die Umschaltung des Drillings von Kugel auf Schrot in gestochenem Zustand ohne vorheriges Sichern erfolgt, immer unterstellt, der Lauf wird, wie eingangs gefordert, in eine nicht gefährdete Richtung gehalten.

Ist im rechten Schrotlauf ein Einstecklauf eingelegt, so kann ein Schuß aus

Abb. 142. Der Abzug wird gestochen.

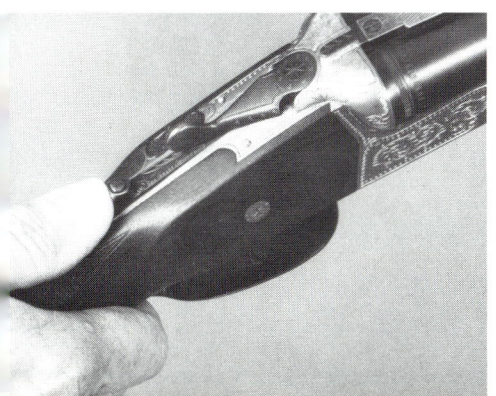

dem linken Schrotlauf nur abgegeben werden, wenn der Drilling entstochen ist. Würde nämlich der für den linken Schrotlauf zuständige hintere Abzug vorher betätigt, löste sich unweigerlich bei gestochenem vorderen Abzug auch ein Schuß aus dem rechten Lauf. Also unbedingt vorher entstechen.

Entstechen des Drillings. Hierzu wird der Drilling aus dem Anschlag genommen, gesichert, geöffnet und entstochen.

Entladen. Alle Patronen bzw. Hülsen werden aus den Patronenlagern entfernt.

Entspannen des Drillings.

1. Standarddrilling: Für das Entspannen der drei Läufe mit zwei Abzügen gibt es grundsätzlich zwei Möglichkeiten:

Der geöffnete Drilling wird entsichert und auf „Schrot" gestellt. Dann werden die beiden Abzüge durchgezogen und der Drilling etwa bis zur Hälfte geschlossen. Damit sind die Schlosse der beiden Schrotläufe entspannt (Abb. 143). Anschließend wird auf „Kugel" umgestellt und der vordere Abzug bei gleichzeitigem Schließen der Waffe durchgezogen. Nun ist auch das Schloß des Büchsenlaufes entspannt. Dieses Verfahren hat jedoch den Nachteil, daß sich Beschädigungen des Abzugssystems einstellen können, wenn zum Entspannen der Schrotlaufschlosse nicht die richtige Position des Laufbündels eingehalten wird.

Abb. 143. Entspannen des Drillings ohne Pufferpatronen.

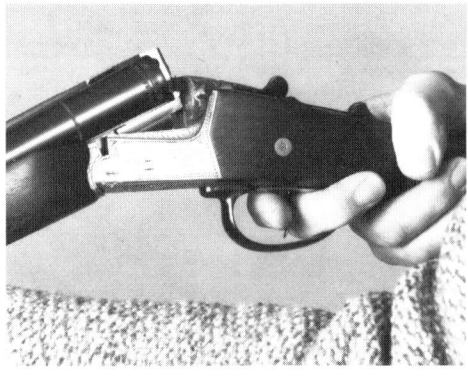

Besser ist es, den Drilling zu entsichern, auf „Schrot" zu stellen und eine Pufferpatrone in den Büchsenlauf zu laden. Bei gleichzeitigem Durchziehen beider Abzüge wird der Drilling geschlossen. Die Schlosse der Schrotläufe sind entspannt. Danach wird auf „Kugel" umgestellt und der vordere Abzug bis zum Abschlagen des Büchsenlaufschlosses betätigt, das somit auch entspannt ist.

2. Drilling mit separater Kugelspannung: Bei dieser Waffenkonstruktion sind die Verhältnisse einfach. Die Schrotläufe werden entsichert, und den Spannschieber für den Büchsenlauf läßt man zurückgleiten. Bei gleichzeitigem Durchziehen beider Abzüge wird der Drilling geschlossen. Alle Schlosse sind entspannt!

8.2   Handhabung der Kurzwaffen

Die höchsten Anforderungen stellt das sichere Handhaben der Kurzwaffen.

Repetierbüchsen, Flinten und Drillinge sowie andere Gewehrkonstruktionen sind wegen ihrer langen Läufe nicht so beweglich wie die Kurzwaffen, bei deren Umgang sich sehr schnell gefahrbringende Situationen ergeben können.

Der Revolver und die Pistole sind Selbstverteidigungswaffen, die zu Jagdzwecken in speziellen Fällen eingesetzt werden (Fangschuß). Man trägt sie in einem Zustand, der ein schnelles Schießen ermöglicht. Denken Sie z. B. an den Revolver, der ohne äußere Sicherungen getragen wird und sofort schußbereit ist. Das sichere Tragen, Ziehen, Schießen, also der ganze Umgang mit der Kurzwaffe muß daher intensiv geübt werden, auch, oder gerade weil im Jagdgeschehen die Kurzwaffe gegenüber den Langwaffen weitaus weniger Verwendung findet.

Die Jägerprüfung entspricht der Sachkundeprüfung nach den Bestimmungen des Waffengesetzes. Da dem Jäger zwei Kurzwaffen ohne Bedürfnisnachweis zugestanden werden, ergibt sich daraus, daß er ebenso sicher mit diesen umgehen muß, wie man es bei den Langwaffen voraussetzt.

8.2.1 Revolver

Der Revolver ist eine Kurzwaffe, deren Handhabung unkompliziert und übersichtlich ist. Sicherheitsgerecht präsentiert er sich wie in Abbildung 144 dargestellt. Die Trommel ist ausgeschwenkt, und damit wird sofort für jeden sichtbar, daß die Waffe ungeladen ist und keine Gefahren birgt.

Abb. 144. Korrekt abgelegter Revolver.

Aufnehmen des Revolvers. Wenn der Kandidat aufgefordert wird, den Revolver aufzunehmen, muß er auf folgendes achten:

1. Der Finger darf nicht in den Abzugsbügel greifen.
2. Die Waffe muß beim Aufnehmen so gehalten werden, daß der Lauf in keinem Moment in eine gefährdete Richtung zeigt.
3. Die Trommel bleibt ausgeschwenkt, der Lauf zeigt schräg nach unten.

War der Revolver mit eingeschwenkter Trommel abgelegt, so wird er in gleicher Weise aufgenommen; es muß aber sofort die Trommel ausgeschwenkt werden.

– *Prüfungserfahrungen.* Beim Aufnehmen der Langwaffen sind die Kandidaten zaghaft, fürchten sie doch irgendeine Falle, die vom Prüfer gestellt sein könnte. Bei den Kurzwaffen jedoch sind die Hemmungen, den Revolver oder die Pistole an sich zu nehmen, zum Teil unüberwindlich. Es ist während der Jägerprüfung vorgekommen, daß sich Kandidaten mit den Händen auf dem Rücken geradezu weigerten, die Kurzwaffe an sich zu nehmen, aus Angst, beim ersten Handgriff schon etwas falsch zu machen.

Denken Sie immer daran: Es kann Ihnen überhaupt nichts passieren, wenn Sie die Waffe nach Aufforderung an sich nehmen und dabei beachten, daß der Finger nicht am Abzug liegt und der Lauf in eine ungefährdete Richtung zeigt.

Die Scheu vor der Kurzwaffe müssen Sie vor der Prüfung überwunden haben; dies ist dann eingetreten, wenn Sie mindestens genausoviel geübt und am Schießstand damit geschossen haben, wie Sie dies mit der Flinte oder Büchse taten.

Feststellung des Beschußzeichens und des Kalibers. Die Beschußzeichen finden sich beim Revolver auf Trommel und Rahmen.

Wie bei den Langwaffen, muß vor dem Laden geprüft werden, ob das Kaliber der Waffe und der bereitgestellten Munition zueinander passen.

– *Prüfungserfahrungen.* Verschiedentlich werden den Kandidaten Revolver im Kaliber .357 Magnum und Munition mit der Kaliberbezeichnung „.38 Special" vorgelegt. In Unkenntnis, daß das Kaliber .38 Special aus einem Revolver Kal. .357 Magnum verschossen werden kann und darf, lehnen Kandidaten die Verwendung dieser Munition ab. Das ist nicht richtig und offenbart eine Kenntnislücke. Munition des Kalibers .38 Special kann immer aus einem Revolver des

Kalibers .357 Magnum verschossen werden.

Überprüfung der Sauberkeit der Laufbohrung. Diese Prüfung ist bei der Kurzwaffe genauso unerläßlich wie bei der Langwaffe. Da man jedoch beim Revolver nicht vom „Patronenlager" her durch den Lauf sehen kann, muß man hier einen anderen Weg gehen. Abbildung 145 zeigt anschaulich, wie das Laufinnere auf Fremdkörper hin untersucht werden kann. Der Daumen wird so in die Öffnung des Rahmens gehalten, daß die Helligkeitsreflexion auf dem Fingernagel in das Laufinnere gelenkt wird. Von der Mündung her läßt sich dann gut beurteilen, welchen Pflegezustand der Lauf hat und ob sich Fremdkörper darin befinden.

– *Prüfungserfahrungen.* Diese Vorgehensweise ist manchem Kandidaten schon vorübergehend zum Verhängnis geworden. In falscher Anwendung des Leitsatzes, daß niemals der Lauf auf einen Menschen zeigen darf, waren die Kandidaten durchgefallen, weil sie direkt in die Mündung der Waffe gesehen hatten.

Es gibt aber gar keinen Zweifel, daß man den Lauf eines Revolvers am besten in der gezeigten Art kontrollieren kann. Außerdem besteht nicht das geringste Sicherheitsrisiko.

Die negativen Prüfbescheide mußten folglich rückgängig gemacht werden.

Laden des Revolvers. Zum Laden wird der Revolver so gehalten wie in Abbildung 146 dargestellt. Die Trommel kann in diesem Zustand nicht selbsttätig einschwenken, und sie läßt sich zum Laden der einzelnen Kammern drehen.

Sichern des Revolvers. Bei den Langwaffen ist an dieser Stelle das Sichern besprochen worden. Beim Revolver muß das entfallen, denn er hat keine von außen zu bedienende Sicherung. Die Funktion der vorhandenen „inneren" Sicherung ist an anderer Stelle beschrieben.

Schießen. Bei einem Revolver mit Spannabzug gibt es zwei Wege der Schußauslösung:

1. *Mit gespanntem Hahn*: Insbesondere zur Abgabe eines gezielten Schusses (Schießstand) ist es zweckmäßig, den Hahn zu spannen, weil dadurch die erforderlichen Kräfte zur Betätigung des Abzuges geringer werden. Wie in Abbildung 147 zu sehen ist, zieht der Daumen den Hahn bis zum Einrasten in die Endstellung. Der Finger darf dabei nicht am Abzug liegen. Dies erfolgt erst unmittelbar vor der Schußabgabe (Abbildung 148).
2. *Mit Abzugspannung*: Wenn ein schneller Schuß abgegeben werden muß (Nachsuche), wird ein vorheriges Spannen des Hahnes nicht möglich sein. Er muß mit dem Abzug gespannt und ausgelöst werden.

Abbildung 149 soll verdeutlichen, daß der Finger den Abzug betätigt und damit den Hahn bis in seine Endstellung spannt, wo er selbsttätig ausrastet und den Schuß auslöst.

Entspannen des Revolvers. Der gespannte und geladene Revolver (Hahn in Endstellung) soll entspannt werden. Dies muß mit größter Konzentration erfolgen, wenn man nicht Gefahr laufen will, jetzt unbeabsichtigt einen Schuß abzugeben. Der Revolver wird in die Hände genommen, wie das in Abbildung 150 zu sehen ist.

> Der Daumen wird auf den Sporn des Hahnes gelegt, dann erst darf der Zeigefinger den Abzug berühren.

Der Finger zieht jetzt den Abzug durch, bis der Hahn ausrastet. In dieser Phase muß unter allen Umständen sichergestellt sein, daß der Daumen den Hahn „fest im Griff hat". Starke Schweißbildung (Prüfungsstreß) oder ein zu lockeres Halten können dazu führen, daß der Sporn unter dem Daumen wegrutscht. Das Lösen eines Schusses wäre unvermeidlich.

> Sobald der Hahn durch die Betätigung des Abzuges freigegeben worden ist, löst sich der Finger von ihm (Abb. 151). Den

△ Abb. 145

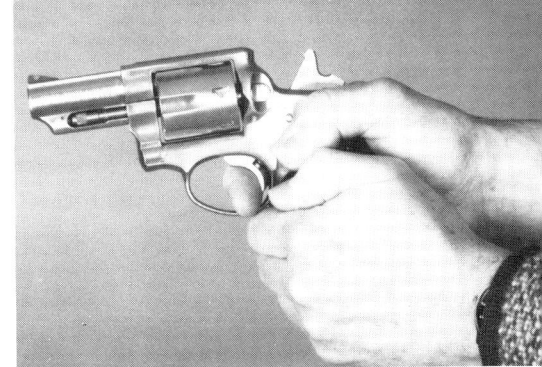

△ Abb. 148

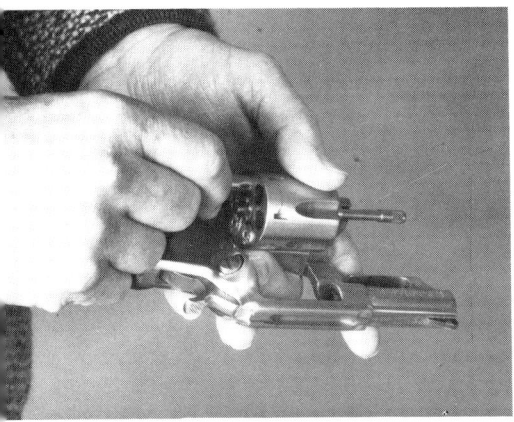

▽ Abb. 146

▽ Abb. 147

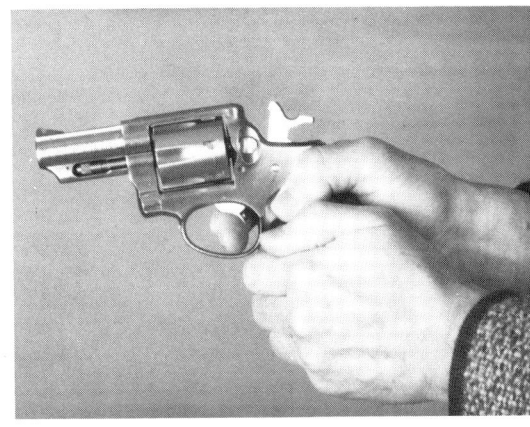

△ Abb. 149

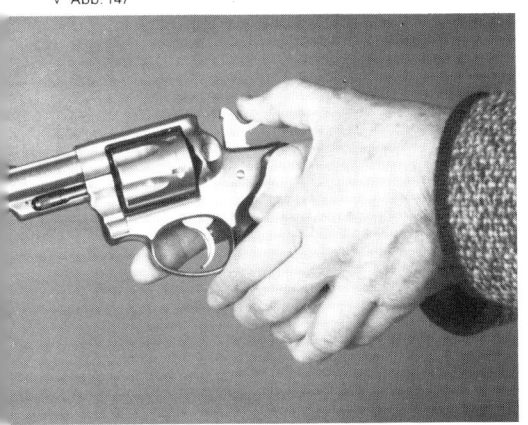

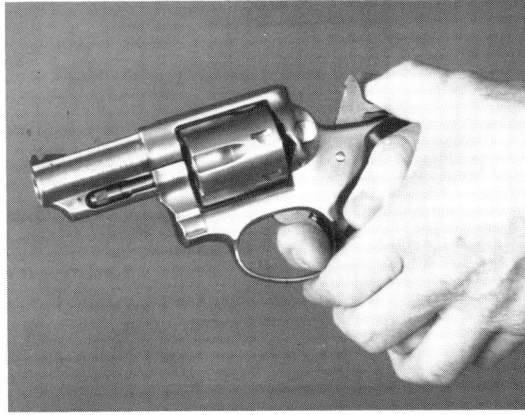

△ Abb. 150

▽ Abb. 151

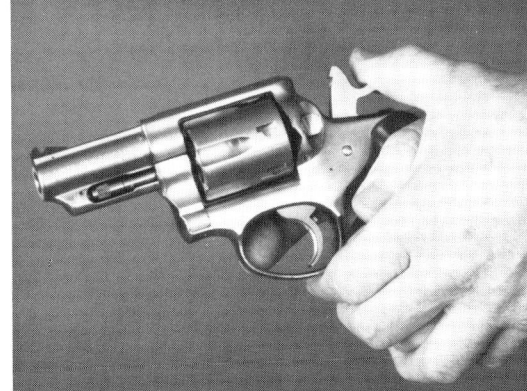

Abb. 145. Kontrolle der Laufbohrung durch Einspiegeln von Licht mit dem Daumennagel.

Abb. 146. Laden des Revolvers.

Abb. 147. Spannen des Hahnes.

Abb. 148. Auslösen des Schusses.

Abb. 149. Schießen mit Abzugsspannung.

Abb. 150. Korrektes Entspannen des Revolvers.

Abb. 151. Nach dem Ausrasten des Hahnes muß der Abzug losgelassen werden.

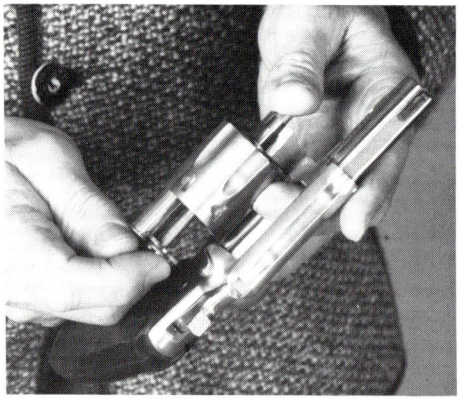

Abb. 152. So wird der Revolver richtig entladen.

Abb. 153. Richtig abgelegte Selbstladepistole.

Hahn läßt man bis zu seinem Anschlag vorgleiten, dies ist seine Sicherheitsstellung.

Dieses Vorgehen ist von größter Bedeutung! Selbst wenn der Sporn nach dem Loslassen des Abzugs vom Daumen rutschte, könnte der Hahn nicht mehr auf das Zündhütchen schlagen, sondern wird in der Sicherheitsrast gefangen. Bleibt der Abzug jedoch durchgezogen während der Hahn nach vorne gleitet, träfe er nach einem Abrutschen vom Finger ungehindert auf das Zündhütchen und würde doch den Schuß auslösen.

Entladen des Revolvers. Zum Entladen wird der Revolver so gehalten, wie in Abb. 152 gezeigt. Die Schräglage nach oben begünstigt das Herausgleiten der Patronen oder Hülsen und verhindert, daß Pulverpartikel hinter den Auswerferstern gelangen; die Trommel ließe sich dann nicht mehr schließen.

8.2.2 Selbstladepistole

Die Handhabung der Selbstladepistole mit außenliegendem Hahn – im folgenden Pistole genannt – entspricht in Abwandlung der des Revolvers. Wegen der automatischen Patronenzuführung nach dem Schuß unter gleichzeitiger Spannung des Hahnes sind jedoch zusätzliche Sicherheitsgesichts-

punkte zu beachten. Der folgende Prüfungsablauf bezieht sich auf das Pistolenmodell „Walther PP".

Aufnehmen der Pistole. Richtig abgelegt ist die Pistole, wie auf der Abbildung 153 zu sehen ist. Sie ist gesichert, das Magazin herausgenommen, die Munition liegt getrennt vom Magazin.

Wie die Pistole richtig aufgenommen wird, zeigt Abbildung 154.

In Abbildung 155 ist der Finger beim Aufnehmen am Abzug, das ist nicht korrekt.

Ist die Pistole mit eingeschobenem Magazin abgelegt, so ist die Waffe nach dem Aufnehmen sofort zu sichern, das Magazin zu entfernen und durch Zurückziehen des Schlittens zu prüfen, ob eine Patrone im Lager ist.

Feststellung der Beschußzeichen und des Kalibers. Die Beschußzeichen befinden sich am Schlitten und am Rahmen.

Sonst gilt das gleiche, was beim Revolver und bei den übrigen Waffen gesagt wurde.

Überprüfung der Laufbohrung. Die Überprüfung des Laufes auf Hindernisse und seinen Pflegezustand kann bei dieser und bei jeder anderen Pistole auf zwei Arten durchgeführt werden.

1. Das Magazin wird in den Magazinschacht geschoben und der Schlitten zu-

rückgezogen. Da das Magazin keine Patronen enthält, bleibt der Schlitten hängen, und der Verschluß steht auf, das Magazin wird wieder entfernt.

Abbildung 156 zeigt, wie das Laufinnere betrachtet wird.

Der Verschluß wird geschlossen, indem der Schlitten ein kurzes Stück weiter aufgezogen wird, damit er entriegelt. Dann läßt man ihn in die vordere Endstellung gleiten.

2. Durch Abnehmen des Schlittens (Abb. 157) ist der Lauf von allen Seiten zugänglich und kann überprüft und auch besser gereinigt werden. Die Bedienungsanleitung gibt Aufschluß darüber, wie die Waffe zerlegt werden kann.

Nach dem Aufsetzen des Schlittens ist die Pistole wieder geschlossen und gesichert.

Laden der Pistole. Das Magazin wird mit Patronen gefüllt und eingeschoben. Die Pistole ist unterladen.

Abb. 154. Die Kurzwaffe nimmt man so an sich.

Abb. 155. Beim Aufnehmen gehört der Finger nicht an den Abzug.

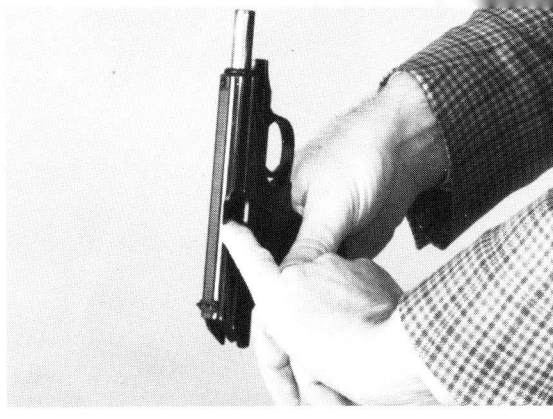

△ Abb. 156. Wie beim Revolver läßt sich auch in dieser Form die Laufbohrung kontrollieren ...

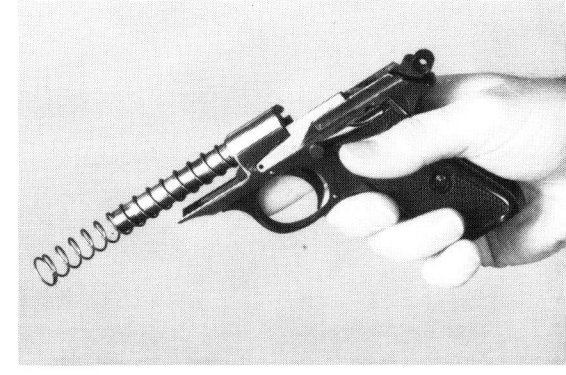

△ Abb. 157.   ▽ Abb. 158. Laden des Magazins.

△ Abb. 154   ▽ Abb. 155

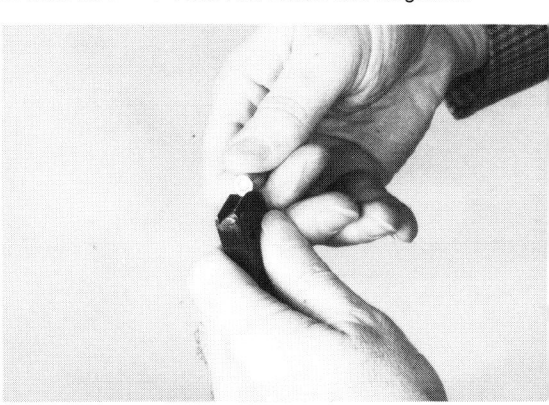

▽ Abb. 159. Einschieben des Magazins.

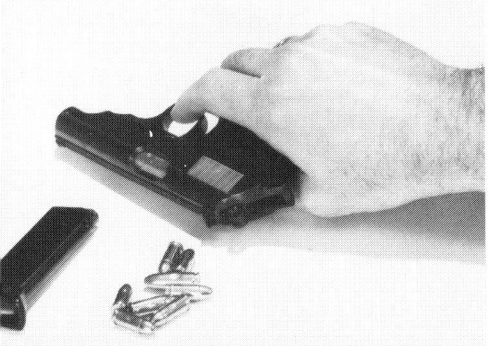

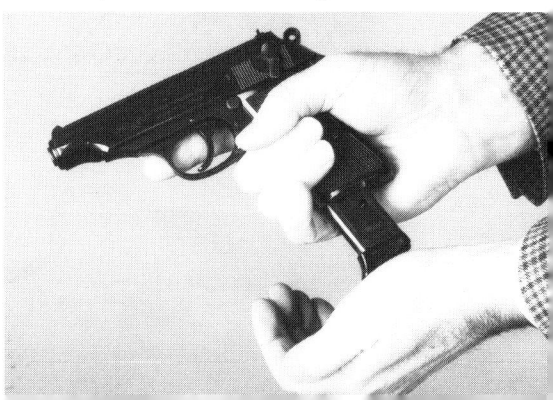

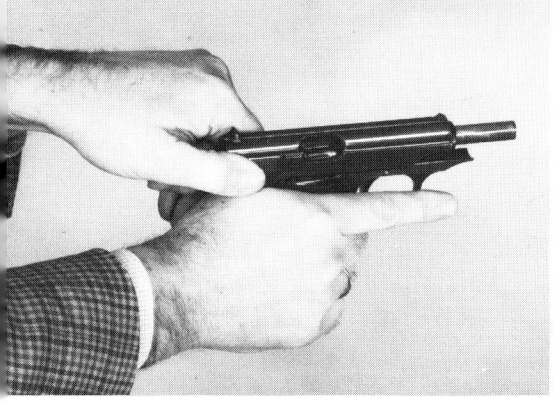

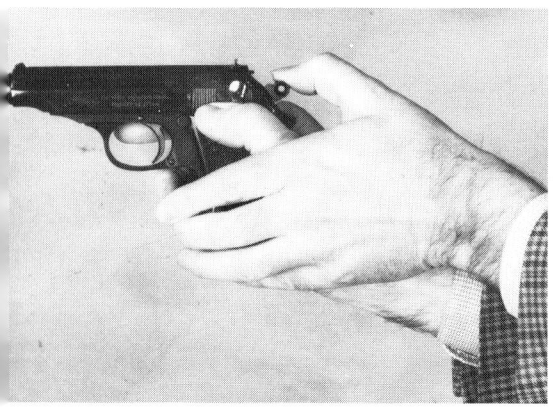

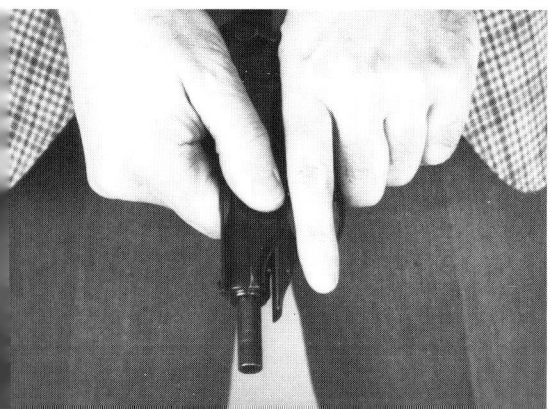

△ Abb. 160 ▽ Abb. 161

▽ Abb. 162

▽ Abb. 163

Zum Einführen der Patrone in den Lauf muß der Schlitten bis zu seinem Anschlag zurückgezogen und dann losgelassen werden. Er schnellt nach vorne und führt dabei eine Patrone ins Patronenlager. (Abb. 160).
– *Prüfungserfahrungen*: In der Prüfung macht das Zurückziehen des Verschlusses häufig Schwierigkeiten. Feuchte und kraftlose Finger führen dazu, daß der Schlitten nur mit Mühe aufgezogen werden kann. Besonders weibliche Kandidaten haben hier ihre Schwierigkeiten.

Wenn Sie also in Folge der Prüfungsbelastung mit feuchten Fingern zu kämpfen haben, wischen Sie diese vor dem Aufziehen des Schlittens kurz ab. Es ist wichtig, daß der Schlitten energisch aufgezogen wird, damit gewährleistet ist, daß er mit genügend Schwung nach vorne schnellen und die Patrone zuführen kann. Wird das zaghaft gemacht, kommt es zu Ladehemmungen.

Schießen. Pistole wird entsichert (Abb. 161). Wie bei dem Revolver gibt es jetzt die Möglichkeit, mit gespanntem Hahn oder mit Abzugspannung zu schießen. Da es die gleiche Vorgehensweise ist, wird auf eine nochmalige Beschreibung verzichtet.

Achtung! Nach Abgabe eines Schusses wird durch den Selbstladevorgang sofort wieder eine Patrone aus dem Magazin in das Patronenlager geschoben und der Hahn ist gespannt. Die Pistole ist wieder schußbereit.

Entspannen und Entladen der Pistole. Während des Prüfungsablaufes läßt der Prüfer in der Regel zwei oder mehrere Patronen in das Magazin laden, durchladen und entsichern, teilweise auch den Hahn spannen. In diesem Zustand muß der Kandidat nun die Pistole entspannen

Abb. 160. Einführen der Patrone ins Patronenlager durch Zurückziehen des Schlittens und anschließendem Vorschnellen.

Abb. 161. Entsichern!

Abb. 162. Entspannen!

Abb. 163. Entladen.

und entladen. Folgende Handgriffe müssen jetzt der Reihe nach vorgenommen werden:

1. War der Hahn gespannt, muß er zuerst entspannt werden. Abbildung 162 zeigt, wie vorzugehen ist. Ein Daumen hält den Hahn, während der andere den Sicherungsknebel in Stellung „gesichert" dreht. Damit wird der Hahn entriegelt, und der Daumen kann ihn nach vorne in seine Ruhelage gleiten lassen.

2. Durch Betätigen des seitlichen Druckknopfes wird das Magazin entriegelt, herausgenommen und abgelegt.

3. Die im Patronenlager vorhandene Patrone muß herausrepetiert werden. Damit sie nicht aus der Auswerferöffnung in hohem Bogen in den Raum geschleudert wird, ist der Schlitten zum Zurückziehen so anzufassen, wie in Abbildung 163 zu sehen ist. Dadurch erreicht man, daß beim Aufziehen des Schlittens die Patrone aus der Auswerferöffnung in die Hand fällt.

– *Prüfungserfahrungen.* Die meisten Handhabungsfehler an der Pistole passieren beim Entspannen und Entladen. Statt zuerst das Magazin herauszunehmen, um dann die Patrone aus dem Patronenlager zu repetieren, wird es in vielen Fällen umgekehrt gemacht. Der Kandidat repetiert die Patrone aus der Pistole, nicht beachtend, daß durch den Repetiervorgang eine neue Patrone aus dem Magazin wieder zugeführt wird. Er ist in dem Glauben, alles richtig gemacht zu haben, nimmt das Magazin heraus und legt die geladene Pistole ab.

Ein so gravierender Handhabungsfehler endet immer mit dem Nichtbestehen der Prüfung.

9
Pflege von
Waffen und Optik

Auch dieses Kapitel sollte ernst genommen werden, selbst wenn in den meisten Jägerprüfungen kaum Zeit und Gelegenheit ist, einmal eine diesbezügliche Frage zu stellen. Dabei steht in den Jägerprüfungsordnungen verschiedener Bundesländer ausdrücklich die Forderung nach Kenntnissen in „Gebrauch und Pflege" der Jagdwaffen.

Warum pflegen? Dafür gibt es eine gute Begründung, denn die Vernachlässigung der Pflege einer Jagdwaffe kann zur Folge haben, daß durch Korrosion eine Schwächung wesentlicher Teile eintritt, oder daß durch Veränderung des Laufinnenzustandes die zur waidgerechten Jagdausübung erforderliche Schußgenauigkeit verlorengeht (siehe hierzu Abschnitt 7.1.3: Schußleistungsprüfung). Sowohl die Sicherheit als auch die Gebrauchstüchtigkeit können also ernsthaft beeinträchtigt werden.

Ferner ist eine Jagdwaffe ein Wertgegenstand, für den vom Erwerber oft beträchtliche Aufwendungen gemacht werden müssen. Sie soll nach Möglichkeit bei einer eventuellen späteren Veräußerung einen hohen Wiederverkaufswert darstellen, oder soll einmal auf den Nachfolger bzw. Erben übergehen und diesem noch lange Jahre mit der gleichen Zuverlässigkeit dienen.

Zweifellos wird jeder Besitzer einer solchen Waffe diese letzten Sätze unbedingt befürworten.

Wie sieht es in der Praxis aus?

Es ist aber leider eine Tatsache, daß der Zustand der im Gebrauch befindlichen Jagdwaffen allzu häufig beklagenswert schlecht ist.

Damit sind nicht die Waffen gemeint, die vom vielen Tragen an bestimmten Stellen eine durchgewetzte Brünierung haben, dafür aber immer blanke Läufe und ein sauberes Schloß, und deren Schaft zwar einige Kratzer aufweist, dafür aber gut geölt und glänzend ist. Eine Jagdwaffe ist nun einmal ein Gebrauchsgegenstand, der

selbst bei vorsichtiger Behandlung im Laufe der Zeit Gebrauchsspuren bekommt. Sehr viele Läufe werden aber offenbar nie oder nur selten gereinigt, so daß sich metallische Laufverschmierungen aufbauen können, bis endlich durch die so entstehende Laufverengung gefährlich hohe Gasdrücke auftreten. Aus vielen Systemen lassen sich unglaubliche Mengen von Schmutz herauskratzen, und teure Luxuswaffen werden im Regen geführt und stehen so lange im Keller, bis die Läufe im Systemkasten festgerostet sind.

Wie oft hört man von Leuten, die es eigentlich besser wissen müßten, die alten Schlagworte, daß eine Flinte nur gut schießen kann, wenn sie „Brand" hat, daß eine Waffe eher kaputtgepflegt als kaputtgeschossen ist und daß man wegen des Ölschusses das Reinigen des Büchsenlaufes besser unterläßt.

Diese Worte, das muß man einmal ganz klar sagen, sind nichts als ein Alibi für die persönliche Faulheit und Gedankenlosigkeit der Leute, die sie von sich geben.

Die Vorstellung, daß eine Flinte mit Brand, d. h. rauhen Läufen besser schießt, ist ein Relikt aus der Vorderladerzeit. Bei einer Vorderladerflinte trifft das tatsächlich zu, weil eine rauhe Laufwandung das eingesetzte Zwischenmittel besser festhält und es daran hindert, durch den Rückstoß des abgefeuerten Nachbarlaufes nach vorn zu rutschen. Auf moderne Flinten angewendet, ist das blanker Unsinn.

Ebenso unsinnig ist die Behauptung, daß das Reinigen einer Waffe schadet. Wenn man es falsch macht, stimmt das natürlich! Aber was beweist das? Wenn einer von sich gibt, daß er sein Auto nicht mehr sauber macht, weil die Drahtbürste und das Schmirgelpapier den Lack durchkratzen, wird man ihn sicher für verrückt erklären.

Die Angst vor dem Ölschuß ist schließlich auch kein Argument. Wer diese Ausrede gebraucht, kann in der Regel nicht angeben, wohin der Ölschuß aus seiner

Büchse nun eigentlich geht. Ausprobiert hat er es nie, sondern er hat einmal gehört, daß der Ölschuß aus allen Waffen erheblichen Hochschuß ergibt. Das stimmt aber ganz und gar nicht! Was an dem Ölschuß wirklich dran ist, kann man im Abschnitt 7.1.3: Schlußleistungsprüfung, nachlesen.

Was ist Korrosion?

Korrosion ist die an der Oberfläche beginnende Zerstörung von festen Werkstoffen durch einen chemischen oder elektrochemischen Prozeß, der den metallenen Werkstoff in ein Korrosionsprodukt umwandelt, das mit den Eigenschaften des Grundwerkstoffes nichts mehr gemein hat. Bei Eisenwerkstoffen nennen wir dieses Zerfallprodukt Rost. Der Rost kann den Stahl großflächig als Flugrost angreifen oder kann sich auf begrenzte Angriffspunkte beschränken, wo er sich in die Tiefe frißt. In extremen Fällen können Gegenstände aus Stahl durchrosten oder völlig zerstört werden.

Wie entsteht Korrosion und wie kann man sie verhindern?

Es gibt keinen Stahl, der sich plötzlich ohne einen äußeren Grund dazu entschließt, mit dem Rosten zu beginnen. Zur Einleitung der Korrosion muß von außen ein anderer Stoff auf seine Oberfläche kommen, der diesen Prozeß begünstigt.

Um das Rosten zu verhindern, braucht man weiter nichts zu tun, als den Störenfried von der Stahloberfläche fernzuhalten, bzw., wenn er sie besetzt hat, ihn möglichst bald zu entdecken und gründlich zu entfernen, um gleich danach ein Mittel aufzutragen, das die Oberfläche des Stahles gegen weitere Angriffe von außen schützt.

Damit ist das ganze Problem beschrieben! Man muß nur wissen, wer der böse Feind ist, womit man ihn wirkungsvoll bekämpfen kann und welche Methoden man dabei anwenden muß. Man muß ferner bereit sein, sich im Interesse der Sache etwas Mühe und schmutzige Finger zu machen.

Wichtig ist, daß man nicht nachlässig wird, denn die Korrosion braucht nur wenige Stunden, um eine ungeschützte Stahloberfläche anzufressen. Eine angefressene und rauhe Oberfläche dagegen begünstigt von sich aus das weitere Fortschreiten der Korrosion.

Was geht nach dem Schuß im Lauf vor?

Nach dem Schuß ist der Lauf innen völlig trocken, seine Züge und Felder haben keinen Schutz mehr. Jetzt kann die Feuchtigkeit der Luft ungehindert angreifen. Befindet man sich mit der Waffe draußen bei Nebel- oder Regenwetter, so kann sich Rost in wenigen Stunden bilden. Auch eine andere Umgebung kann, völlig unvermutet, die gleiche Wirkung hervorrufen, z. B. ein feuchter Raum im Haus, ein Schlafzimmer, in dem immer eine besonders hohe Luftfeuchtigkeit herrscht, oder ein Kunststoffkoffer, in dem sich unter Sonnenbestrahlung Schwitzwasser bildet.

Die Rückstände, die der Schuß im Lauf hinterlassen hat, sind an sich harmlos. Es ist jedoch nicht völlig auszuschließen, daß sie in Verbindung mit der Luftfeuchtigkeit aggressive Substanzen bilden.

Bei einer Serie von Schüssen werden die Rückstände vom vorherigen Schuß durch das Geschoß auf die Stahloberfläche aufgewalzt. Es bildet sich eine fest anhaftende Schicht, die sich nicht leicht entfernen läßt, und die unter Umständen sogar Einfluß auf die Schußpräzision nehmen kann.

Das Geschoß reibt außerdem beim Durchgang durch den Lauf von seinem Mantelmaterial etwas auf der Stahloberfläche ab. Je öfter man schießt, desto mehr wird es. Die Schicht kann bei Vernachlässigung der Pflege so dick werden, daß wegen der Laufverengung der Gasdruck ansteigt. Eine Tombakablagerung ist an der rötlichen Färbung gut zu erkennen, wenn man schräg von vorn in die Mündung sieht. Aber auch Nickel kann sich auf diese Art ablagern, und der ist kaum zu sehen.

Die metallischen Rückstände können unter Feuchtigkeit mit dem Laufstahl ein elektrochemisches Element bilden und so den Stahl stellenweise auflösen. Auf jeden Fall verändern sich die Reibungsverhältnisse im Lauf und wirken sich so nachteilig auf die Schußleistung aus.

> Alle Arten von Rückständen im Lauf sind nur schädlich. Sie müssen daher immer wieder entfernt werden. Haben sie erst einmal eine rauhe Oberfläche vorgefunden, so lagern sie sich schneller und in größerer Menge ab und sind auch viel schwerer wieder zu entfernen.

Wie reinigt man den Lauf wirksam? Die größten Umsätze der Büchsenmacher werden sicher nicht mit den Reinigungsmitteln gemacht. Wer einen Putzstock mit einer Wischbürste darauf und ein Fläschchen Waffenöl besitzt, der glaubt sich ausreichend versorgt. Ein Fläschchen Waffenöl, so meint er, hält jahrelang vor, selbst wenn man einmal außen an der Waffe ein paar Tropfen anwenden muß.

Haben Sie einmal gesehen, daß ein Mann sein Auto reinigt, indem er die total verdreckte und verstaubte und mit vielen Teerspritzern bedeckte Karosserie mit der einen Seite eines etwas angefeuchteten Putzlappens von vorn bis hinten abwischt? Nein. Aber so mancher Jäger glaubt alles richtig zu machen, wenn er nach der Jagd seine Gewehrläufe „reinigt", indem er eine auf dem Putzstock befestigte, leicht fettige Bürste zwei- oder dreimal hindurchzieht!

Man kann sich kaum vorstellen, daß jemand so dumm sein soll, sich auf diese Art die Lackierung seines Wagens zu verderben! Um den losen Dreck wegzuspülen, nimmt der Mann in Wirklichkeit viel Wasser, das er zuerst aus dem Schlauch spritzt und dann mit einem triefendnassen Schwamm anwendet, den er immer wieder auswäscht. Und für die hartnäckigen Teerflecken hat er ein Lösungsmittel bereit, mit dem er sie so lange einweicht, bis sie sich durch Reiben entfernen lassen.

Der oben beschriebene Jäger scheint dagegen leider repräsentativ für viele Jäger im Lande zu sein. Er könnte sich seine schwache Übung ebensogut sparen, denn er verteilt nur die Rückstände gleichmäßig im Lauf und benutzt meistens dazu eine Bürste, an der noch die Rückstände der letzten zweihundert Schüsse kleben. Ein so behandelter Lauf täuscht beim flüchtigen Hindurchsehen zwar eine saubere Bohrung vor; die Rückstände sind jedoch keineswegs beseitigt.

Wie gehen wir nun beim Reinigen am besten vor? Wir denken an die Autowäsche und spülen zunächst alle Rückstände fort, die lose im Lauf haften, indem wir auf dem Putzstock einen Halter anbringen, um den wir einen Flanellflecken wickeln. Dieser wird satt in Waffenöl eingetaucht und durch den Lauf gedrückt. Man kann ihn einmal hin- und herschieben und nach dem Wenden noch einmal benutzen. Dann wird er mit den gelösten Rückständen weggeworfen. Für diesen Zweck eignen sich auch sehr gut die im Handel befindlichen Filzwischer. Eine Bürste eignet sich nicht gut. Man müßte sie ja immer wieder auswaschen.

Sitzen die Verbrennungsrückstände fest, so ist es zweckmäßig, eine harte, in Öl getauchte Borstenbürste anzuwenden. Sitzen sie sehr fest, schadet auch die Anwendung einer Messingbürste nicht, vorausgesetzt es ist reichlich Öl dabei.

Nach der Reinigung wird der Lauf mit anderen Läppchen bzw. Filz gut trockengewischt und inspiziert. Ist alles sauber, wird wieder leicht eingeölt. Die Reinigung ist beendet.

Abb. 165. Anwendung des Flanellflickens.

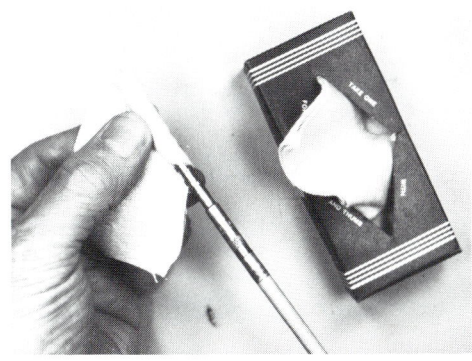

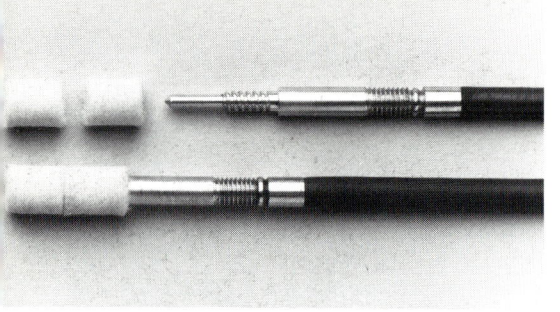

Abb. 166. Reinigungsfilze mit Halter für den Büchsenlauf.

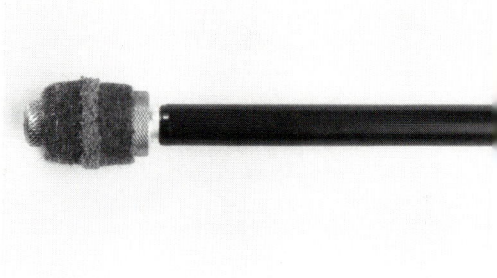

Abb. 167. Reinigungsfilz mit Halter für den Flintenlauf.

Wenn der Lauf rauh ist, können sich nach ein bis zwei Tagen Reste von Rückständen aus den Poren lösen. Der Lauf ist nachgeschlagen, wie man sagt. Die Reinigung wird daraufhin wiederholt.

Sind im Lauf metallische Verschmierungen vorhanden, muß nach der Vorreinigung der trockengewischte Lauf mit einem Mittel eingestrichen werden, das metallösende Eigenschaften hat. Pflegemittel mit entsprechenden Zusätzen sind von mehreren Herstellern im Handel.

Darauf wird die Waffe nicht abgestellt sondern flach abgelegt, damit das Mittel nicht herausläuft sondern einwirken kann. Das Einstreichen wird täglich wiederholt, solange sich beim Durchwischen gelöstes Metall durch Grün- oder Blaufärbung auf dem Wischer zeigt.

Wer nicht soviel Geduld hat, kann die Angelegenheit durch Einsatz einer Messingbürste in Verbindung mit dem Lösungsmittel beschleunigen.

Am Ende der Behandlung steht wieder das Trockenwischen und Einölen.

Viele greifen bei Metallverschmierungen gern zu Spezialmitteln, die eigentlich für hoffnungslose Fälle vorbehalten sind, und deren Anwendung verlangt, daß die Läufe verstopft und vollgefüllt werden müssen. Man kann sich solche Roßkuren sparen, wenn man die normalen Pflege- und Lösungsmittel, so wie oben beschrieben, regelmäßig anwendet.

Ein Sonderfall ist ein Lauf, der mit Schwarzpulver beschossen wurde, wie es in

Leucht- und Signalpatronen noch verwendet wird und dessen Rückstände die Korrosion stark fördern. Die beste Reinigungsmethode ist die, mit einem Trichter reichlich heißes Wasser durch den Lauf zu gießen und ihn dann zu trocknen und einzuölen.

Besondere Probleme bringen auch verbleite Läufe. Blei scheint sich durch kein Lösungsmittel entfernen zu lassen. Es bleibt nur die mühselige Reinigungsmethode mit der Messingdrahtbürste und viel Öl, bis der letzte Rest beseitigt ist.

Nachdem wir uns geeinigt haben, die Laufreinigung mit „Einweg"-Wischern vor-

Abb. 168. Diverse Reinigungsbürsten und Aufnehmer für Flanellflicken für Büchsen- und Flintenläufe.

zunehmen und außer einem guten Waffenöl mit Reinigungs- und Konservierungseigenschaften noch ein Spezialmittel einzusetzen, das in der Lage ist, Metalle zu lösen, sollten wir auch über die Putzstöcke sprechen.

Ummantelte Stöcke sollen die Läufe schonen. Leider tun sie oft das genaue Gegenteil. Es ist nicht gut, wenn die Ummantelung rauh wird und sich dann in ihrer Oberfläche nicht nur Rückstände sondern auch Staub ansammeln. So ein Putzstock gleicht dann eher einer Schmirgelfeile. Holzummantelte Stöcke sind in dieser Beziehung besondern anfällig. Entweder muß man den Stock peinlichst sauber halten oder besser gleich einen Stahlstock

anschaffen, bei dem das Sauberhalten problemlos ist.

Wer etwas Besonderes für die Erhaltung seines Laufes tun will, der gibt sich Mühe, den Wischer an der Mündung der Waffe sorgfältig zu handhaben und für das Patronenlager eine Führung für den Stock, ein Drehteil aus Holz oder Plastik oder eine am Boden aufgebohrte Patronenhülse zu beschaffen.

Wer eine Waffe von der Mündung her reinigen muß, z. B. eine Selbstladebüchse, muß sich besondere Mühe geben, den Stock so zu führen, daß er in dem kritischen Bereich der Mündung die Felder nicht beschädigt. Hier ist eine Führung für den Stock besonders nützlich.

Abb. 169. Aus einer passenden Patronenhülse läßt sich leicht eine Führung für den Putzstock herstellen, wenn von der Mündung her gereinigt werden muß.

Abb. 170. Eine gedrechselte hölzerne Führung für den Putzstock verhindert eine Beschädigung der Felderkanten im Übergangsbereich.

Die Reinigung der äußeren Metallteile. Auch die äußeren Metallteile unterliegen dem Angriff der Korrosion. Sie sollten daher mit einem guten Konservierungsöl behandelt werden. Für Stellen, die schlecht erreichbar sind, wird eine alte Zahnbürste oder ein zurechtgestutzter Borstenpinsel vorgesehen. Schmutz, der sich in den Ecken des Systems angesammelt hat, läßt sich durch einen Holzspan oder den Pinsel entfernen.

> Die Korrosion droht nicht nur an den Stellen, die man sieht. Metallteile, die durch das Schaftholz verdeckt werden, sowie das Innere der Schlosse müssen regelmäßig, etwa jedes halbe Jahr, inspiziert und gepflegt werden.

Es ist keine gute Idee, einfach Öl in jede Ritze zu sprühen und darauf zu hoffen, daß da drinnen alles in Ordnung bleibt. Es ist sogar ungünstig, das Schloß des öfteren mit Ölduschen zu traktieren. Ebenso ist es nicht gut, wenn Waffen mit stark geölten Läufen aufrecht stehen, weil dabei das Öl nach und nach hinunterfließt und sich dann im Schloß ansammelt.

Bewegliche Stellen, Scharniere, Bolzen und gleitende Flächen sollen einen dünnen, aber haltbaren Schmierfilm erhalten. Neuerdings sind Waffenöle mit Teflonzusatz im Handel, die sich für diesen Zweck besonders gut bewähren.

Bei neuen Waffen, deren Flächen sehr stark aufeinander reiben und deren Gelenke noch sehr streng gehen, empfiehlt sich in der ersten Zeit die Anwendung eines der bekannten Feststoffschmiermittel mit Notlaufeigenschaften auf der Basis von Molybdändisulfit (z. B. Molycote-Paste).

Die Pflege des Schaftes.

> Der Schaft wird vielfach sehr stiefmütterlich behandelt. Entweder wird er gar nicht gepflegt, oder er bekommt bei jeder Waffenreinigung eine Abreibung mit Waffenöl. Beides ist gleich schlimm für ihn.

Im ersten Fall trocknet er aus, wird matt und unansehnlich. Weil seine Oberfläche ohne Schutz ist, dringt Feuchtigkeit in ihn ein und er verzieht sich. Im zweiten Fall greifen die im Öl enthaltenen Zusätze das Holz an und schaden seiner Struktur.

Wer einen Lackschaft hat, soll darauf achten, daß dieser keine Kratzer bekommt, denn wenn die Lackschicht erst durchbrochen ist, ist es zu spät.

Ein Ölschaft sollte von Staub und Schmutz freigehalten und regelmäßig mit einem Spezial-Schaftöl behandelt werden. Je öfter das geschieht, desto schöner, glänzender und wetterfester wird das Holz. Es ist nutzlos, aus dem Schaft eine Ölsardine zu machen, indem man so viel Öl daraufschmiert, daß es an allen Seiten herabläuft. Die einzig richtige, aber auch die mühsamste Pflege des Schaftes geschieht dadurch, daß man das Schaftöl sparsam mit den Fingerkuppen aufträgt und sorgfältig mit dem Handballen verreibt. Diese Prozedur muß häufig wiederholt werden, bis der Schaft in trockenem Zustand matt glänzt.

Zum Abschluß einige praktische Hinweise.

> Die Aufbewahrung der Waffen in Futteralen, Taschen und Koffern ist in der Regel nicht empfehlenswert.

Mit Schaumstoff gepolsterte Futterale und Koffer sammeln irgendwann einmal Luftfeuchtigkeit und geben diese bei gegebener Gelegenheit an die Waffe ab. Vor allen Dingen bei Aufwärmung durch Sonneneinstrahlung bildet sich Schwitzwasser und eine Treibhausatmosphäre, die alles zum Rosten bringt.

Wo Stahlteile in direktem Kontakt mit Leder sind, das gilt besonders für Kurzwaffen in ihren Holstern, besteht durch aufgenommene Feuchtigkeit in Verbindung mit Resten von Gerbsäure aus dem Leder ebenfalls Rostgefahr.

Es ist bekannt, daß in Schlafzimmern aufbewahrte Waffen leicht rosten. Schlafende Personen geben über die Atemluft viel Feuchtigkeit ab, so daß die Luftfeuchtigkeit höher als in anderen Räumen ist.

Schwitzwasser bildet sich auf allen Waffenteilen in starkem Maße, wenn man mit einer unterkühlten Waffe in einen geheizten Raum kommt. Ein sorgfältiges Trockenwischen und Aufbringen eines Ölfilmes sollte schon nach kurzer Zeit erfolgen. Man muß aber bedenken, daß das Schwitzwasser sich auch an Stellen bildet, die man nicht sieht, wie zwischen Stahl und Schaftholz und im System, wo die Luft nur geringen Zutritt hat.

Die beliebten Waffenöle in Sprayflaschen können falsch oder richtig angewendet werden. Falsch ist es, die Waffe nach Gebrauch von innen und außen vollzunebeln und sie dann fortzustellen in der Annahme, alles für die Pflege getan zu haben.

Nützlich sind die Sprayflaschen im Kofferraum bei Beendigung der Jagd. Sie geben die Möglichkeit, durch Einsprühen des Laufes und der äußeren Teile *einen vorübergehenden Schutz* bis zur Heimkehr ins Haus zu geben, wo nach den jetzt bekannten Regeln gründlich gereinigt wird.

Beginnt man die Treibjagd im Regen oder ist damit zu rechnen, daß dieser bald einsetzen wird, ist es gut, die äußeren Waffenteile zum Schutz mit einem Sprühfilm zu versehen, der einige Stunden Schutz gewährt.

Jungjäger verwenden in den Kursen allgemein viel Zeit und Energie mit den Schießübungen. Es wird dringend empfohlen, am Ende eines jeden Schießens, unter Aufsicht des Kursusleiters, eine halbe Stunde für eine sachgemäße Waffenpflege anzusetzen! Das würde sicher außerdem noch der Angewöhnung einer sicheren Handhabung dienen.

Die Pflege der Optik. Über die Pflege der optischen Geräte, Ferngläser und Zielfernrohre, gibt es vergleichsweise wenig zu sagen. Daß man sich bemüht, diese empfindlichen Gegenstände vor rauher Behandlung und vor Witterungseinflüssen zu schützen, versteht sich von selbst.

Äußere Verschmutzung läßt sich in der Regel leicht abwischen und ein Abreiben der Metallteile mit einem entsprechend präparierten Lappen, der einen dünnen Schutzfilm von Konservierungsöl hinterläßt, ist empfehlenswert.

Problematisch wird es da, wo bei solchen Geräten erfahrungsgemäß am meisten geputzt wird, an den Linsen. Jeder weiß, daß Glas ein sehr harter Werkstoff ist. Man kann mit einem Glassplitter sogar Metalle anritzen. Das schließt natürlich nicht aus, daß es auf der anderen Seite Stoffe gibt, die noch härter sind und ihrerseits wiederum in der Lage sind, Glas zu zerkratzen.

Sie verbergen sich an den Stellen, wo wir sie am wenigsten vermuten, in dem Staub, der sich immer wieder auf den Linsen ansammelt und den wir gerne abwischen möchten. Winzig kleine Schmirgelkörnchen warten darauf, von uns über die empfindlichen Linsenoberflächen gerieben zu werden.

Die Linsen sind zur Erzielung höchster Leistung sehr fein poliert. Werden sie durch unsachgemäßes Reinigen mit vielen winzig kleinen Kratzern überzogen, leidet die Bildqualität.

Erinnern wir uns auch hier wieder an den Mann, der die lackierte Oberfläche seines Autos reinigen wollte! Er hatte eine wirksame Methode, die kratzenden Sand- und Staubteilchen zu entfernen, ohne das sie Schaden anrichteten.

Die auf den Linsen anhaftenden Staub- und Schmutzteilchen mit einem Lappen oder einem der häufig für diesen Zweck verwendeten Lederstückchen trocken abzuwischen, ist nicht zu empfehlen.

Vor allem nicht, wenn das gleiche Teil immer wieder zum Abwischen benutzt wird. Der Schmutz sammelt sich in dem Tuch und verwandelt es nach kurzer Zeit in ein Schmirgelleinen. Es ist besser, stets für diesen Zweck ein sauberes Tuch, z.B. ein frisch gewaschenes Taschentuch, zur

Hand zu haben. Die optischen Hersteller-firmen empfehlen nicht umsonst weiche Spezialpapiere, die im Handel erhältlich sind, und die nach einmaligem Gebrauch weggeworfen werden.

Bei einer groben Verschmutzung der Linsen sollte man ruhig Wasser zu Hilfe nehmen, um den Schmutz abzuspülen. In anderen Fällen reicht ein Anhauchen der Gläser vor dem Abwischen.

Ein Berühren der Linsen mit den Fingern hinterläßt auf den Linsen eine Schicht von Schweiß und Fett, die durch Reiben nur verteilt wird und mit Wasser entfernt werden muß.

Das Abreiben der Linsen mit den Fingerkuppen ist eine Gedankenlosigkeit.

Der Schmutz, der entfernt werden sollte, wird mit Schweiß und Fett vermischt und bleibt zum größten Teil auf der Linsen-oberfläche. Er vereinigt sich mit den an der Hautoberfläche sitzenden Schmutzteilchen und bewirkt genau das Gegenteil von dem was beabsichtigt war.

10

Schießtechnik

Wer sich bei der Ausbildung zum Jäger an diesem Buch orientierte, hat grundlegende Kenntnisse u.a. über die Waffen- und Munitionstechnik und über die Handhabung von Jagdwaffen erworben. Die Voraussetzungen für das sichere *Schießen* wurden damit geschaffen. Doch der Erfolg stellt sich erst durch das sichere *Treffen* ein. In diesem Kapitel wird die Technik des Schießens mit der Büchse, der Flinte und der Kurzwaffe behandelt. Dabei muß im Rahmen des Gesamtkonzeptes dieses Buches, von einigen Ausnahmen abgesehen, auf eine ausführliche Darstellung verzichtet werden. Die Ausführungen können also kein Lehrbuch über das Schießen ersetzen, sie sollen vielmehr eine Anleitung sein, auf deren Grundlage die Schießtechnik verfeinert werden kann.

10.1   Schießen mit der Büchse

Bevor auf die verschiedenen Techniken des Schießens mit der Büchse eingegangen wird, zunächst einige Bemerkungen zur Waffe selbst, weil daran einige Anforderungen gestellt werden müssen, die Voraussetzung für ein zielgenaues Schießen sind.
– Die Schäftung soll ein schnelles Anschlagen und unverkrampftes Zielen ermöglichen. Dazu ist insbesondere die Schaftlänge und die Höhe des Schaftrückkens (für das Schießen mit Zielfernrohr) der Figur des Schützen anzupassen. Der Pistolengriff soll so geformt sein, daß er fest und bequem umfaßt werden kann. Für die Schäftung sollte grundsätzlich gelten: Funktionalität geht vor Ästhetik.
– Dem Abzugssystem ist besondere Aufmerksamkeit zu widmen. Sowohl Stecherabzüge wie auch Druckpunkt- und Matchabzüge lassen sich individuell auf die Sensibilität des Abziehfingers einstellen. Durch Versuche sollte der optimale Abzugwiderstand so justiert werden, daß weder ein Schuß verrissen wird (Abzug zu hart) noch ein Schuß vorzeitig ausgelöst werden kann (Abzug zu weich).
– Als Visiereinrichtung wird fast ausschließlich das Zielfernrohr verwendet. Nach Einnahme der Schießposition, z.B. auf dem Hochsitz oder auf dem Schützenstand eines Schießstandes, ist die Scharfeinstellung zu kontrollieren, bei variablen Gläsern auch die Vergrößerung.
– Das günstigste Gewicht einer Büchse ergibt sich aus dem Verwendungszweck und dem Kaliber. Für den reinen Schießstandeinsatz (DJV-Wettbewerbe) bevorzugt man wegen der ruhigeren Gewehrlage und der besseren Schußpräzision schwerere Büchsen (dicke Läufe). Im Jagdbetrieb sollte eine Anpassung an die überwiegend ausgeübte Jagdart (Pirsch, Ansitz) und die Reviergegebenheiten (Hochgebirge, Flachland) erfolgen. Im Hinblick auf die Rückstoßbelastung sollten Waffen, aus denen Hochleistungspatronen geschossen werden, nicht zu leicht sein. Dieser Hinweis ist besonders auch deshalb angebracht, weil manche Schützen wegen des starken Rückstoßes zum „Mucken" neigen.

Unabhängig von der Anschlagsart sind beim Büchsenschießen – und hier sind kombinierte Waffen eingeschlossen – einige Regeln zu beachten.
– Voraussetzung für ein treffsicheres Schießen ist der absolut sichere Umgang mit der Waffe, d.h., ein Schütze muß mit der Bedienung der Spann- und Umstellhebel, der Sicherung und des Abzugsystems unter allen Bedingungen völlig vertraut sein.
– Zur Handhabung im weitesten Sinne gehört die Berücksichtigung von waffenseitigen Eigenarten. So muß die Trefferlage des Ölschusses ebenso bekannt sein, wie das Kletterverhalten der kombinierten Waffe. In die Kategorie der Handhabungsfehler fällt auch das Andrücken des Laufes gegen den Schaft. Dieser

Fehler, der nur für Büchsen mit feststehendem Lauf gilt, hat eine Beeinflussung der Laufschwingungen (Vergrößerung der Streuung) oder sogar eine Trefferverlagerung nach unten zur Folge. Die gleichen Auswirkungen hat auch das Ziehen am Gewehrriemen, wenn dieser am Lauf befestigt ist.

– Eine gleichbleibend gute Schießleistung ist nur gegeben, wenn es gelingt, den Körper unter allen Bedingungen bei der Schußabgabe möglichst ruhig zu stellen. Sowohl bei der Jagd als auch auf dem Schießstand muß deshalb in erster Linie Nervosität unterdrückt werden. Diese Fähigkeit kann man trainieren. Neben der geistigen Entspannung, die mit einer körperlichen Entkrampfung einhergeht, trägt auch die Atemtechnik dazu bei, dieses Ziel zu erreichen. Während das „Abschalten" gegenüber Umgebungseinflüssen auf dem Schießstand vorteilhaft ist, können sich durch ein eingeschränktes Wahrnehmungsvermögen beim Jagdbetrieb gefährliche Situationen ergeben. Häufiges Schießen auf dem Schießstand, auch mit dem Luftgewehr und dem Kleinkalibergewehr, hat einen entkrampfenden Gewöhnungseffekt und trainiert zudem die bei den jeweiligen Anschlagsarten belasteten Muskelpartien.

– Auch die Kleidung spielt eine nicht unwesentliche Rolle. Bei der Jagd kleidet man sich natürlich entsprechend der Witterung. Während eine dicke Kleidung bei der Ansitzjagd kaum nachteilig ist, sollte man bei den winterlichen Drückjagden darauf achten, daß ein

schnelles Anschlagen der Waffe nicht durch ungeeignete (zu dicke) Kleidung behindert wird. Das Tragen von Handschuhen kann unter derartigen Bedingungen problematisch sein. Besser ist es, die Schießhand in der Manteltasche oder einem Muff warmzuhalten. Viele Schützen bevorzugen auf dem Schießstand eine eng sitzende, ausgepolsterte Kleidung, um dadurch eine Stützwirkung zu erhalten und um Körperschwingungen (Puls) zu dämpfen.

– Obwohl es heute kaum noch einen Jäger gibt, der auf die Vorteile eines Zielfernrohres verzichtet, soll doch das Schießen über die sogenannte „freie Visierung" (Visier und Korn) nicht unerwähnt bleiben. Durch unterschiedlichen Lichteinfall auf die Visiereinrichtung (wechselnde Beleuchtungsverhältnisse) können sich Abweichungen der Treffpunkte ergeben. Auch individuelle Zielgewohnheiten der Schützen führen zu Verschiebungen der Treffpunktlage. Durch Zielfehler der in Abbildung 172 dargestellten Art ergeben sich Trefferverlagerungen, wobei das Verkanten natürlich auch für das Schießen mit dem Zielfernrohr gilt. Der sich daraus ergebende Fehler wird aber häufig überbewertet, beachtenswerte Abweichungen ergeben sich nämlich erst bei Verkantungswinkeln ab ca. 15 Grad. Diese Abweichung von der Horizontallage tritt aber bereits so deutlich in Erscheinung, daß sie in der Praxis nicht einmal erreicht wird.

Auf die optischen Belange des Schießens mit dem Zielfernrohr ist im Kapitel 3: Optik, bereits eingegangen worden. Die

Abb. 172. Das Zielen über Visier und Korn.

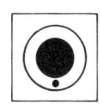

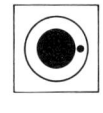

Gestrichen Korn
Schuß sitzt
im Zentrum

Feinkorn
Schuß sitzt zu tief

Vollkorn
Schuß sitzt zu hoch

Geklemmt (rechts)
Schuß sitzt rechts

Verkantet (rechts)
Schuß sitzt
tief rechts

Seiten- und Höhenabweichung des Geschosses in Zentimetern beim Verkanten der Waffe

Patrone	Verdreh-winkel in Grad	Fleckschußentfernung					
		100 m Abweichung zur		200 m Abweichung zur		300 m Abweichung zur	
		Seite	Höhe	Seite	Höhe	Seite	Höhe
6,5× 54 M.-Sch.	1	0,2	0	1,0	0	1,7	0
10,3 g TR	5	1,1	0	5,0	0,2	13,1	0,6
V_0 = 670 m/s	10	2,2	0,2	10,0	0,9	26,0	2,3
GEE = 140 m	15	3,2	0,4	14,9	2,0	38,8	5,1
7× 64	1	0,1	0	0,6	0	1,5	0
10,5 g TIG	5	0,6	0	2,8	0,1	7,3	0,3
V_0 = 880 m/s	10	1,3	0,1	5,7	0,5	14,5	1,3
GEE = 175 m	15	1,9	0,3	8,4	1,1	21,6	2,8
7mm Rem. Mag.	1	0,1	0	0,4	0	1,0	0
9,4 g TS	5	0,5	0	2,1	0,1	5,2	0,2
V_0 = 1005 m/s	10	0,9	0,1	4,2	0,4	10,3	0,9
GEE = 210 m	15	1,4	0,2	6,2	0,8	15,4	2,0

Die für die Berechnung erforderlichen Werte wurden den RWS-Schußtafeln entnommen.

Abb. 173. Falsch aufgelegtes Gewehr! Der Lauf darf keinesfalls die Brüstung berühren.

Abb. 174. Richtig aufgelegtes Gewehr. Als elastische, weiche Unterlage dient hier die Hand.

Technik des Schießens mit dieser Zieleinrichtung stellt keine besonderen Anforderungen an den Schützen. Sie ersparen sich aber schmerzhafte Erfahrungen in Form von Augenbrauen- und Nasenbeinverletzungen, wenn Sie immer daran denken, daß ein Gewehr einen Rückstoß hat. Auch bei ungünstigen Schießpositionen auf dem Hochsitz oder beim Liegend-Anschlag muß der Schaft fest an die Schulter gezogen werden, ferner soll der Augenabstand zum Okular nie kleiner als 5 cm sein.

10.1.1 Die Anschlagsarten

Sitzend aufgelegt. Auf dem Schießstand lassen sich in der Regel optimale Voraussetzungen für das Präzisionsschießen schaffen (s. Kapitel 7: Prüfung von Jagdwaffen). Auf dem Hochsitz oder im Ansitzschirm wird zwar im allgemeinen auch sitzend aufgelegt geschossen, aber dort findet man kaum ideale Bedingungen vor. Ein Hochsitz kann nun einmal nicht für alle Körpergrößen und Schießpositionen maßgeschneidert sein. Trotzdem bietet er die relativ besten Voraussetzungen für die Abgabe eines gezielten Schusses, sofern folgende Regeln beachtet werden:
- Der Vorderschaft soll nie direkt auf der Brüstung, sondern auf einer weichen Unterlage aufliegen,
- keinesfalls darf der Lauf die Brüstung berühren.

Um das Gewehr ruhiger halten zu können, ist eine Armauflage zweckmäßig (quergelegtes Brett oder Rundholz).

Stehend angestrichen. Im Revier ergibt sich diese Anschlagsart wohl am häufigsten bei der Pirsch. Denn bevor man einen Schuß stehend freihändig abgibt, wird man versuchen, das Gewehr an einen Baumstamm oder Ast anzulegen (anzustreichen), weil dadurch die Treffchancen erheblich verbessert werden. Im Gebirge ist der Bergstock, an den angestrichen wird, ein unentbehrliches Hilfsmittel.

Für den in der Ausbildung befindlichen Jäger ist der Anschlag stehend angestrichen besonders interessant, weil er so das

Abb. 175. Anschlag „Stehend angestrichen".

Prüfungsschießen zu absolvieren hat. Der Schütze stellt sich mit leicht gespreizten Beinen so weit vor die Latte, daß er sich mit dem gestreckten Führungsarm (linker Arm bei einem Rechtsschützen) und etwas nach vorn geneigt an der Latte abstützen kann. Das Gewehr wird etwa in Schulterhöhe an der linken Seite der Latte (bei Rechtsschützen) in die Handkehlung zwischen Daumen und Zeigefinger gelegt, wobei der Vorderschaft die Latte nicht berühren darf. Durch Korrektur dieser Körperhaltung ist eine Position anzustreben, in der das Gewehr bei bequemer Kopfhaltung ohne nennenswerte Seitenbewegung gehalten werden kann.

Liegend freihändig. Dieser Anschlag wird selbst im Gebirge höchst selten angewendet, denn dort schießt man, insbesondere oberhalb der Baumgrenze, wenn irgendwie möglich, liegend aufgelegt oder am Bergstock angestrichen. Und in den übrigen Gebieten ist es meistens riskant, liegend zu schießen, weil durch die geringe Mündungshöhe das Geschoß sehr leicht mit dem Bewuchs in Berührung kommen kann. Diese Anschlagsart bleibt also fast ausschließlich dem Wettbewerbschützen vorbehalten. Sie ist durch das freie Handgelenk und den freien Unterarm gekennzeichnet, es liegt nur der Ellenbogen auf.

Der Anschlag, so einfach er auch erscheinen mag, hat seine Tücken. Stützen nämlich die Arme und die Schulter das Gewehr nicht im richtigen Winkel zueinander ab, hat der Lauf immer eine Bewegungstendenz in einer Diagonalen zwischen links oben und rechts unten. Durch Abstützen des Ellenbogens, senkrecht unter dem Gewehr und einer individuell zu erprobenden Haltetechnik, kann jedoch eine Stabilisierung der Gewehrlage erreicht werden.

Stehend freihändig. Für die meisten Jäger ist dies die schwierigste Anschlagsart, weil es nur schwer gelingt, die Waffe ruhig zu halten. Bei der Jagd wird stehend freihändig eigentlich nur bei der Pirsch (meist auf stehendes Wild) geschossen, und dies auch nur, wenn aus zeitlichen Gründen oder wegen zu hohen Aufwuchses (Sträucher, hohes Gras, Getreide) eine günstigere Anschlagsart, wie z.B. sitzend oder knieend, nicht möglich ist. Auf flüchtiges Wild (Drückjagden) wird demgegenüber fast ausschließlich stehend freihändig geschossen. Die Bewegungsabläufe der Waffe ähneln allerdings mehr dem Schießen mit der Flinte, deshalb wird im Zusammenhang mit der Jagd hier nur auf Randbedingungen hingewiesen.

Nicht immer wird durch Knacken oder Hetzlaut der Hunde das Anwechseln von Wild so rechtzeitig angekündigt, daß genügend Zeit bleibt, sich schußbereit zu machen. Andererseits ist es nicht möglich, unter Umständen stundenlang in höchster Konzentration am Dickungsrand auf einer schmalen Schneise zu stehen. Aber auch in derartigen Situationen muß eine rasche Schußbereitschaft gewährleistet sein. Dazu kann das Gewehr entsichert in den Händen gehalten oder in die Ellenbeuge gelegt werden. Selbstverständlich ist dabei die Mündung nach unten und nicht zu dem Nachbarschützen gerichtet. Eine schnelle Schuß-

folge ist manchmal erforderlich, deshalb muß schnelles Repetieren bzw. Nachladen geübt werden. Dazu müssen die Patronen griffgünstig, am besten in der Manteltasche, untergebracht sein. Ist man nicht in der Lage, längere Zeit zu stehen, wird üblicherweise ein Sitzstock verwendet, der allerdings so hoch sein sollte, daß man schnell aufstehen kann. Wird ein Jungjäger zu einer Drückjagd eingeladen, darf er es nicht versäumen, sich vorher auf dem Schießstand auf dem „Laufenden Keiler"-Stand eine gewisse Schießfertigkeit anzueignen, und zwar mit der Waffe, die er auch bei der Jagd führen wird.

Bei DJV-Schießwettbewerben wird der „Stehende Überläufer" stehend freihändig geschossen. Zwei unterschiedliche Techniken sind üblich: der jagdliche Anschlag mit ausgestrecktem, leicht angewinkeltem Führungsarm und der sportliche Anschlag, bei dem der Ellenbogen des Führungsarmes auf dem Hüftknochen aufliegt (Abb. 177). Dieser Anschlag bietet durch günstigere statische Verhältnisse die besseren Voraussetzungen für die Gewehrstabilisierung, ferner ermöglicht er ein längeres Zielen ohne Ermüdung des Führungsarmes. Im jagdlichen Anschlag erlahmt der Führungsarm relativ schnell, so daß das Gewehr nicht mehr ruhig gehalten werden kann. Bei Erreichen dieser Phase sollte man die Waffe absetzen und erst nach einer kurzen Entspannungspause erneut anschlagen.

Der *„Laufende Keiler"* ist eine sehr praxisnahe Disziplin beim jagdlichen Schießen. Die Schußdistanz beträgt 50 m, die Scheibe bewegt sich in 2 Sekunden über eine 6 m breite Schneise. Auch für diese Übung wird ein Zielfernrohr benutzt. Um ein größeres Gesichtsfeld zu erhalten, sollte die Vergrößerung nicht zu groß gewählt werden (etwa 5-6fach). Nach dem Abruf geht der Schütze in Anschlag, wobei der Zielstachel in Höhe des Erscheinungspunktes des Wurfes gerichtet ist und der rechte Bildrand des Zielfernrohres die Deckung tangiert. Dieses Zielverfahren hat den Vorteil, daß man sofort nach Erscheinen der Scheibe das Gewehr in Bewe-

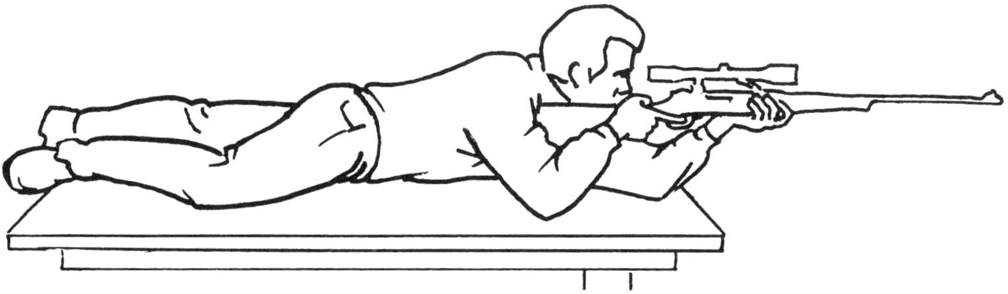

Abb. 176. Anschlag „Liegend freihändig".

a

b

Abb. 177. Anschlag „Stehend freihändig". a: jagdlich; b: sportlich.

Abb. 178. Anschlag „Sitzend".

Abb. 179. Anschlag „Kniend".

Abb. 180.   Konzentrations-
haltung mit der Büchse vor
dem Abruf der Scheibe.

gungsrichtung mitziehen kann, das Ziel
also nicht überholen muß und dadurch
Zeit für Korrekturen gewinnt. Das Vorhaltemaß richtet sich nach der Geschoßgeschwindigkeit, es beträgt bei Standardkali-
bern, wie z.B. 7 x 64, etwa 15–20 cm.

Diese Schießtechnik läßt sich gut auf die
Praxis übertragen, wenngleich dort selten
Schießstandbedingungen anzutreffen sind.
Die unterschiedlichen Wildgeschwindig-
keiten und Fluchtwinkel sowie Schußentfernungen erfordern ein ständig neues
Anpassen des Haltepunktes, und es bedarf
großer Erfahrung und guter Schießfertigkeit, flüchtiges Wild sicher zu treffen.

10.2   Schießen mit der Flinte

Ebenso wie für das Schießen mit der
Büchse, muß auch beim Flintenschießen
das Handwerkszeug gewisse Bedingungen
erfüllen. Dabei liegt bestimmungsgemäß

der Schwerpunkt bei der Flinte, wenngleich auch eine kombinierte Waffe, wie
Drilling oder Bockbüchsflinte, die Möglichkeit des Schrotschusses bietet. Dies gilt
in erster Linie für den Gebrauch im Revier.
Für das Wurftaubenschießen sind diese
Waffen nicht geeignet und auch nicht ausgelegt. Das schließt aber nicht aus, daß sie
dort *gelegentlich* für das Übungsschießen
eingesetzt werden können.

Flinten sind für das Schießen auf bewegliche Ziele konzipiert. Da eine Schußabgabe meistens sehr schnell erfolgen muß,
ist die Schäftung, mehr noch als bei der
Büchse, den individuellen Körpermerkma-
len des Schützen anzupassen, damit ein ra-
sches Anschlagen gewährleistet ist. Neben
der Schaftlänge, der Senkung, Schränkung
und der Griffigkeit des Vorderschaftes ist
die Balance – die Ausgewogenheit der Ge-
wichtsverteilung – ein wichtiges Kriterium
beim Kauf einer Flinte. Während die
Schaftmaße durch eine Maßschäftung oder
Schaftkorrekturen optimiert werden können, ist die Balance nachträglich kaum be-
einflußbar.

Die technischen Anforderungen an eine
Flinte (Abzüge, Ejektor, Treffpunktlagen
der Läufe) wurden bereits im Abschnitt
„Prüfung von Jagdwaffen" behandelt. Da
beim Schrotschuß nicht im Sinne des
Büchsenschusses gezielt wird, ist auch eine
Visiereinrichtung nicht erforderlich. Dazu
dient lediglich die Laufschiene. Alle anderen Hilfsmittel, wie Vorrichtungen, die auf
dem Lauf befestigt werden, sind überflüssig, wenn man eine „saubere" Schießtechnik beherrscht. Noch eine Bemerkung zu
den Läufen: Deren Trefferleistung sollte
sowohl für die Anforderungen im Revier
als auch für das Wurftaubenschießen ausgelegt sein (s. Kapitel 11: Auswahl von
Waffen und Munition), damit ein Umge-
wöhnen an eine andere Waffe nicht zu erfolgen braucht. Da die Trefferleistung unabhängig von der Lauflänge ist, sollte diese
von den Balanceverhältnissen abhängig gemacht werden. Eine Lauflänge von etwa
70 cm hat sich unter allen Einsatzbedingun-
gen als günstig erwiesen.

Im Revier wird die Kleidung zunächst

den Witterungsbedingungen angepaßt (Abschnitt 10.1: Das Schießen mit der Büchse). Ausrüstungsgegenstände wie Horn, Jagdtasche oder Hundeleine müssen dabei so getragen werden, daß die Handhabung der Waffe nicht beeinträchtigt wird.

Bei warmem Wetter wird auf dem Wurftaubenstand zweckmäßigerweise eine Schießweste und bei niedrigeren Temperaturen eine Schießjacke getragen, die möglichst eng sein sollen und in denen man einen ausreichenden Vorrat Patronen unterbringen kann. Vorteilhafter ist allerdings die Benutzung einer Patronentasche.

Das Wurftaubenschießen. Das jagdliche Wurftaubenschießen umfaßt die Disziplinen Trap, Skeet und Jagdparcoursschießen. Letzteres erfreut sich in den letzten Jahren zunehmender Beliebtheit, weil es sehr abwechslungsreich ist und zudem durch die Simulation von jagdnahen Situationen eine ausgezeichnete Übungsmöglichkeit für das Schießen im Revier bietet. Im Jagdparcours oder Schießgarten wird unter praxisnahen Bedingungen auf Flugziele (Wurftauben) und Bodenziele (Roll- oder Kipphase) geschossen. Das jagdliche Trap- und Skeetschießen ist von den gleichnamigen sportlichen Disziplinen abgeleitet. Beim Trapschießen befindet sich der Schütze 11 m hinter der in einem Unterstand installierten Wurfmaschine, die die etwa bierdeckelgroßen Asphaltscheiben (Wurftauben) in wechselnde Richtungen wirft. Ein Skeet-Wurftaubenstand besteht aus zwei unterschiedlich hohen Türmen (Hochhaus, Niederhaus), aus denen die Wurfmaschinen die Tauben in gleichbleibender Richtung abwechselnd oder gleichzeitig (Doubletten) werfen. Sieben Schützenstände sind auf einem Kreissegment angeordnet, die Schützen wechseln den Stand nach dem Beschießen von jeweils zwei Tauben (s. Abb. 181, 182 und DJV-Schießvorschrift, die in Auszügen ab S. 179 wiedergegeben ist).

Das Jägerprüfungsschießen auf bewegliche Ziele findet meistens auf dem Trapstand statt, mancherorts aber auch auf einem Skeet- oder Kipphasenstand. Einige grundlegende Dinge der Schießtechnik haben aber Allgemeingültigkeit:
– Der *jagdliche Anschlag* umfaßt zwei Phasen: die „Konzentrationsphase", in der sich der Schütze auf das Erscheinen der Taube vorbereitet und konzentriert. Dabei hält der Schütze die Flinte mit leicht nach vorn geneigtem Oberkörper so, daß der Schaft den Hüftknochen berührt und die Laufmündung etwas über Augenhöhe bleibt. Beide Füße stehen ganzflächig in normaler, bequemer Stellung nur etwas gegeneinander abgewinkelt auf der Grundplatte, wobei das Gewicht überwiegend auf dem linken Fuß ruht. Nur bei stärkerer Rechtsdrehung des Körpers oder bei Steilschüssen nach

Abb. 181. Trapstand mit einem Wurfautomaten.

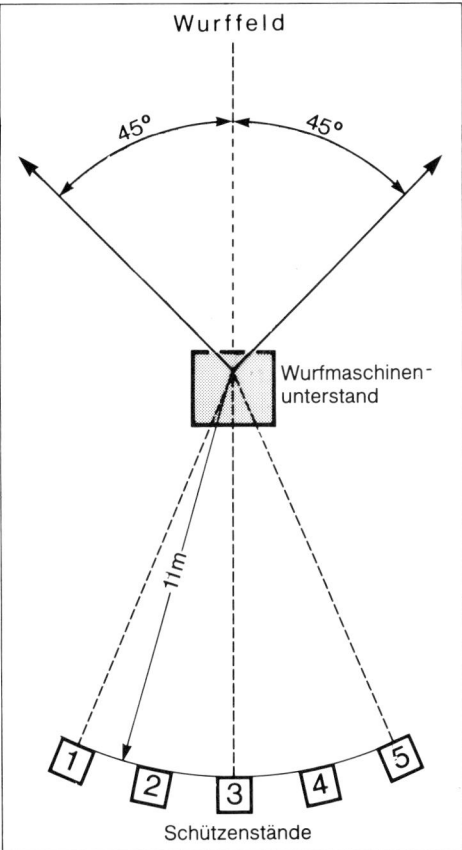

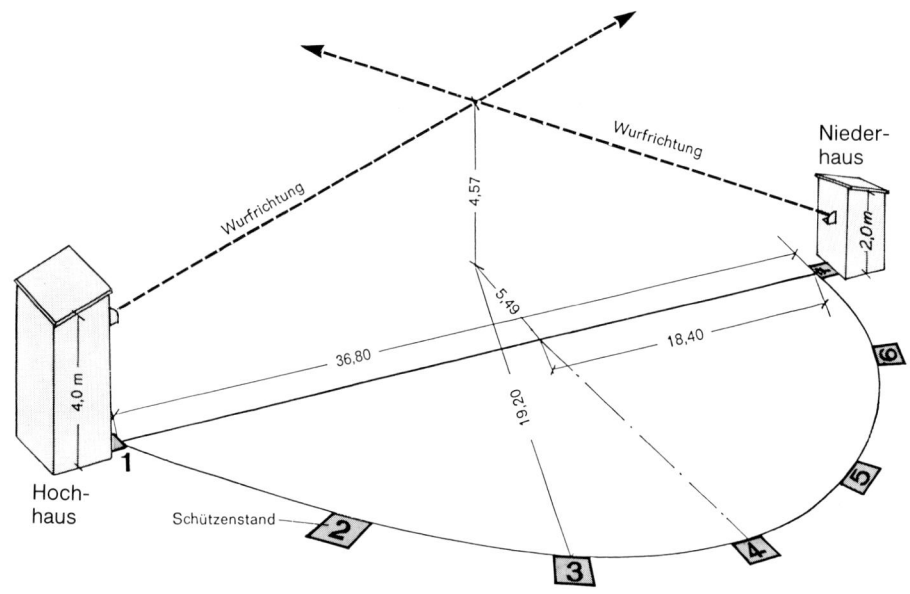

Abb. 182. Schematische Darstellung eines Skeetstandes mit 7 Schützenständen.

Abb. 183. Gewehrhaltung, in der die Taube erwartet wird.

oben (Überkopftauben) wird das Gewicht auf den rechten Fuß verlagert. Diese Grundhaltung läßt natürlich einen gewissen Spielraum zu. Ein Grundsatz solite aber immer beachtet werden:

Die Körperhaltung soll gelockert und bequem sein, niemals unnatürlich und verkrampft.

In der zweiten Phase wird die Taube durch Absenken der Laufmündung in Kinnhöhe „abgewinkt" (s. Abb. 184). Sobald der Lauf diese Lage erreicht hat, wird die Taube ausgelöst. Hier kommt es auch bei erfahrenen Schützen immer wieder zu Mißverständnissen, wenn das Anzeigen der Schußbereitschaft nicht eindeutig ist. Die Folge sind zu früh oder zu spät ausgelöste Tauben. Vermeiden Sie daher unnötige Schlenkerbewegungen mit der Flinte, signalisieren Sie dem Auslöser unmißverständlich durch Ihr Verhalten, daß Sie *jetzt* die Taube erwarten.

Das beschriebene Abwinken gilt aller-

△ Abb. 184   ▽ Abb. 186   △ Abb. 185   ▽ Abb. 187

Abb. 184–187. Der Bewegungsablauf beim Anschlagen der Flinte, dargestellt in vier Phasen von dem Ex-Weltmeister und Olympiasieger im Skeetschießen Konrad Wirnhier, Pfarrkirchen.

dings nur für den Trapstand mit 15 Wurfmaschinen und für die Skeetstände 1 und 7. Bei Trapständen mit einem Wurftaubenautomaten wird der Lauf immer in die Richtung des Erscheinungspunktes der Tauben gehalten. Für das Skeetschießen von den Ständen 2 bis 6 gilt folgende Regel: In der „Konzentrationsphase" ist der Lauf auf den Bereich zu richten, in dem die Taube beschossen werden soll, darauf ist auch die übrige Körperhaltung einzustellen. Zum Abwinken wird der Lauf unter gleichzeitigem Absenken bis etwa 3 m vor den jeweiligen Wurfturm geschwenkt. In dieser Stellung wird die Taube erwartet.

– Beim sportlichen Trapschießen wird die Taube im *Voranschlag* erwartet und abgerufen. Körper- und Fußhaltung entsprechen etwa dem jaglichen Anschlag, lediglich die Flinte befindet sich beim Erscheinen der Taube bereits im Anschlag. Diese Anschlagsart ist weder für das jagdliche Wurftaubenschießen noch für das Schießen im Revier von Bedeutung.

– Erst wenn die Taube sichtbar ist, darf die Waffe angeschlagen werden. Dieser Bewegungsablauf ist für das Treffen ausschlaggebend und praktisch der Schlüssel zum Erfolg. Die Flinte wird mit beiden Händen gleichzeitig angehoben, indem sie nahe am Körper auf kürzestem Wege nach oben gleitet. Die rechte Hand führt den Schaft zur Schulter, die linke dirigiert den Lauf in Richtung des Zieles. In der Schlußphase dieser beiden Bewegungen, die annähernd gleichzeitig beendet sein sollen, liegt die Wange so an dem Schaft an, daß man mit dem rechten Auge über die Mitte der Laufschiene blicken kann. Das Anschlagen der Waffe muß schnell erfolgen, es soll harmonisch-fließend sein, aber nicht hastig und ruckartig. Während des Inanschlagbringens der Flinte wird die Körper-Grundhaltung nicht verändert. Die Flinte wird zum Kopf bewegt, niemals umgekehrt (s. Abb. 184–187)!
Dem Anfänger wird dieser Bewegungsablauf sicher kaum auf Anhieb

Abb. 188. Voranschlag beim sportlichen Trapschießen.

gelingen. Aber er kann ihn, auch ohne zu schießen, durch „Trockenübungen" trainieren, indem er die Flinte zunächst bewußt langsam und nach Erreichen einer gewissen Sicherheit immer schneller anschlägt. Fleißiges und regelmäßiges Üben lohnt sich, denn „sitzt" der Anschlag einmal, stellt sich auf dem Schießstand das Treffen beinahe von selbst ein.

– Mit der Flinte wird aber auf bewegliche Ziele geschossen, und deshalb reicht ein perfekter Anschlag und das schnelle Anvisieren des Zieles nicht aus, um dieses auch zu treffen. Von der Betätigung des Abzuges bis zu dem Zeitpunkt, an dem die Schrotgarbe den Zielbereich erreicht, vergeht eine gewisse Zeitspanne, in der sich das Ziel aber weiterbewegt hat. Dieser Weg muß durch das Vorhalten ausgeglichen werden. Dabei ist das Vorhaltemaß abhängig von der Geschwindigkeit und dem Flugwinkel des Zieles sowie der Schußentfernung. Das Vorhaltemaß muß also immer den jeweiligen Gegebenheiten angepaßt werden. Das klingt sehr kompliziert, ist es aber durch die Anwendung einer bestimmten Schießtechnik durchaus nicht.

Damit die Taube nicht gesucht werden muß – dadurch geht Zeit verloren – blickt man beim Trapstand in den meistens gekennzeichneten Bereich, unter dem die Taube erscheint und beim Skeetschießen auf die jeweilige Wurfluke. Dies ermöglicht eine rasche Zielerfassung und somit kurze Reaktionszeit. Erscheint die Taube, wird die Flinte schon während des Anschlagens in die Flugrichtung geführt, auf der Flugbahn wird vorgeschwungen, die Taube wird überholt und dann geschossen. Das sich dadurch ergebende Vorhaltemaß ist natürlich von der Überholgeschwindigkeit abhängig, die deshalb möglichst gleich sein sollte. Diese Methode des Überholens und des Vorschwingens, hat den Vorteil, daß das Vorhaltemaß automatisch der Situation angepaßt wird. Zunächst wird ein ungeübter Schütze dazu neigen, *auf* die Taube zu schießen, was zwangsläufig einen Fehlschuß zur Folge hat. „Kleben" Sie also nicht an der Taube, sondern überholen Sie diese zügig, ohne dann im Schuß anzuhalten. Trotzdem werden Sie viel Munition und Zeit aufwenden müssen, bis Sie ein Gefühl für das richtige Vorschwingen der Flinte bekommen.

Das Schießen im Revier. Die Grundtechniken des Wurftaubenschießens lassen sich zumindest auf die Flugwildjagd ohne weiteres übertragen. Natürlich bietet das Revier ständig wechselnde Situationen hinsichtlich der Entfernung und Flugrichtung des Wildes und nicht zuletzt auch der „Flugschneisen". Und hier erweist sich auch, daß sich nicht jeder gute Wurftaubenschütze im Revier mit seinen Schießkünsten bewährt. Der Grund dafür dürfte die zu einseitige Ausrichtung auf das Trap- und Skeetschießen mit dessen relativ enger Variationsbreite sein. Wie schon erwähnt, bietet der Jagdparcours ein ideales Übungsfeld, insbesondere, wenn er auch mit Bodenzielen ausgestattet ist. Denn hier scheiden sich erneut die Geister: so mancher gute Flugwildschütze macht bei Hasenjagden eine klägliche Figur. Während er bei schnellen Fasanen vorschwingt, kann er sich vom Hasen nicht weit genug lösen und schießt deshalb hinten vorbei. Der Kipphase ist kein besonders geeignetes Übungsobjekt, weil die Geschwindigkeit und Laufrichtung nicht variabel sind. Ein richtig angelegter (Schneisen nicht zu schmal, mehrere Schützenstände), vernünftig eingestellter (nicht zu schnell) und gut gepflegter (Rollbahn eben und sauber) Rollhasenstand bietet weitaus bessere Möglichkeiten zur Vervollkommnung der

Abb. 189. Der Jagdparcours bietet ideale Übungsmöglichkeiten für das Schießen mit der Flinte.

Schießfertigkeit auf Bodenziele. Die sichere Handhabung der Waffe und ein unter allen Bedingungen optimaler Anschlag sind auch im Revier unabdingbare Voraussetzungen für ein erfolgreiches Jagen.

Persönlicher Schallschutz. Der Schießlärm steht zwar nur in einem indirekten Zusammenhang mit der Schießtechnik, weil ein lauter Knall ebenso wie ein starker Rückstoß zum „Mucken" bei der Schußabgabe führen kann, dennoch soll und darf diese unangenehme und gefährliche Begleiterscheinung beim Schuß nicht unerwähnt bleiben.

Gelegentliche Schußknalle, wie z. B. bei der Jagd, führen in der Regel nicht zu bleibenden Gehörschäden, sondern nur zu einer vorübergehenden Vertaubung des Ohres. Auf einem Schießstand mit häufig wiederholter Knalleinwirkung kommt es jedoch zu einer permanenten Beeinträchtigung des Hörvermögens, wenn das Ohr nicht geschützt wird. Dabei ist nicht nur der Schütze selbst gefährdet, sondern auch die Nachbarschützen, Ausbilder, Prüfer, Richter, Helfer usw. Der Personenkreis, der sich im Nahbereich der Schützen aufhält, muß sich also ebenfalls in geeigneter Weise vor der Schußknalleinwirkung schützen. Die Möglichkeiten reichen von Gehörschutzwatte über Stöpsel bis zu Gehörschutzkapseln. Das Tragen eines Gehörschutzes ist keine übertriebene Vorsicht, sondern eine vorbeugende Maßnahme zur Erhaltung der Gesundheit.

10.3 Schießen mit der Kurzwaffe

Dem Jäger wird vom Gesetzgeber der Erwerb von zwei Kurzwaffen ohne besonderen Bedürfnisnachweis zugestanden. Dahinter steht die Anerkennung der Notwendigkeit, daß er in bestimmten Situationen auf eine Kurzwaffe angewiesen ist. Gemeint ist damit vor allem der *Fangschuß auf ein Stück Schalenwild*. Ferner läßt sich

die Kurzwaffe zur *Bau- und Fallenjagd* einsetzen sowie als *Selbstverteidigungswaffe in Notwehrfällen*, wo sie, weil solche Situationen in der Regel überraschend und auf kurze Distanz aufzutreten pflegen, gegenüber der Langwaffe Vorteile bietet.

Der Fangschuß. Die Sache mit dem Fangschuß mit der Kurzwaffe wird vielfach falsch verstanden.

Dem Jäger soll nicht empfohlen werden, jede Nachsuche nur mit der Kurzwaffe anzutreten. Sie soll speziellen Fällen vorbehalten bleiben. Ein amerikanisches Sprichwort sagt, daß in jeder Situation, in der eine Langwaffe eingesetzt werden kann, die Kurzwaffe fehl am Platz ist.

Das verweist die Kurzwaffe auf ihren eigentlichen, *typischen Einsatzbereich*, den *beschränkten Raum* oder das *Fehlen einer Langwaffe*, mit anderen Worten, auf den Fangschuß in der dichten Bürstendickung, in der nicht genug Bewegungsfreiheit für den Einsatz einer Büchse ist oder das unvorhergesehene Zusammentreffen mit krankem oder verunglücktem Wild.

Psychologische Hindernisse beim Schießen mit der Kurzwaffe. Die Kurzwaffe wird von den meisten Menschen als ein besonders gefährlicher und unfallträchtiger Gegenstand angesehen. Das stimmt nur bedingt. Sie ist ein technisches Gerät, das wie andere auch, einer zweckentsprechenden und sicheren Handhabung bedarf.

Gefährlich und unfallträchtig kann die Kurzwaffe nur durch den Menschen werden, der sie falsch bedient.

Gerade bei der Kurzwaffe muß sich der Jungjäger bemühen, Vorurteile über Bord zu werfen und ein *natürliches Verhältnis* zu seiner Waffe zu erwerben. Das geht nur über ein *genaues Verständnis* ihrer Funktionen und durch in *intensiver Übung* erworbene schlafwandlerische *Sicherheit bei der Beherrschung aller Handgriffe* an und mit der Waffe.

Was für die sichere Handhabung von Waffen allgemein gilt, das gilt in besonderem Maße für das Schießen mit der Kurzwaffe. Die Waffe ist verhältnismäßig leicht, recht kurz und für das Schießen mit einer Hand ausgelegt. Die *Visierlinie* ist viel kürzer als bei der Büchse, wodurch *das präzise Zielen* erschwert wird.

Schließlich verursacht der kurze Lauf einen unangenehmen lauten *Knall*, und je nachdem welches Kaliber man schießt, schrecken den Schützen ein ungewohnter *Feuerblitz* und ein schmerzhafter *Rückstoß* des scharfkantigen Waffengriffes in der Handgabel. Schließlich schlägt der Rückstoß die Waffe mit der Schießhand so weit aus der Richtung, daß ein erneutes *Abkommen* auf dem Ziel oft beträchtliche Zeit in Anspruch nimmt.

Praktische Schwierigkeiten. Wer zum ersten Mal eine geladene Kurzwaffe in die Hand nimmt und damit auf ein Ziel in Anschlag geht, wird unweigerlich feststellen, daß das Schießen damit gar nicht so einfach ist. Mit einer Büchse, deren Kolben man fest in die Schulter setzen und die man mit beiden Händen gut festhalten kann, geht das jedenfalls erheblich besser.

Die natürliche Nervosität verstärkt noch das durch die krampfartige Umklammerung des Waffengriffes bedingte Zittern, so daß Ziel und Visierung einfach nicht übereinstimmen wollen. Die Erwartung von Knall, Blitz und Rückstoß trägt auch nicht zur Beruhigung bei, so daß der Schütze schließlich anfängt, die Schüsse immer dann auszulösen, wenn die Visierlinie einmal auf das Ziel zeigt, um enttäuscht festzustellen, daß die Scheibe nur ab und zu einmal getroffen wird. Mal staubt es vor ihr im Sand, mal fliegen vom Scheibenrahmen die Splitter davon, mal läßt sich gar nicht erkennen, wo die Schüsse überhaupt hingegangen sind.

Wer so anfängt, wird bald enttäuscht sein. Er hat sicher keine Ahnung, wieviele grundlegende Fehler er gemacht hat, die jeden erzielten Treffer zum reinen Zufall werden lassen. Entweder wirft er endgültig, in Abänderung des bekannten Sprichwor-

tes, die Pistole bzw. den Revolver ins Korn, oder er übt verbissen weiter und beginnt einen sehr langwierigen Lernprozeß, der mit einem riesigen Munitionsverbrauch verbunden ist.

Was wollen wir erreichen?

Es wäre besser, den Anfänger von Beginn an entsprechend vorzubereiten und gleich auf den richtigen Weg zu bringen. Die kommenden Sätze sind der alleinige Schlüssel zum Erfolg, vorausgesetzt, sie sind gedanklich verstanden und werden ganz konsequent befolgt. Bevor der erste scharfe Schuß abgegeben wird, sollte man sich darüber klar sein, daß über Erfolg oder Mißerfolg beim Schießen zu neunzig Prozent vorher im Kopf des Schützen entschieden wird.

Rollen wir also unser Problem einmal auf! Was wollen wir treffen; welche Anforderungen werden an uns gestellt?

Wir wollen keine Olympiade und keine Weltmeisterschaft bestreiten. Wir wollen erreichen, daß wir in allen Situationen auf eine Entfernung von 5 m ein Ziel von der Größe einer Untertasse sicher treffen.

Wenn wir das schaffen, haben wir als Jäger alles, was wir für unsere Zwecke brauchen.

Die Kurzwaffe als Zweihandwaffe. Die Kurzwaffe ist für das Schießen mit einer Hand konstruiert. Wir haben bereits gemerkt, wie schwierig *das ruhige Halten der Waffe* ist. Nervosität und mangelnde Übung behindern uns erheblich. Also erklären wir hiermit unsere Kurzwaffe zur Zweihandwaffe und schießen *grundsätzlich* bei jeder Gelegenheit, bei der wir die zweite Hand zur Unterstützung frei haben, *beidhändig.*

Das beidhändige Schießen. Das wird so gemacht, daß die Schießhand die Waffe fest, aber nicht krampfhaft umfaßt, wobei der *Lauf der Waffe* möglichst genau in die *gleiche Richtung* zeigt *wie der Unterarm.*

 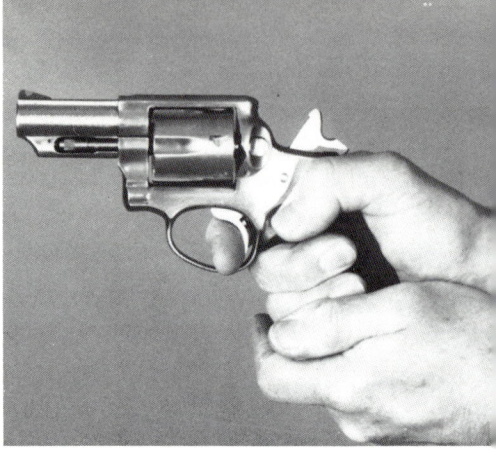

Abb. 190. Beidhändiges Schießen, dargestellt mit der Pistole.

Abb. 191. Beidhändiges Schießen, gezeigt mit einem Revolver.

Der *Schießarm* wird *voll ausgestreckt*, und die *freie Hand unterstützt entweder die Schießhand oder die Waffe*.

Es gibt mehrere Möglichkeiten. Entweder umgreift die freie Hand von vorn die Finger der Schießhand, oder die Schießhand stützt sich mit der Waffe auf die Handfläche der freien Hand auf. Bei moderneren Pistolentypen ist die Vorderseite des Abzugsbügels so geformt, daß der Zeigefinger der freien Hand dort angehängt werden kann. Und mancher findet es vorteilhaft, mit der freien Hand das Handgelenk der Schießhand zu umklammern.

Die Verbindung der beiden Hände soll nicht übertrieben krampfhaft sein, soll aber über die beiden Arme und Schultern des Schützen ein verwindungssteifes Dreieck als Träger für die Waffe bilden. Aus dieser Position läßt sich sogar sehr gut mit der Abzugsspannung schießen.

Richtig visieren. Nachdem wir die Waffe so sicher, ohne zu zittern und zu wackeln, halten können, müssen wir über das Zielen sprechen. Hier hat der oben zitierte Anfänger einen zwar verzeihlichen, aber doch entscheidenden Fehler gemacht. Er hat nämlich scharf auf das Ziel gesehen anstatt auf seine Visierung.

Beim Schießen über das offene Visier steht man vor dem Problem, drei Punkte, nämlich Visier, Korn und Ziel gleichzeitig scharf zu sehen, was in idealer Weise nie gelingt. Der Schütze versucht, in schnellem Wechsel entweder die Visierung oder das Ziel scharf zu sehen, was sehr ermüdend

und umständlich ist. Schließlich konzentriert er sich auf das Ziel, weil ihm das wichtiger zu sein scheint, und das ist falsch.

Es ist gerade bei der kurzen Visierlinie der Kurzwaffe von entscheidender Bedeutung, die Visierung scharf zu sehen und ein perfektes Visierbild einzustellen. Wie undeutlich das Ziel dabei erscheint, ist von untergeordneter Bedeutung. Man muß sich einfach dazu zwingen, aber der Fehler, der durch ein nicht einwandfrei zentriertes Visierbild entsteht, ist sehr viel größer als der Fehler, der dadurch entsteht, daß man bei dem Ziel nicht ganz auf die richtige Stelle hält.

Kontrolliert abziehen. Wie findet man aber jetzt ein gutes Abkommen, wo doch die Visierung auf dem Ziel nicht zur Ruhe kommen will? Um es gleich zu sagen, der Mensch ist noch nicht geboren, der die Kurzwaffe so lange Zeit absolut ruhig halten kann, bis der Abzug ganz durchgezogen ist und der Schuß bricht. Trösten wir uns damit, daß auch der Weltmeister im Pistolenschießen das nicht kann!

Wir helfen uns damit, daß wir bewußt nicht versuchen, auf einen bestimmten Punkt abzukommen, denn das verleitet dazu, den Abzug schnell durchzureißen, wenn die Visierung auf diesen Punkt zeigt.

Das war der zweite Fehler, den der Anfänger oben gemacht hat. Bei einer

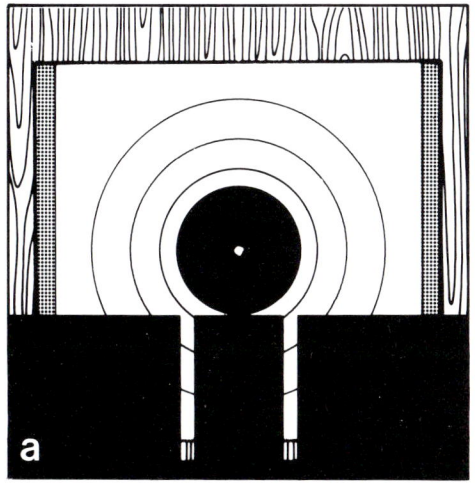

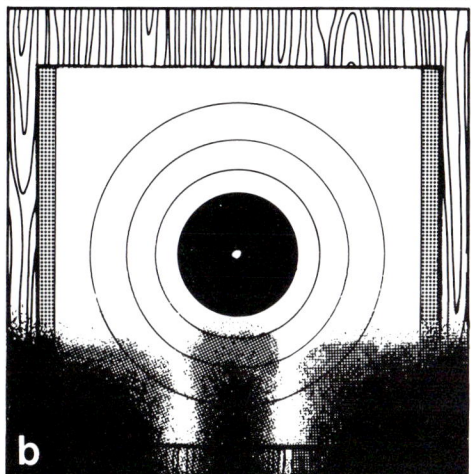

schnellen Bewegung des Abzugsfingers bewegen sich ungewollt andere Muskeln der Hand mit und bringen dadurch die Waffe völlig aus der Richtung. Bei einer gut festgehaltenen Büchse kann das Reißen am Abzug noch einen brauchbaren Treffer liefern, bei der Kurzwaffe geht es hoffnungslos vorbei.

Der Abkommensbereich.

Man muß also das Zielen und das langsam-stetige Durchdrücken des Abzuges bis zum Schuß irgendwie koordinieren.

Das geschieht, indem man sich auf dem Ziel nicht einen Abkommenspunkt, sondern einen Abkommensbereich auswählt, der annähernd rund ist und so groß, daß man garantieren kann, daß die Visierung bei allen Bewegungen innerhalb dieses Bereiches für die Zeit bleibt, die man zum Abziehen braucht.

Man blickt also scharf auf die Visierung, stellt sie optimal ein und versucht, mit der Visierung so lange in dem gewählten Abkommensbereich hin und her zu wandern, bis der Fingerdruck den Abzugswiderstand überwunden hat und der Schuß bricht. Geht die Visierung aus dem Bereich heraus, muß der Druck auf den Abzug so lange unverändert gehalten werden, bis sie in den Bereich zurückgewandert ist.

Wenn man so verfährt, und den Abzug so durchzieht, daß man vom Schuß überrascht wird, sitzt die Kugel garantiert innerhalb des gewählten Bereiches. Der Rest ist Übungssache. *Je mehr Übung, umso kleiner kann der Abkommensbereich gewählt werden.*

Übrigens, der Weltmeister schießt nach der gleichen Methode, nur ist bei ihm durch langes intensives Training der Abkommensbereich sehr klein geworden.

Abb. 192. Das richtige Visieren.
a: Gleichzeitiges Scharfsehen von Visier, Korn und Ziel ist nicht möglich;
b: es ist falsch, nur das Ziel scharf zu sehen;
c: wenn die Visierung scharf gesehen wird, spielt es keine Rolle, wenn das Ziel unscharf erscheint.

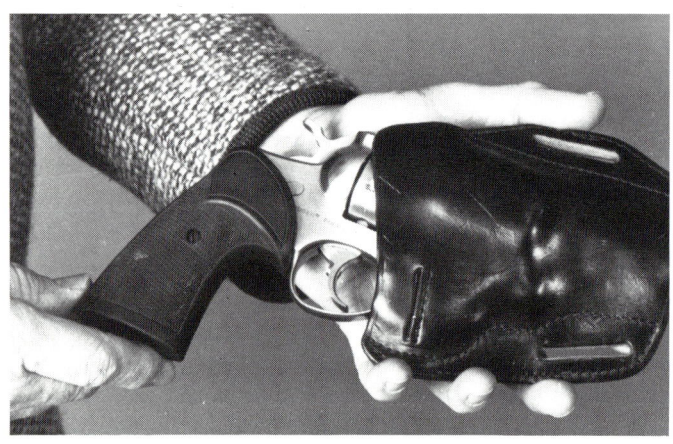

Abb. 193. Bequemes und unauffälliges Trageholster und vorteilhafte Spezialgriffe aus Gummi für den Revolver.

Ich als Jäger kann zufrieden sein, wenn meine Schüsse auf 5 m Entfernung in einer Untertasse sitzen. Erreiche ich durch fleißiges Üben, daß ich die Öffnung einer Kaffeetasse jedesmal treffe, bin ich ein hervorragend guter Pistolenschütze.

Trockentraining. Es wird dringend empfohlen, sich vor dem ersten Schießen mit scharfer Munition ganz intensiv mit der Handhabung der Waffe und mit ihrer Funktion zu befassen. Wer sie nicht perfekt beherrscht und nicht genau weiß, wie die einzelnen Teile zusammenwirken, kann nur Unheil anrichten. Man kann alles ausgiebig *zu Hause* im Zimmer *üben*, einschließlich der Anschlag-, Ziel- und Schießübungen. Dafür gibt es *Exerzierpatronen. Auf gar keinen Fall soll bei den Übungen scharfe Munition in der Nähe sein*! Wenn vorhanden, wird diese am besten außer Reichweite gebracht und eingeschlossen! Sodann besteht kein Hinderungsgrund mehr, ausgiebig auf ein Ziel an der Zimmerwand zu üben.

Stellen Sie dabei fest, daß die Visierung schlecht zu sehen ist oder der Waffengriff schlecht in die Hand paßt, bringen Sie farbige oder weiße *Markierungen auf Visier* und Korn an, und beschaffen Sie einen *Spezialgriff*, den es für fast alle Waffenmodelle im Handel gibt. Überlegen Sie, wie Sie die Waffe am zweckmäßigsten tragen wollen. Sie soll sicher und geschützt und doch zugriffsbereit in einem *geeigneten Holster* am Körper befestigt sein.

Scharfe Schießübungen. Die *scharfen Schießübungen* finden auf dem *Schießstand* statt. Weil hier aus Sicherheitsgründen auf fast allen Ständen nur auf 25 m Entfernung geschossen werden kann, wird auf die Pistolen-Ringscheibe geübt. Als *Abkommensbereich* wird dabei zunächst *die ganze Scheibe* (ca. 60 × 60 cm) gewählt, und wenn das einwandfrei beherrscht wird, der schwarze Spiegel (20 cm Durchmesser). Mehr brauchen wir eigentlich nicht, denn der entspricht einem Ziel von 4 cm Durchmesser auf 5 m Entfernung.

Für die einheitliche Aus- und Fortbildung im jagdlichen Schießen, aber auch für Leistungs- und Vergleichswettbewerbe hat der Deutsche Jagdschutzverband eine Schießvorschrift herausgegeben, die wir hier auszugsweise abdrucken. Die vollständige Schießvorschrift ist im *Verlag Dieter Hoffmann, Mainz-Ebersheim,* erschienen und kann von dort bezogen werden.

III. Büchsenschießen

1. Gewehre und Patronen

Zugelassen sind nur Jagdwaffen handelsüblicher Bauart, deren Gewicht, einschließlich Zielvorrichtung, 5 kg nicht überschreitet.

Alle Bedingungen des Büchsenschießens müssen mit ein und derselben Waffe und demselben Zielfernrohr geschossen werden, es sei denn, eine Waffe fällt während des Schießens infolge Waffenstörung aus.

Die Patronen müssen eine Hülsenlänge von mindestens 35 mm haben.

Patronen mit Vollmantelgeschossen dürfen nicht verwendet werden.

2. Scheiben, Schußentfernung, Anschlagsart und Anzahl der Schüsse

Es sind in beliebiger Reihenfolge, jedoch unter Zeitbegrenzung, die in der Ausschreibung festzulegen ist, abzugeben:

a) 5 Schüsse auf die Rehbockscheibe (DJV-Wildscheibe Nr. 1) auf 100 m, Anschlag stehend angestrichen.

b) 5 Schüsse auf die Überläuferscheibe (DJV-Wildscheibe Nr. 2) auf 100 m Entfernung, Anschlag stehend freihändig.

c) 5 Schüsse auf die Fuchsscheibe (DJV-Wildscheibe Nr. 3) auf 100 m Entfernung, Anschlag liegend freihändig.

d) 5 Schüsse auf die „flüchtige" Überläuferscheibe (DJV-Wildscheibe Nr. 5 oder Nr. 6), Anschlag stehend freihändig.

Der flüchtige Überläufer bewegt sich von rechts nach links in etwa 1,8–2,0 sec. über eine 6,00 m breite Schneise. Bei einer Schußentfernung von 50,00 m ist die DJV-Wildscheibe Nr. 5, bei einer Schußentfernung von 60,00 m, die DJV-Wildscheibe Nr. 6 zu verwenden.

Bei der DJV-Bundesmeisterschaft und den Landesmeisterschaften im jagdlichen Schießen sind ausgeschnittene Wildscheiben zu verwenden.

3. Schießen und Wertung der Schüsse

Jeder Schütze hat vor Beginn einer jeden Schußserie für die Aufsicht sichtbar 5 Patronen vor oder neben sich zu legen. Erst danach wird mit dem Schießen der Serie begonnen.

Beim Schießen auf den „flüchtigen" Überläufer hat der Schütze entweder mit dem Ruf „Los!" den Ablauf der Scheibe abzufordern oder die Selbstauslösung der Scheibe zu betätigen. Die Scheibe erscheint danach innerhalb von 3 sec. Die Geschwindigkeit der „flüchtigen" Überläuferscheibe darf während eines Schießens nicht verändert werden. Erst nach dem Abruf oder der Selbstauslösung der Scheibe darf der Schütze die Waffe aus der jagdlichen Gewehrhaltung in Anschlag bringen.

Jeder abgegebene Schuß auf eine stehende Scheibe und jeder abgegebene Schuß auf den „flüchtigen" Überläufer, der nach „Los!"-Ruf oder der Selbstauslösung der Scheibe abgegeben wird, zählt. Fehlerhafte jagdliche Gewehrhaltung sowie Anschlagen vor Abruf der „flüchtigen" Überläuferscheibe führen zur Ungültigkeit des Schusses. Der Schuß ist zu wiederholen. Beim dritten unvorschriftsmäßigen Verhalten innerhalb der Serie von 5 Schuß wird der abgegebene Schuß als Fehler gewertet. Eine unbeabsichtigte Schußabgabe durch Verschulden des Schützen wird als Fehler gewertet.

Erscheint die „flüchtige"-Überläuferscheibe nicht in der üblichen Zeit nach dem „Los!"-Ruf oder der Selbstauslösung der Scheibe, so hat der Schütze das Recht, den Schuß durch „Halt!"-Ruf zu verweigern und einen neuen Ablauf der Scheibe zu verlangen.

Unterläßt der Schütze den „Halt!"-Ruf und beschießt eine zu spät kommende „flüchtige"-Überläuferscheibe nicht, so wird ein Fehler angeschrieben. Jede angeforderte, fehlerfrei kommende „flüchtige"-Überläuferscheibe, die vor einem „Halt!"-Ruf kommt, muß angenommen werden.

Unterbleibt ein Schuß auf die „flüchtige"-Überläuferscheibe, auch infolge fehlerhafter Bedienung der Waffe (nicht gespannt oder gesichert) so wird ein Fehler angeschrieben.

Wird ein Ring durch das Geschoß von außen sichtbar angerissen, so gilt die angerissene höhere Ringzahl.

Hat ein Schütze versehentlich auf eine falsche Scheibe geschossen, so hat er das Versehen sofort der Standaufsicht zu melden. Der Schuß wird als Fehler angeschrieben.

Befinden sich auf einer Scheibe nach Schußabgabe mehr Treffer als abgegebene Schüsse, so ist der bez. sind die besseren Treffer zu werten, es sei denn, daß die Einschüsse aufgrund des Kalibers eindeutig unterschieden werden können.

Der Schütze hat sich der Ansage des in der Anzeigerdeckung befindlichen Bedienungspersonals zu fügen, wenn wegen Zweifels an der Richtigkeit dieser Ansage zurückgefragt wird.

Den Schützen ist es nicht gestattet, die Scheiben zu berühren. Das Abkleben der Schußlöcher wird durch die Ausschreibung geregelt.

4. Waffenstörungen und Patronenversager

Waffenstörungen und Patronenversager zählen nicht als abgegebener Schuß.

5. Punktgleichheit beim Büchsenschießen

Bei Punktgleichheit der Schützen entscheidet der Reihe nach das bessere Ergebnis auf das bewegliche Ziel, den „flüchtigen" Überläufer (DJV-Wildscheibe Nr. 5 oder Nr. 6) danach das Ergebnis auf die Überläuferscheibe (DJV-Wildscheibe Nr. 2), dann das Ergebnis auf die Fuchsscheibe (DJV-Wildscheibe Nr. 3), schließlich auf die Rehbock-

scheibe (DJV-Wildscheibe Nr. 1). Besteht auch
dann noch Punktgleichheit, so gib't die größte
Anzahl der 10-er Treffer den Ausschlag. Bei absoluter Ring- und Treffergleichheit wird das Schießen
im Stechen entschieden. Geschossen wird auf
den „flüchtigen" Überläufer (DJV-Wildscheibe Nr. 5
oder Nr. 6) jeweils ein Schuß abwechselnd, bis zur
Entscheidung.

IV. Flintenschießen

1. Gewehre und Patronen

Zugelassen sind alle Flinten, einschließlich halbau-
tomatische Modelle, Kal. 12 und kleiner. Geschossen werden darf grundsätzlich nur mit einer Flinte
bzw. mit einem Laufpaar oder Einzellauf. Ebenso
ist nur ein Schaft zugelassen. Gewehre oder einwandfrei funktionierende Gewehrteile dürfen
innerhalb des Schießens nicht ausgewechselt werden. Veränderliche Mündungsaufsätze (Polychoke
usw.) dürfen nicht verwendet werden.

Die Schrotladung darf 36 g, die Schrotstärke
2,5 mm und die Länge der Schrotpatrone nach
Abgabe des Schusses 70 mm nicht überschreiten.
Beim Leistungsschießen sind Schwarzpulver- und
Leuchtspurpatronen verboten.

2. Bedingungen

In zwei Serien ist auf 30 Tauben zu schießen. 15
Tauben werden bei 11 m Abstand der Schützen
vor der (den) im Unterstand eingebauten
Maschine(n) beschossen – Trap –. Weitere 15
Tauben sind auf einem Turmstand zu beschießen
– Skeet–.

3. Wurftauben

Die zu verwendenden Tauben müssen einen
Durchmesser von ca. 11 cm, eine Höhe von 25 bis
28,5 mm und ein Gewicht von 100 bis 110 g haben.
Die Farbe der Tauben bestimmt die Schießleitung.
Sie ist den Lichtverhältnissen des Schießstandes
anzupassen.

4. Waffenstörungen und Patronenversager

Waffenstörungen und Patronenversager zählen
nicht als abgegebener Schuß. Sie erfordern den
Wurf einer neuen Taube. Versagt der erste Schuß,
darf eine neue Taube mit 2 Schüssen beschossen
werden. Versagt der zweite Schuß, muß mit dem
ersten absichtlich gefehlt werden. Trifft jedoch der
erste, wird die Taube als Fehler gewertet. Nach
dreimaliger Waffenstörung innerhalb einer Serie
wird der Schütze von dem weiteren Schießen ausgenommen.

5. Doppeln

Beim Doppeln einer Flinte bei Einzeltauben ist ein
Treffer anzuschreiben, falls die Taube getroffen
wurde. Wird die Taube gefehlt, erhält der Schütze
eine neue Taube, muß jedoch mit dem ersten

Schuß absichtlich fehlen. Ein Treffer gilt nur, wenn
er mit dem zweiten Schuß erzielt wird. Wird die
Taube mit dem ersten Schuß getroffen, ist ein
Fehler anzuschreiben. Lösen sich bei einer Dou-
blette beide Schüsse gleichzeitig, so erhält der
Schütze eine neue Doublette. Falls während einer
Serie eine Waffe öfter als dreimal doppelt, schei-
det der Schütze vom weiteren Wettbewerb aus.

6. Trap

15 Tauben werden bei 11 m Abstand der Schützen
vor der (den) im Unterstand eingebauten
Maschine(n) beschossen.

a) Weite, Richtung und Höhe der Würfe

Die Schützen sollen möglichst Tauben mit
gleichen Wurfrichtungen erhalten, deren Reihenfolge nach einem bestimmten Schema wechselt.
Dies schließt die Verwendung von vollautomati-
schen Wurfmaschinen mit selbständiger Höhen-
und Seitenverstellung ein. Die Wurfmaschinen
müssen so eingestellt werden, daß sie bei ruhigem
Wetter folgende Werte ergeben:
aa) Bei günstigstem Abgangswinkel der Tauben
(ca. 30°) muß die Wurfweite in der Ebene gemessen 70 m ± 5 m ergeben.
bb) Die Flughöhe der Taube, gemessen vom
Niveau des Schützenstandes 10 m von der
Maschine entfernt, soll mindestens 1,5 m, höchstens jedoch 3,5 m betragen.
cc) Die Flugbahn der Taube darf nicht mehr als
45° von einer gedachten Geraden seitwärts
abweichen, die von der Mitte des Schützenstandes über die mittlere Maschine der betreffenden
Gruppe führt. Der Winkel von 45° nach links oder
nach rechts ist von der mittleren Maschine jeder
Gruppe oder des einzelnen Vollautomaten zu
jedem Schützenstand zu messen. Bei nur einem
Vollautomaten ist der Winkel von 45° nach links
und rechts über den mittleren Stand zu messen.

b) Schießen und Wertung der Schüsse

Die Schützen treten auf dem Trapstand nach Möglichkeit in vollen Rotten zu 6 Mann, jeder Schütze
auf seinem Stand, an. Danach gibt der Hauptrichter das Schießen frei. Der Schütze auf „Stand 1"
erwartet in jagdlicher Gewehrhaltung eine Taube,
die ohne Abruf geworfen wird. In gleicher Weise
wie der Schütze auf „Stand 1" verfahren die folgenden Schützen.

Erst nach dem Sichtbarwerden der Taube darf das
Gewehr angeschlagen werden. Anschlagsübungen
sind auf den Wurftaubenständen verboten.
Eine neue Taube wird geworfen, wenn der
Schütze nicht vorschriftsmäßig jagdliche Gewehr-
haltung eingenommen hat.
Jede fehlerfrei fliegende Taube muß angenommen
werden. Erscheint eine Taube nicht innerhalb von
3 sec. ruft der Hauptrichter – nicht der Schütze –
„Halt!" und gibt das Schießen erneut frei.
Eine Taube gilt als getroffen, wenn infolge des
Schusses deutlich sichtbar ein Stück von ihr
abspringt.

Unterbleibt ein Schuß infolge einer fehlerhaften Bedienung des Gewehrs (nicht gespannt, nicht geladen oder gesichert), so wird ein Fehler angeschrieben.

Bei folgenden Fehlwürfen muß dem Schützen aus der vor ihm stehenden Maschinengruppe bzw. Maschine eine neue Taube gegeben werden, gleichgültig, ob sie mit oder ohne Erfolg beschossen wurde, wenn:

aa) die Taube angebrochen erscheint;

bb) die aus dem Unterstand geworfene Taube nicht die in 20 m Entfernung von der Maschine zu errichtende Grenzmarkierung überfliegt;

cc) ein zweiter Schütze auf die Taube mitschießt;

dd) bei Anlagen mit mehr als einer Wurfmaschine die Taube aus einer falschen, nicht zu dem Stand des Schützen gehörenden Maschine geworfen wird;

ee) mehrere Tauben erscheinen.

Das Ergebnis von Schüssen, die auf die vorstehend angeführten Fehlwürfe abgegeben werden, wird nicht gewertet, es sei denn, daß im Falle von ee) Taube die ihm zustehende Taube trifft. In Zweifelsfällen bei anderer Ursache ist durch den Haupttrichter eine neue Taube zu geben.

Ist der Schütze in einer Serie (15 Tauben) vom Haupttrichter zweimal wegen des gleichen Fehlers verwarnt worden, so sind weitere unter Beibehaltung dieses Fehlers beschossene Tauben als Fehler zu werten, auch wenn diese getroffen wurden.

7. Skeet

15 Tauben sind auf einem Turmstand zu beschießen, und zwar je 2 Tauben von den Ständen 1–7 und am Schluß der Serie von Stand 4 die 15., vom Hochhaus kommende Taube. Von den Ständen 1, 3, 4, 5 und 7 werden Einzeltauben beschossen, und zwar jeweils zuerst die Taube vom hohen Turm und dann die Taube vom niederen Turm. Von den Ständen 2 und 6 sind Doubletten zu beschießen.

Bei der Doublette auf Stand 2 ist zuerst die Taube vom hohen Turm, bei der Doublette auf Stand 6 zunächst die Taube vom niederen Turm zu beschießen.

a) Weite, Richtung und Höhe der Würfe

Die Wurfmaschinen auf dem Skeetstand sind so einzustellen, daß:

aa) die Taube aus dem hohen und aus dem niederen Turm so geworfen wird, daß sie einen angenommenen Kreis von 0,91 m Durchmesser in dessen Mittelpunkt in einer Höhe von 4,57 m über dem Kreuzungspunkt passieren muß; der Kreuzungspunkt befindet sich auf der Verbindungslinie von Stand 4 zu Stand 8 in einer Enfernung von 5,49 m von der Mittellinie beider Türme.

bb) die geworfene Taube eine Strecke von 65 m ±5 m im flachen, d.h. dem Grundniveau der Türme angepaßten Gelände zurücklegt.

Um die Mindestwurfweite der Tauben anzuzeigen,

sind auf einer Entfernung von 60 m deutlich sichtbare Pfähle einzuschlagen.

b) Schießen und Wertung der Schüsse

Beim Skeetschießen ist sinngemäß zu verfahren, wie das für das Trapschießen (IV.6.b) vorgeschrieben ist.

Bei den auf den Ständen 2 und 6 zu erwartenden Doubletten gilt folgende Regelung:

aa) Wird mit dem ersten Schuß die falsche Taube getroffen, so gilt der erste Schuß als Fehler. Die Doublette wird zur Feststellung des zweiten Schusses wiederholt. Es sind beide Schüsse abzugeben.

Wird dabei mit dem zweiten Schuß die zweite Taube getroffen, so lautet die Gesamtwertung: „Fehler/Treffer"; wird die zweite Taube gefehlt, lautet die Wertung: „Fehler/Fehler". Der erste Schuß kann hierbei auf die erste Taube abgegeben werden.

bb) Werden mit dem ersten Schuß beide Tauben getroffen, so ist die Doublette zu wiederholen. Dies gilt auch, wenn mit dem ersten Schuß gefehlt wird und mit dem zweiten beide Tauben getroffen werden.

cc) Erscheint bei der Doublette eine Taube nicht, als Bruch oder unregelmäßig, so gilt die Gesamtdoublette als nicht geworfen und ist zu wiederholen.

dd) Stoßen beide Tauben in der Luft vor Abgabe des zweiten Schusses zusammen, so gilt die Gesamtdoublette als nicht geworfen und ist zu wiederholen.

ee) Lösen sich bei einer Doublette beide Schüsse gleichzeitig, so erhält der Schütze eine neue Doublette.

ff) Wenn bei einer regulär fliegenden Doublette eine der beiden Tauben wegen einer Waffenstörung nicht beschossen werden kann, muß die Gesamtdoublette wiederholt werden. Das vorherige Ergebnis zählt nicht.

gg) Wenn der Schütze ohne berechtigten Grund eine regulär geworfene Doublette ganz oder teilweise nicht beschießt, werden die nicht beschossenen Tauben als Fehler gewertet.

hh) Schießt der Schütze außer der Reihe, werden die Schüsse nicht gewertet.

8. Punktgleichheit beim Flintenschießen

Bei Punktgleichheit der Schützen hat die größere Anzahl der Treffer mit dem ersten Schuß den Vorrang. Besteht Treffergleichheit, entscheidet die größere Anzahl der auf dem Skeetstand getroffenen Tauben, danach gegebenenfalls die größere Anzahl der Treffer 1.

Bleibt die Ranggleichheit weiterhin bestehen, entscheidet ein Stechen.

9. Betreten des Wurfmaschinenstandes

Das Betreten des Wurfmaschinen- und Abziehstandes und das sich Unterhalten mit den hier beschäftigten Helfern ist den Schützen untersagt.

V. Kurzwaffenschießen

1. Allgemeines

Die Durchführung von Kurzwaffen-Schießwettbewerben einschließlich des Schießens zum Zwecke des Erwerbs von DJV-Schießleistungsnadeln muß bei der DJV-Bundesmeisterschaft und den Landesmeisterschaften im jagdlichen Schießen im Zusammenhang mit einem kombinierten Büchsen-/Flintenschießen stehen.

2. Waffen und Munition

Es sind alle Selbstladepistolen und Revolver zugelassen, sofern sie nachstehende Voraussetzung erfüllen:

a) ein Kaliber von mindestens .22 lang für Büchse und ein Höchstgewicht von 1,4 kg haben,

b) Waffen handelsüblicher Bauart sind und sich in funktionssicherem Zustand befinden,

c) eine Lauflänge bei Pistolen einschließlich Patronenlager – bei Revolvern ausschließlich Trommel – von 152 mm bzw. 6 Zoll nicht überschreiten,

d) die Visierung die Mündung der Waffe vorn und das Verschlußstück bzw. den Rahmen hinten nicht überragt, offen, handelsüblich und nicht länger als 220 mm ist,

e) der Abzugswiderstand mindestens 13,6 Newton (1,36 kp) beträgt, gemessen am senkrecht stehenden Lauf mit einem 1,36 kg schweren Gewicht,

f) der Griff der Gesamtbreite von 4,5 cm senkrecht bzw. parallel zum Rahmen gemessen nicht überschreitet, handelsüblich ist, nicht über das Handgelenk hinausgeht und keine Handballenauflagen besitzt,

g) keine Mündungsbremsen haben.

Der Schütze muß alle Bedingungen mit derselben Waffe schießen, mit Ausnahme eines zweimaligen Versagens der Waffe oder der Munition.

Die Waffe ist aus Gründen der Sicherheit außerhalb der Schützenstände stets ungeladen und verwahrt zu tragen. Sie darf erst auf dem Schützenstand aus der Verwahrung entnommen werden, und nur dann, wenn sich keine Person mehr vor dem Schützen befindet.

Sie ist sofort mit offenem Verschluß, soweit das die Konstruktion zuläßt, und herausgenommenem Magazin bzw. offener Trommel mit der Mündung zum Geschoßfang abzulegen und darf keinesfalls geladen sein. Solange sich jemand vor den Schützenständen aufhält, darf keine Waffe berührt werden. Das unerlaubte Anfassen fremder Waffen zieht den Ausschluß vom Schießen nach sich.

3. Scheiben

Für das Kurzwaffenschießen ist die DJV-Scheibe Nr. 7 zu verwenden. Die verschwindende Scheibe befindet sich für den Schützen abgewandt bzw. in Profilstellung abgedreht vor der Deckung. Erfolgt auf die Frage: „Sind Sie fertig?" kein Widerspruch, so betätigt der Zeitnehmer die Scheibenautomatik, worauf die Scheibe für eine bestimmte, einheitlich festgelegte Zeit erscheint.

Ist keine automatische Scheibenanlage vorhanden, so kann die Scheibe bei entsprechender Einrichtung des Standes von Hand gedreht werden. Sind keine Einrichtungen für verschwindende Scheiben vorhanden, wird als Ersatz eine stehende Scheibe benutzt, die nach der Fertigmeldung „Feuer!" beschossen wird. Nach Ablauf der mit einer Stoppuhr beobachteten Zeit kommt das Kommando „Halt!"

4. Scheibenentfernung

Alle Bedingungen werden auf die Entfernung von 25 m geschossen.

5. Anschlag

Stehend mit freiem Schießarm, einhändig, mit völlig freiem Handgelenk, Bandagen sind nicht gestattet.

6. Bedingungen

a) Zeitschießen:

1 Serie von 5 Schüssen. Die Kurzwaffe ist mit 5 Patronen zu laden. Die Scheibe erscheint fünfmal für 3 Sekunden und ist jeweils mit einem Schuß zu beschießen. Die Zwischenzeit beträgt 7 Sekunden. Bei dieser Übung erwartet der Schütze jedes Erscheinen der Scheibe zur Scheibe gewandt mit schußfertiger, einerlei ob gespannter oder ungespannter Waffe, und ausgestrecktem Schießarm im Winkel von ca. 45° zur Erde gerichtet, (das ist ca. 1,5 m vor dem Schützen).

b) Fertigkeitsschießen:

2 Serien von je 5 Schüssen. Die Scheibe erscheint 10 mal für je 4 Sekunden und ist jeweils mit einem Schuß zu beschießen. Diese Übung erwartet der Schütze nach der Frage „Sind Sie fertig?" mit herabhängenden Armen. Die Waffe befindet sich in einem untergeschnallten Futteral oder in einem Futteral in einer Tasche der Bekleidung, wobei die Waffe bei der ersten Trageweise und beim Tragen in der Innentasche mindestens 10 cm vom Jacken- bzw. Mantelrand überragt wird und die Jacke bzw. der Mantel wie üblich in Gürtelhöhe an einem Punkt geschlossen sein muß.

Beim Tragen in einer Außentasche der Bekleidung muß die Waffe vollständig verdeckt sein. Andere Trageweisen sind nicht gestattet. Die Futterale müssen so beschaffen sein, daß sie eine absolut sichere und den jagdlichen Gegebenheiten entsprechende Trageweise und Handhabung zulassen. Bei Pistolen mit äußerem Hahn oder mit von außen zu spannendem Schloßwerk darf sich die Patrone im Lauf befinden, jedoch muß das Schloß entspannt sein. Sie darf nur mit der Laufmündung in Richtung Scheibe gespannt werden. Bei Revolvern muß der Hahn entspannt sein und darf ebenfalls nur mit der Laufmündung in Richtung Scheibe gespannt werden.

c) **Schnellfeuerschießen:**
1 Serie mit 5 Schüssen geladen wie unter a). Die Scheibe erscheint einmal für 8 Sekunden und ist mit 5 Schüssen zu beschießen. Diese Übung erwartet der Schütze nach Fertigmeldung ebenso wie unter a).
Das gesamte Schießen ist flüssig durchzuführen. Ziel- und Anschlagübungen sind nicht gestattet.
Nach Beendigung jeder Serie müssen die Waffen auf dem Schützenstand entladen abgelegt werden. Der Verschluß ist zu öffnen bzw. die Trommel auszuschwenken.

7. Anzahl der Schützen

Bei Leistungs- und Vergleichsschießen müssen die Rotten mindestens aus 3 Schützen bestehen.

8. Wertung

Nach jeder Serie ist die Auswertung vorzunehmen. Der Schütze darf die Scheibe vor der Aufnahme des Ergebnisses nicht berühren. Befinden sich auf der Scheibe mehr Schüsse als die zulässige Anzahl, so werden die besseren Treffer gewertet, es sei denn, daß aufgrund des unterschiedlichen Kalibers die richtige Wertung erfolgen kann.

Ist ein Schuß in die Drehung der Scheibe gefallen, so wird er als Fehler gewertet, wenn das Schußloch bei Kal. .22 länger als 7,5 mm, bei den stärkeren Kalibern länger als 11 mm ist.

Hat ein Schütze eine Scheibe beschossen, die nicht zu seiner Schußbahn gehört, so hat er dies, wenn er es bemerkt hat, unverzüglich nach der Serie zu melden. Diese Schüsse sind als Fehler zu werten. Auf der irrtümlich beschossenen Scheibe ist die entsprechende Anzahl der Treffer mit der niedrigsten Ringzahl abzuziehen, es sei denn, daß die Einschüsse beider Schützen aufgrund des Kalibers oder anderer Merkmale eindeutig unterschieden werden können.

9. Punktgleichheit beim Kurzwaffenschießen

Erzielen Schützen die gleiche Gesamtpunktzahl, so erfolgt die Rangordnung in der Reihenfolge der Einzelergebnisse des Fertigkeits-, Schnellfeuer- und Zeitschießens. Besteht auch dann noch eine Punktgleichheit, so zählen die erzielten 10er, 9er, 8er usw. jeweils in den einzelnen Disziplinen in der gleichen Reihenfolge wie vorstehend. Besteht dann noch Punktgleichheit, entscheidet eine oder entscheiden nötigenfalls mehrere Schnellfeuerserien.

10. Waffenstörungen und Patronenversager

Mit Ausnahme eines Patronenversagers, einer Waffenstörung oder einer Störung, die der Schütze nicht zu vertreten hat, gehen sonstige Funktionsfehler an der Waffe zu Lasten des Schützen, d.h. sie werden als Fehler gewertet, auch die dadurch gegebenenfalls versäumten Schüsse.

Bei Patronenversagern und Waffenstörungen behält der Schütze die Waffe in der Hand, ohne den Mechanismus zu betätigen und wartet das Ende der Serie ab. Die Mündung der Waffe zeigt zur Scheibe! Nach Beendigung der Serie prüft die Standaufsicht die Waffe bzw. die Patronen. Handelt es sich um einen anerkannten Patronenversager oder eine Waffenstörung, die der Schütze nicht verschuldet hat, wiederholt der Schütze die unterbrochene Serie.

Vervollständigung ist nicht gestattet. Verstößt er gegen diese Bestimmung, so wird er vom weiteren Schießen ausgeschlossen.

Bei zweimaliger Waffenstörung ein und derselben Waffe darf der Schütze ohne Probeschießen mit einer anderen Waffe gleicher Bauart seine Bedingungen weiter schießen. Bei der dritten Waffenstörung ein und derselben Waffe scheidet der Schütze aus.

Läßt die Waffe ein Doppeln zu, so gelten alle unbeabsichtigt ausgelösten (gedoppelten) Schüsse als Fehler. Sollten sie die Scheibe getroffen haben, werden die Treffer mit der höchsten Ringzahl abgezogen.

11. Probeschießen

Das Probeschießen regelt die Ausschreibung. Der Schütze darf das Wettbewerbschießen nicht unmittelbar nach dem Probeschießen durchführen. Zwischen Probe- und Wettkampfschießen muß eine Pause von mindestens einer Stunde sein.

Anmerkung zur DJV-Schießvorschrift
Neben dem Ausbildungs- und Übungsschießen werden von den Organen des DJV Leistungsschießen durchgeführt, deren Zweck es ist, die Schießfertigkeit zu steigern und erfolgreiche Jagdschützen auszuzeichnen. Dazu sind Schießleistungsnadeln in Bronze, Silber, Gold und Sonderstufe Gold eingeführt worden, die von DJV-Mitgliedern nach den Bedingungen der DJV-Schießvorschrift bei besonders dafür vorgesehenen Veranstaltungen erworben werden können. Die Langwaffen-Disziplinen (Büchse und Flinte) werden als kombiniertes Schießen getrennt von dem Kurzwaffenschießen bewertet, d. h. für beide Waffengattungen stehen die Nadeln in den vier Leistungsstufen zur Verfügung.

Der DJV hat ferner eine Jahresschießnadel gestiftet, die jährlich neu erworben werden kann. Die Jahresnadel soll dem Nachweis der Schießfertigkeit des Jägers und der Gebrauchstüchtigkeit der Waffe dienen.

11
Auswahl von Waffen und Munition

Das Angebot an Waffenkonstruktionen und Patronentypen ist so vielfältig, daß der frischgebackene Jäger jetzt wirklich vor der Qual der Wahl steht, wie er sich zumindest fürs erste richtig ausrüstet. Voraussichtliche Jagdmöglichkeiten, die Neigung zu einer bestimmten Waffenart, persönliche Konstitution und nicht zuletzt der Geldbeutel sind mitbestimmend bei der Auswahl.

Der Spielraum ist groß, so daß nie gesagt werden kann, die Waffe „x" und das Kaliber „y" sind das einzig richtige und etwas anderes kommt nicht in Frage. Die nachfolgenden Hinweise sollen eine Entscheidungshilfe für eine zweckmäßige Ausrüstung sein. Wenn Sie sich daran halten, werden Sie in keine Nöte kommen, wenn Sie beim Büchsenmacher stehen und Ihre Wünsche formulieren müssen.

11.1 Waffen und Munition für den Büchsenschuß

11.1.1 Waffen

Erfahrungsgemäß stellt sich hier sofort die Frage, ob zuerst eine Repetierbüchse und Flinte oder als Kombination dieser beiden Waffen ein Drilling gekauft werden soll. Die Entscheidung hängt im wesentlichen von den voraussichtlichen Jagdgegebenheiten ab und davon, ob später in größerem Umfang mit der Waffe Wurftauben geschossen werden sollen.

Wer bereits absehen kann, daß er überwiegend dort die Jagd ausüben wird, wo vom Hasen über den Fuchs bis hin zum Schalenwild alles vorkommt und gleichzeitig bejagt wird (Treib- und Drückjagden), der ist mit dem Drilling gut beraten. Er kann noch universeller gemacht werden, wenn man sich zum Einlegen eines kleinkalibrigen Einstecklaufes (Kaliber .22 WMR) entschließt.

Auf jeden Fall sollte ein Modell mit „Separater Kugelspannung" gewählt werden. Diese Einrichtung erhöht die Sicherheit im Umgang mit dem Drilling erheblich und verbessert auch den Bedienungskomfort der Waffe.

Wir wissen, daß viele Jäger vom Kauf eines Drillings nur deshalb zurückschrekken, weil er etwas aufweniger in der Bedienung ist und bei Streßsituationen eher Handhabungsfehler möglich sind. Es gibt genügend Beispiele, die deutlich machen, daß dann Schalenwild mit Schrot und der Hase mit der „großen Kugel" geschossen

wird, weil sich der Schütze bei den erforderlichen Umschaltungen vertan hat. Intensive Übung mit dem Drilling läßt diese Situation gar nicht erst entstehen.

Die Entscheidung Repetierbüchse und Flinte oder Drilling wird auch dadurch beeinflußt, ob sich der Jäger in verstärktem Umfang dem jagdlichen Übungsschießen oder sogar Leistungsschießen auf dem Wurftaubenstand zuwenden will.

Gelegentliches Schießen von Wurftauben mit dem Drilling dient der Übung im Umgang mit der Waffe und kann nur gutgeheißen werden. Wer jedoch regelmäßig Wurftauben schießen und an Wettkämpfen teilnehmen will, muß zur Flinte greifen.

Alles in allem überwiegt die Zahl derer, die so jagen werden, daß gelegentlich entweder die Büchse oder die Flinte benötigt wird. Deshalb ist, auf den Durchschnitt gesehen, als Erstausrüstung des Jägers die Repetierbüchse und die Flinte zu empfehlen.

Die Repetierbüchsenfabrikate, die heute angeboten werden, genügen den Anforderungen, die im Hinblick auf Sicherheit und Bedienbarkeit gestellt werden müssen. Hierbei kann nur der eigene Geschmack die Wahl beeinflussen. Handhaben Sie intensiv einige der Waffen, die Sie in die engere Wahl gezogen haben, und entscheiden Sie sich dann für das Modell, das Ihnen am besten „liegt", d.h. dessen Bedienung, vor allem im Bereich der Sicherung, am einfachsten erscheint.

Es soll an dieser Stelle nicht unerwähnt bleiben, daß trotz vieler neuer Repetierbüchsen-Systeme, das Mauser 98-System eines der zuverlässigsten und sichersten ist. Beim Erscheinen dieses Buches wird es auch Einsteckmagazine für dieses System geben, so daß der bisherige Nachteil der Geschoßdeformation durch Rückstoß und Repetiervorgang behoben ist.

Wenn man sich aus Gewichtsgründen (z.b. Jagd im Gebirge) für einen *Stutzen* entscheidet, so muß berücksichtigt werden, daß es bei dem kurzen Lauf zu größerem Mündungsfeuer und intensiverem Mündungsknall kommt. Die intensivere Lichterscheinung des Mündungsfeuers kann das Zeichnen des Wildes überdecken, insbesondere in der Dämmerung. Der sich einstellende Geschwindigkeits- und Energieverlust des Geschosses ist für die jagdliche Praxis völlig belanglos und kann unberücksichtigt bleiben.

Noch ein Wort zum Abzugsystem. Bei älteren Systemen überwiegt der „Deutsche Stecher". Die neueren Repetierbüchsen haben einen kombinierten Flintenabzug/Rückstecher. Es herrscht die Meinung vor, daß nur mit der eingestochenen Waffe ein Schuß ohne „Verreißen" möglich ist, und der Schuß mit dem nicht eingestochenen Abzug nicht präzise sein kann. Das gilt nur für den „Deutschen Stecher". Auch mit dem gut stehenden Flintenabzug kann bei einiger Übung präzise geschossen werden, ohne einzustechen. Dies hat den großen Vorteil, daß der Umgang mit der Waffe wesentlich sicherer wird. In eine Waffe mit „Deutschem Stecher" lassen sich nachträglich Flintenabzüge einbauen.

Eine der häufigsten, waffenseitigen Ursachen für schlechte Trefferergebnisse ist die Suhler-Einhakmontage des Zielfernrohres. Ihre Herstellung stellt höchste Anforderungen an das handwerkliche Können des Büchsenmachers, kostet Zeit und muß dementsprechend teuer sein. Die Erfahrung zeigt aber, daß der Käufer häufig den Büchsenmacher preislich unter Druck setzt, so daß dieser, um keinen Verlust zu machen, die Montage in kürzerer Zeit fertigen muß. Ungenauigkeiten sind die Folge. Wer also sein Zielfernrohr mit einer Suhler-Einhakmontage montieren lassen will, sollte dem Büchsenmacher Zeit

lassen und bereit sein, 700,– DM und mehr für die Montage zu bezahlen. Problemloser lassen sich die Schwenkmontagen (z.B. EAW, Kind, Bock) montieren, so daß diesen unter Umständen der Vorzug gegeben werden sollte.

Im Grunde ist die Repetierbüchse eine Waffe, die für alle Gegebenheiten, vom Wettkampfschießen über die Einzeljagd bis zur Drückjagd, Verwendung finden kann. Dennoch gibt es für die verschiedenen Einsatzgebiete spezielle Waffentypen.

Für das Wettkampfschießen des Deutschen Jagdschutz-Verbandes e.V. Bonn wird ein Einzellader (die sogenannte „DJV-Wettkampfbüchse") mit dem Kaliber .22 Hornet verwendet. Das Schießen mit diesem Kaliber ist preiswert, geräuschärmer und präziser als mit den großen jagdlichen Kalibern.

Speziell für die Drückjagd auf Schalenwild sind die Bockbüchse, die Doppelbüchse oder die Selbstladebüchse geeignet. Ohne abzusetzen, lassen sich bei den erstgenannten Waffen zwei Schüsse hintereinander abgeben (z.B. auf eine Rotte Sauen, die die Schneise überquert). Bei der Selbstladebüchse sind es drei Schüsse, die hintereinander abgegeben werden können (zwei Patronen im Magazin, eine im Patronenlager). Vor der Änderung des Waffengesetzes war die Magazinkapazität unbeschränkt, so daß aus der Waffe eine größere Anzahl Schüsse abgegeben werden konnte. Sicherlich stammt auch daher die Voreingenommenheit, daß die Selbstladebüchse unter vielen Jägern verpönt ist.

Bockbüchse, Doppelbüchse und Selbstladebüchse, gehören nur in die Hand eines erfahrenen Jägers, der auch beurteilen kann, ob der erste Schuß auf ein Stück der Rotte auch ein Treffer war, bevor er auf das zweite schießt.

Die einschüssigen Büchsen (z.B. Kipplauf, Blockverschluß) sind relativ leicht gebaut und eignen sich sehr gut als Pirsch- und Gebirgswaffe. Sie bieten sich generell für den an, der über größere Entfernungen nicht schwer tragen kann oder will.

So wie der Drilling sind auch die Bockbüchsflinte und die Büchsflinte Waffen für den Jäger, der häufig komibinierte Jagdgegebenheiten vorfindet und nutzen will. Da sie nur einen Schrotlauf haben, stellen diese Waffen erhöhte Anforderungen an die Schießfertigkeit mit Schrot, wenn der Schütze nicht Gefahr laufen will, mit dem ersten Schuß das Wild krankzuschießen, das ihm dann entkommt, weil er nachladen muß.

11.1.2 Munition

Bei der Angabe geeigneter Kaliber für die verschiedenen Wildarten sind die Grenzen fließend. Selbstverständlich ist es möglich, ein Stück Rehwild mit einem Geschoß des Kalibers .222 Rem. wie auch des Kalibers 9,3 x 64 zu schießen. Es wäre allerdings mit „Kanonen auf Spatzen" geschossen, wenn man jetzt dazu raten sollte, mit dem großen Kaliber auf Rehwild zu schießen.

Nicht mehr als nötig – nicht weniger als erforderlich!

Folgende Kaliber sind für die angegebenen Wildarten zu empfehlen:

Wildart	Kaliber
Fuchs	.22 Hornet
	.222 Rem.
Rehwild	.222 Rem. Magnum
	5,6 x 50(R) Magnum
	.243 Win.
	6,5 x 57(R)
	7 x 57(R)
	7 x 64(65R)
	.308 Win.
	.30–06
Gamswild	6,5 x 68
	6,5 x 57(R)
	.30–06
	7 mm Rem. Mag.
	7 x 66 SE v.H.
	7 x 64(65R)
Muffelwild	6,5 x 57(R)
Damwild	7 x 57(R)
Rotwild	7 x 64(65R)
Schwarzwild	.308 Win.
	.30–06

Wildart	Kaliber
Schweres Rot- und Schwarzwild	.30–06
	8 x 68S
	.300 Win. Mag.
	9,3 x 62
	9,3 x 74R

Unabhängig von der Geschoßkonstruktion sollten die Geschosse etwa folgende Masse haben:

Kaliber	Masse
5,6 mm	3,2 g–4,8 g
6,5 mm	6,0 g–8,2 g
7 mm–8 mm	10–11 g
8 mm und darüber	mindestens 11 g

Bei der Wahl der Geschoßkonstruktion sollte man sich nicht sofort festlegen, denn vorrangig ist, daß die Waffe eine gute Schußpräzision hat. Da dies von Geschoß zu Geschoß verschieden ist, wird die Laborierung mit der besten Präzision ermittelt. Man sollte sich jedoch unter den Vertretern der Deformationsgeschosse orientieren.

Es wird häufig der Wunsch nach einem „Universalkaliber" geäußert. Dies läßt sich aus vielerlei physikalischen und biologischen Gründen, von der Wirkung her betrachtet, nicht realisieren. Als guten Kompromiß kann man in dieser Hinsicht aber die Kaliber 7 x 64 und .30–06 betrachten.

11.2 Waffen und Munition für den Schrotschuß

11.2.1 Waffen

Beim Kauf einer Flinte stellen sich Fragen nach
- der Bauart,
- dem Kaliber,
- der Verengung der Würgebohrung (Choke).

Da dem Jäger dringend anzuraten ist, den Schrotschuß auf bewegliche Ziele ständig zu trainieren, muß die Flinte „jagd- und schießstandtauglich" sein, d.h., die Frage

Bockflinte oder Doppelflinte wird in der Regel zugunsten der Bockflinte entschieden. Insbesondere bei längeren Schußserien bekommt man beim Anfassen der Doppelflinte Schwierigkeiten, weil die Läufe so heiß sind, daß man sich die Führhand verbrennt. Ein Handschutz und ein Lederschutz, der über die Läufe geschoben wird, muß dann Abhilfe schaffen. Eine weitere Möglichkeit ist das Montieren eines „Biberschwanz"-Vorderschaftes an der Doppelflinte, anstatt des schmächtigen Original-Vorderschaftes.

Mit der Wahl der Bockflinte ist auch die Frage nach dem Abzug beantwortet. Der Einabzug erhält gegenüber dem Doppelabzug den Vorrang. Es müßte dies eigentlich eine Selbstverständlichkeit sein, denn der Pistolengriff der Bockflinte erschwert ohnehin ein Verrutschen der Hand zum zweiten Abzug.

Der Abzugswiderstand soll sich im Bereich von 20 Newton bewegen, nicht härter.

Ganz entscheidend für das gute Treffen mit einer Flinte ist ein Maßschaft. Der werkseitig angebrachte Schaft ist mit seinen Maßen den Durchschnittsschützen angepaßt. In vielen Fällen muß jedoch den Anschlaggewohnheiten des Schützen Rechnung getragen werden, und dazu ist ein spezieller Schaft erforderlich.

Für das Ermitteln der Schaftmaße sollte ein erfahrener Büchsenmacher oder Schießlehrer herangezogen werden.

Beim gemischten Einsatz der Flinte für die Jagd und das Wurftaubenschießen – aber auch zur jagdlichen Verwendung allein – bereitet die Wahl des Kalibers keine Kopfschmerzen. Ob nur jagdlich oder auch gemischt verwendet, das Kaliber 12 ist das am häufigsten geführte Flintenkaliber. Es wird auch an dieser Stelle empfohlen, weil die Treffchancen gegenüber den anderen Kalibern größer sind. Nur dann, wenn körperliche Gegebenheiten es erfordern, sollte man das Kaliber 16 oder 20 wählen, denn mit kleinerem Kaliber werden auch die Flinten leichter.

Im Jagdbetrieb liegen aufgrund statistischer Untersuchungen die durchschnittlichen Schußentfernungen bei 15–25 m. Daraus folgt, daß die bis vor einigen Jahren noch propagierten Choke-Bohrungen von 1/2 Choke und Voll-Choke als Verengungen der Würgebohrungen diesen Schußentfernungen nicht angepaßt sein können. Empfehlenswert für diese Entfernungen sind 1/4-Choke und 1/2- bis 3/4-Choke.

Bei einigen Flintenfabrikaten besteht auch die Möglichkeit der variablen Gestaltung der Würgebohrung durch auswechselbare Mündungseinsätze, die von „Zylinderbohrung" bis „Voll-Choke" reichen. Diese Einsätze ermöglichen das Herrichten der Flinte für jede jagdliche und schießsportliche Anwendung.

11.2.2 Munition

Dem Jäger steht eine große Anzahl Schrotpatronenfabrikate zur Verfügung. Von wenigen Ausnahmen abgesehen, sind die Leistungsunterschiede zwischen den Fabrikaten gering. Wichtig ist nur, daß das verwendete Schrotpatronenfabrikat eine gleichmäßige Streuung ergibt. Die Schrotpatronen werden mit unterschiedlichen Schrotladungsgewichten angeboten (27 g–42 g im Kal. 12). Es ist nicht erforderlich, die Schrotpatronen mit der höchsten Schrotladung auszuwählen, in der Annahme, damit die besten Treffchancen zu haben. Auch mit geringeren Schrotladungen werden ausreichende Deckungen erzielt. Vorteil: Mit sinkender Anzahl der Schrote in der Patrone verringert sich auch der Rückstoß und die Belastung bei längeren Schußserien. 32 g bis 34 g im Kaliber 12 sind voll ausreichend. Für den besonders rückstoßarmen Schuß empfiehlt sich die Verwendung von 27 g-Patronen. Wenn mit engen Flinten auf kurze Enfernungen geschossen werden soll, müssen Jagd-Streupatronen verwendet werden, die den Einfluß der engen Würgebohrungen zu einem großen Teil aufheben. Für das Schießen auf dem Skeetstand werden auch Streupatronen für enge Flinten verwendet. Diese sind mit 2 mm–Schrot laboriert, die jagdlichen Streupatronen mit 2,75 mm.

Schrotgröße, Wildart und Schußentfernung

Schrotgröße mm	Schrot-größe (Nr.)	Wildart	praktische Schuß-grenze m
2-2¼	9–8	Bekassine	25
2½	7	angeschossene schwimmende Wildente, Waldschnepfe, Haselhuhn, Rebhuhn	30
2½	7	Krickente, Taube	30–35
2½–2¾ od. 3	7–6–5	Stockente, Fasan, Marder	35
3 od. 3½	5–3	Auerhahn, Birkhahn	30
3	5	Hase im Herbst und bei Wildjagd	30–35
3½	3	Dachs, Fuchs, Wildgans, Hase zur Winterzeit und bei Feldjagd	35–40

Für die Auswahl der geeigneten Schrote auf verschiedene Wildarten gilt die obenstehende Tabelle.
Bei der Auswahl der Schrote gilt immer das Prinzip:

Deckung geht vor Durchschlag!

Darunter ist zu verstehen, daß eine größere Anzahl kleiner Schrote auf einer Zielfläche effektiver ist als wenige dicke, die zwar tiefer eindringen, aber keineswegs besser töten. Der Schockreflex erhöht sich durch die Zunahme der Trefferzahl. Deshalb ist es ohne weiteres zulässig, bei Waldjagden mit den geringen Schußentfernungen auf den Hasen, 2,5 mm-Schrot zu verwenden. Es ist besser, eine geringere Schrotdicke zu nehmen, sich aber dafür in der Schußentfernung zu beschränken.

Bildnachweis

Die in diesem Buch enthaltenen Abbildungen und Zeichnungen wurden von folgenden Photographen und Zeichnern zur Verfügung gestellt bzw. den genannten Titeln entnommen:

Apel, E. Abb. 58, 60
Blaser Abb. 37
CIP-Sammlung Abb. 89, 90
DEVA Abb. 10, 22, 23, 27, 29, 30, 36, 38, 61, 63–65, 68, 70, 73, 76, 82–85, 88, 93, 94, 96, 97, 99, 101, 103, 109, 111–115, 117–127, 131–163, 165, 169, 170, 173, 174, 191, 193
Dynamit Nobel AG Abb. 2, 3, 5, 6, 8, 12, 13, 14a–c, 25b, 28, 31, 48, 72, 77–81, 87, 106, 116, 172, 184–187, 189
Frankonia Jagd Abb. 194
Haglund/Claesson, Die Jagdwaffe und der Schuß, 3./4. Aufl. Abb. 1, 11, 24, 39, 41, 75, 128–130
Hartmann + Weiss Abb. 26
Heym GmbH Abb. 33, 55
Hofmann Abb. 50
Jehn Abb. 7
Kind Abb. 9
Krieghoff Abb. 15, 40, 49, 51, 56
Krüger KG Abb. 168

Leitz GmbH Abb. 62
Merz, M. Abb. 16–20, 34, 35, 91, 92 nach *Haglund/Claesson,* Die Jagdwaffe und der Schuß, 3./4. Aufl.; 105, 181, 182 nach *Dynamit Nobel,* Die Jagd; 108, 110 nach *v. Wißmann,* Der Schrotschuß; 14d, 21, 42, 71, 74, 86, 192 nach Entwürfen der Verfasser
Oppermann, Heinz (Schießschule) Abb. 175–180, 183, 188
Recknagel, H. Abb. 59
RWS Abb. 98
Sauer & Sohn GmbH Abb. 4, 25a, 46, 47
Seidel, H. Abb. 100, 102, 104, 107 nach Entwürfen der Verfasser
Walther, C. Abb. 43–45
Walther, L. Abb. 52–54
Wild und Hund Abb. 95
Winsmann, B. Abb. 57, 164, 171
Vereinigte Filzfabriken Abb. 166, 167
Zeiss AG Abb. 66, 67, 69

Literaturverzeichnis

Deutsche Versuchs- und Prüfanstalt für Jagd- und Sportwaffen (DEVA): Untersuchungen und Veröffentlichungen. In: Wild und Hund, versch. Jahrgänge. Hamburg.

Carl Zeiss, Optische Werke, Oberkochen: Prospektmaterial.

Dynamit Nobel AG (Hrsg.), 1976: Die Jagd. Troisdorf.

Dynamit Nobel AG: Fachberater. Troisdorf.

Haglund B.; Claesson, E., 1967: Die Jagdwaffe und der Schuß. 3. Aufl. Hamburg u. Berlin: Paul Parey.

Haglund B.; Claesson, E., 1978: Die Jagdwaffe und der Schuß. 4. Aufl., bearb. v. H. Kinsky. Hamburg u. Berlin: Paul Parey.

Knappworst; Gawlick, 1977: Zielballistische Untersuchungsmethoden an Jagdbüchsengeschossen. Nürnberg: Firmenschrift.

Lampel. W.; Seitz, G., 1983: Jagdballistik. 3. Aufl. Melsungen: Neumann-Neudamm.

Leitz GmbH, Wetzlar: Prospektmaterial.

Sellier, K., 1982: Schußwaffen und Schußwirkung. Bd. 1: Ballistik. 2. Aufl. Lübeck: Schmidt-Römhild.

Sprengstoffgesetz, 1. SprengV., BGBL.

Waffengesetz, 1. u. 3. WaffVO.

Wißmann, H. v., 1967: Der Schrotschuß. 2. Aufl. Hamburg u. Berlin: Paul Parey.

Sachregister

Für die Jägerausbildung

Prüfungsfragen

Wild und Hund-Sonderdruck:
Vorbereitung auf die Jägerprüfung
Zusammengestellt von Dieter
Kromschröder und Horst Becker, in
Zusammenarbeit mit der Wild-und-
Hund-Redaktion. 1985. 60 Blätter.
In einer Mappe. Schutzgebühr
9,80 DM

Ideales Vorbereitungsmaterial auf die
Jägerprüfung. Diese Sammlung von
Prüfungsfragen ist in vier Sach-
gebiete gegliedert (Wildtierkunde mit
Hege, Land- und Waldbau – Jagd-
betrieb – Waffenkunde – Jagdrecht)
und orientiert sich an den aktuellen
Prüfungsanforderungen.

Revierpraxis

Friedrich Karl von Eggeling
Der Jäger als Land- und Forstwirt
Ein Leitfaden für Revierpraxis und
Jägerprüfung. 2., neubearbeitete Auf-
lage. 1982. 80 Seiten mit 51 Abbil-
dungen. Kartoniert 16,80 DM

Karl Brandt / Hans Behnke
Fährten- und Spurenkunde
Ein Bestimmungsbuch für Jäger und
Naturfreunde über Fährten, Spuren,
Geläufe und andere Wildzeichen.
12. Auflage, bearbeitet von
Hans Behnke. 1984. 123 Seiten mit
124 Abbildungen, zum Teil in natür-
licher Größe, 12 Tafeln. Kartoniert
19,80 DM

Pareys Jagdklassiker

Ferdinand von Raesfeld
Das deutsche Waidwerk
Lehr- und Handbuch der Jagd.
14. Auflage, völlig neu bearbeitet von
Rüdiger Schwarz. 1980. 485 Seiten,
391 Abbildungen, davon 24 farbig
auf 5 Tafeln, nach Gemälden und
Zeichnungen von R. R. Hofmann,
Fritz Laube und Karl Wagner.
Gebunden 76,– DM

Ferdinand von Raesfeld
Die Hege in der freien Wildbahn
Ein Lehr- und Handbuch. 5. Auflage,
neubearbeitet von Hans Behnke und
Günter Claußen. Ca. 320 Seiten mit
ca. 266 Abbildungen, davon ca. 63
farbig auf 6 Tafeln. Gebunden.
Erscheint voraussichtlich im Frühjahr
1987

Ferdinand von Raesfeld
Das Rotwild
Naturgeschichte, Hege und Jagd.
9. Auflage, völlig neu bearbeitet von
Kurt Reulecke. 1987. Ca. 397 Seiten
mit ca. 202 Abbildungen, davon ca. 17
farbig auf 5 Tafeln, nach Gemälden
und Zeichnungen von Fritz Laube,
Wilhelm Buddenberg und Gerhard
Löbenberg. Gebunden.
Erscheint voraussichtlich im Frühjahr
1987

Ferdinand von Raesfeld
Das Rehwild
Naturgeschichte, Hege und Jagd.
9. Auflage, völlig neu bearbeitet und
erweitert von Alfred Hubertus Neu-
haus und Karl Schaich. 1985. 453
Seiten mit 267 Abbildungen, davon
44 farbig. Gebunden 86,– DM

Diezels Niederjagd
Naturbeschreibung, Lebensweise,
Hege und Jagd unseres Niederwildes.
23. Auflage, völlig neu bearbeitet und
erweitert von Friedrich Karl von
Eggeling. 1983. 461 Seiten und 277
Einzeldarstellungen, davon 40 farbig,
in 124 Textabbildungen und auf
6 Farbtafeln. Gebunden 86,– DM

Schießwesen

Macdonald Hastings
Einführung in das Flintenschießen
Eine erste Anleitung. Aus dem Englischen übertragen und bearbeitet
von Robert von Benda. 2., revidierte
Auflage. 1983. 89 Seiten und 11 Tafeln
mit 24 Abbildungen. Kartoniert
19,80 DM

Bertil Haglund / Eric Claesson
Die Jagdwaffe und der Schuß
Büchse und Flinte im praktischen
Gebrauch. Aus dem Schwedischen
übersetzt von Erich Stephan. 4. Auflage, völlig neu bearbeitet von Helmut
Kinsky. 1978. 190 Seiten mit 122 Abbildungen im Text und auf 16 Tafeln
und 16 Tabellen. Gebunden 38,– DM

Gustav Freiherr von Fürstenberg
Des Flintenschießens edle Kunst
Aus der Praxis eines Schießtrainers.
1978. 186 Seiten mit 42 Abb. im Text
und auf 8 Tafeln. Gebunden 32,– DM

Brauchtum

Walter Frevert
Wörterbuch der Jägerei
Ein Nachschlagewerk der jagdlichen
Ausdrücke. 4. Auflage, neubearbeitet
und erweitert von Hans Behnke. 1975.
100 Seiten. Gebunden 14,80 DM

Walter Frevert
Das jagdliche Brauchtum
Jägersprache, Bruchzeichen, Jagd-
signale und sonstige praktische
Jagdgebräuche. 11., erweiterte Auf-
lage, neubearbeitet von Friedrich
Türcke. 1981. 167 Seiten mit 60 Ein-
zeldarstellungen in 40 Abbildungen.
Gebunden 28,– DM

Hundewesen

Hegendorf
Der Gebrauchshund
Haltung, Ausbildung und Zucht.
14. Auflage, völlig neu bearbeitet von
Horst Reetz. 1980. 198 Seiten mit
100 Einzeldarstellungen in 76 Abbildungen. Gebunden 32,– DM

Wilhelm Siveke
**Die Frühsterziehung
der Vorstehhunde**
Mit einem Geleitwort von Horst
Stern. 3., bearbeitete Auflage. 1984.
83 Seiten. Kartoniert 14,80 DM

Friedrich Ostermann
Die deutschen Jagdgebrauchshunde
1962. 104 Seiten mit 70 Abb. und
7 Gebißskizzen. Gebunden 14,90 DM

Preisstand: März 1986
Änderungen vorbehalten

Verlag Paul Parey
Spitalerstraße 12 · 2000 Hamburg 1

Wild und Hund

„Unser Engagement kennt keine Grenzen."

Die Zeiten haben sich geändert: Der Jäger muß sich heute neuen Herausforderungen und Aufgaben stellen. Im Revier und in der Öffentlichkeit.

Für den einzelnen ist es schwieriger geworden, sich gegen Unverständnis und Vorurteile zu behaupten. Wichtiger als je zuvor ist deshalb der Informations- und Gedankenaustausch über die Ländergrenzen hinweg. Ganz nach dem Motto „Einigkeit macht stark".

Wild und Hund, die große Fachzeitschrift für Jäger, hat einen klaren jagdpolitischen Kurs und vertritt engagiert die Interessen der Jäger. Ohne wenn und aber.

Wild und Hund erscheint im Verlag Paul Parey, Spitalerstraße 12, D - 2000 Hamburg 1.